幸福人生

白 雪 编著

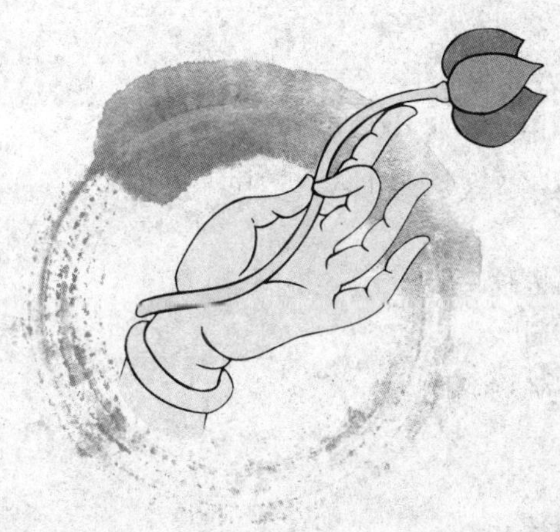

北京工业大学出版社

图书在版编目（CIP）数据

听南怀瑾讲幸福人生经营课 / 白雪编著. -- 北京：北京工业大学出版社，2011.2

ISBN 978-7-5639-2606-0

Ⅰ.①听… Ⅱ.①白… Ⅲ.①人生哲学-通俗读物 Ⅳ.①B821-49

中国版本图书馆CIP数据核字（2010）第257715号

听南怀瑾讲幸福人生经营课

编　　著：白　雪
责任编辑：陶国庆
封面设计：天之赋设计室
出版发行：北京工业大学出版社
（北京市朝阳区平乐园 100 号　100124）
010-67391722（传真）　bgdcbs@sina.com
出 版 人：郝　勇
经销单位：全国各地新华书店
承印单位：北京晨旭印刷厂
开　　本：787 mm×1092 mm　1/16
印　　张：22.5
字　　数：360 千字
版　　次：2011年 2 月第 1 版
印　　次：2014 年 2 月第 8 次印刷
标准书号：ISBN 978-7-5639-2606-0
定　　价：36.00 元

前言

从说孔孟的《论语别裁》和《孟子旁通》，到谈老庄的《老子他说》和《庄子讲记》，洋洋洒洒，幽默风趣，国学大师南怀瑾于细微处见大智慧，把传统文化的精髓讲得妙趣横生。南先生以其丰富传奇的人生阅历，广博深厚的文化积淀、儒雅的风度、幽默的谈吐，吸引了海峡两岸的后辈学人。

南怀瑾先生离我们很远，浅浅的海峡，他在彼岸。他的那些人生智慧、幸福奥妙，就像传统文化被默默地保存在经史子集当中一样，深深地藏在泛黄的书页当中，也离我们很远。

南怀瑾先生离我们很近，天涯与海角，通过先生的讲述，我们透过一抹淡淡的书香，静下心来聆听那些悠远的智慧。我们感觉其实历史的尘烟并不遥远，仿佛伸手就能摘下一枚枚秋实；哪怕只是秋天的落叶，也同样可以吹出美丽的乐曲。其实幸福生活的哲理一直都深藏在我们的心底，只是这座钢铁城市的冰冷、森严阻隔了我们的感知触角，心灵也随之蒙上了灰尘。

繁华的都市、漂泊的迷茫、生活的压力、爱情的失意，当这些琐碎纷至沓来，好似一场无孔不入的风暴，任凭你躲闪有术，也很难逃羁绊。在午夜梦回时分，那些遗憾、孤独又爬上心头，让我们丧失品味幸福的能力。

这是一个浮躁的时代，“浅阅读”慢慢地侵蚀着阅读经典的领地。南怀瑾先生的著作却有“忽如一夜春风来，千树万树梨花开”的快慰，那种种清新温润之感顿由心生，原来体味传统文化也能如此这般酣畅淋漓，那若隐若现、漂浮恍惚的幸福也好像触手可及。

南怀瑾先生以深厚的文化底蕴和高超的语言技巧，讲经说法、读史悟道，把那种沉浸在先哲背后的智慧展现在我们面前，等我们品尝这丰盛的幸福智慧宴。这幸福的智慧时而深沉、时而清香、时而古朴、时而轻松，香气满溢，经他妙手轻轻拂动，我们便在尘封的历史中看见了智慧的幸福光彩和率真的生命哲学，宛如穿越绚烂的光华，另眼相看人生岸上的浮沉、潮涨潮落的风景。幸福对每个人来说都是一种风景，有人心静，即使寒冬腊月也能想象来年的山花烂漫；有人心浮，倘若春花绚烂也只惶恐暴雨过后的满目泥泞。

南怀瑾先生教我们翻开书籍，在广博的世界中寻找心灵的宁静，感悟点点滴滴的幸福。在他讲述的故事里，剥离出现代生活的智慧和感受，思之恍然如梦，忆之如沐春风。

南怀瑾先生在这本书里学儒、论道、参禅，躲开人生的险滩，撞见智慧的浪花闪闪；抛开职场名利、家庭琐事、人世烦忧，掘取幸福的人生片段，有如空谷幽兰。我们在静中冥想，追随先生的脚步，感悟世间的智慧，经营幸福的人生。

目 录
Contents

第二章 幸福是现在进行时

——南怀瑾谈幸福归属感

第三章 走在幸福的八个台阶上

——南怀瑾谈修为境界感

第四章 最容易企及的简单幸福

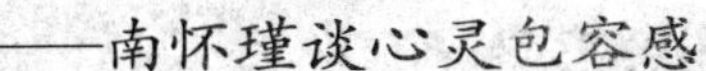

第五章 把幸福从功利主义中解救出来

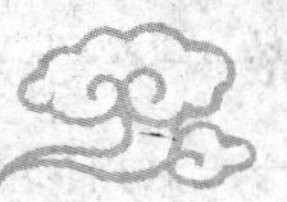

——南怀瑾谈祛除浮躁感

第六章 人生的高质量源自行善

——南怀瑾谈处世善念感

第七章 做一个50年的人生规划

——南怀瑾谈目标明晰感

第八章 答好“寂寞”这道人生考题

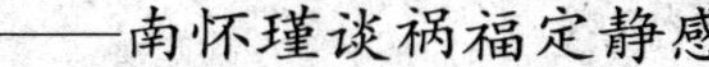

——南怀瑾谈祸福定静感

第九章 做平常事，得异常福

——南怀瑾谈生活平常心

第十章 跳出名利场，大舍处有大得
——南怀瑾谈妄念平衡感

第十一章 后知后觉者，先觉幸福
——南怀瑾谈心理能量

第十二章 幸福无关贫富，金钱不应成为罪过

——南怀瑾谈财富知足感

第十三章 8小时以内的职场幸福路线图

——南怀瑾谈职场安全感

第十四章 口造业，言造福
——南怀瑾谈言语得当感

第十五章 君子之交，如水的幸福
——南怀瑾谈交友相知感

第十六章 换个姿态，照样是做人的天才

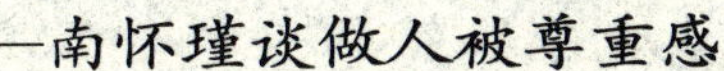

——南怀瑾谈做人被尊重感

第十七章 小家庭的小幸福：上有老可养，下有小可教

——南怀瑾谈家庭温馨感

第十八章 弹指一挥间，生死任自然
——南怀瑾谈生命释然感

愿解众生倒悬苦

——南怀瑾小传

大凡传奇之人总有一个传奇的人生。

南怀瑾，这位世人眼中的“教授”、“大居士”、“宗教家”、“哲学家”、“禅宗大师”和“国学大师”，与佛法结下了不解之缘。他在诗中说：“前因后果问如何，眼阔心空且放歌。浮海十年家国事，闲情留取付梨涡。”“不二门中有发僧，聪明绝顶是无能。此身不上如来座，收拾山河亦要人。”他是一个不出家的出家人，在红尘中修行，不求出世的姿态，只做入世的事业。

年少轻狂的岁月，对于每个人都有难忘的记忆。南怀瑾出生于耕读传家的书香门第。年少的他遍读经书，兼及书法，却极嗜好武侠小说，常于无人处偷偷练武。父亲发现他习武，为他聘请武师。这少年不曾像别人一样进入中学接受教育，而是在离家不远的家庙中自修。家庙里没有玩伴，只有一位又呆又瘸的公公。在这清幽的环境里，能做的事只有读书、练武、静思。几年之后，南怀瑾遍览经史、狩猎诸子百家，兼及拳术、剑道等多种功课，对文学、书法、诗词歌赋、医药、卜算、天文历法诸学亦是颇有心得。更重要的是，几年的静思使他对人生有了不同于常人的体会。

“少年立志当拿云。”当他从自修中学得各种知识，又因缘际会进入浙江国术馆，使自己在武术和文学上更进一步时，恰巧爆发了抗日战争。于是，他投入了救国的洪流大潮中。他组建了一支小小的队伍，在因为某些原因不得已放弃后，便考入了国民党的“中央军校”。他毕业后，当了一段时间的少校。后来，他目睹国民党官场的混乱和黑暗，便悄然身退，开始对学佛访道产生极大的兴趣。

他曾拜在名重一时的禅宗大德袁焕仙门下，专心致志地学佛参禅。后来，他为了研究佛法，又一个人悄然上峨眉山“闭关”修炼，埋头阅读《大藏经》。再往后，他前往五通桥多宝寺闭关潜修。这期间，他在禅修打坐外，阅读了全套《永乐大典》等经史典籍。渐渐地，他已经完全无意于政治，对佛道的兴趣却与日俱增。于是，他又远走西藏、西康，参访密宗各派大师，归来后便隐于杭州天竺寺，阅读了文渊阁《四库全书》与《古今图书集成》，继而在天池寺附近结茅庐清修。

1949年春，南怀瑾离开家乡，远赴台湾。在贫寒困厄中，他仍不改乐观的心态，写下了他人生的第一部著作——《禅海蠡测》。后来，他又完成了《楞严大义今释》和《楞伽大义今释》。当台湾局势逐渐稳定下来后，南怀瑾开始大力宣讲传统文化，传播文、史、哲及佛学等。为了把中国传统文化推向世界，南怀瑾成立了“东西精华协会”，旗下有“禅学进修班”、“美术进修班”、“国乐进修班”、“国医进修班”等，开设了国学、国画、书法、太极拳等课程。这期间，他出版了《论语新裁》，在台湾出版界引起巨大的轰动。过后不久，南怀瑾再次闭关修炼，历时三年之久。当他再次出关时，他的声望已经越来越高。他到各地讲学，内容极广，除了儒、道、释三家外，还包括历代谋略学、中华医药、中国建筑与园林艺术、企业管理以及诗词、书画、星相、堪舆、卜易等。听他课的人，既有普通百姓、也有各界高层。他扬名于海内外，成为当世大家。他的佛学著作《如何修正佛法》、《观音菩萨与观音法门》、《一个学佛者的基本信念》等，深受各地僧俗大众的欢迎。

喜好佛法的南怀瑾，虽然不出家，却以出家人“自度度人”的精神，从事着“自利利他”的事业。他成立教育基金会，为高等院校和科研机构捐款，投资创建十几家合资企业，在故乡温州成立医药基金会、农业科技基金会，又捐资修建禅堂，投资助建金温铁路。现今九十多岁的他，仍然讲学不辍，不断地弘法度人。他说：“此身不上如来座，收拾山河亦要人。”解众生倒悬之苦是他的愿望。他以自己的方式收拾着世人内心的山河，他做的每一件事情，都有利于天下众生。他虽然不是着光头、穿僧衣的出家人，却是一个真正的慈云化雨作春风的布道人。

南怀瑾大事记

1918年，南怀瑾先生诞生于浙江温州乐清县一个世代书香之家。

1929年，12岁时开始习武。

1930年，13岁的南怀瑾念完私塾，开始在家自修。

1934年，17岁的南怀瑾除精研儒家四书五经外，涉猎遍及诸子百家，兼及拳术、剑道等多种中国武术的书。

1935年，他考入浙江国术馆，期间遍读藏书楼的珍贵典籍，如《四库全书》。

1937年，南怀瑾从浙江国术馆毕业，获得武术教官的资格。不久，他拉起一支队伍，自任自卫团总指挥。后来，因为种种原因，该队伍解散。他考入国民党“中央军校”，毕业后入川任教于中央军校。期间开始对学佛访道感兴趣。

1942年，25岁的南怀瑾弃职学佛，为研究佛法，开始上峨眉山“闭关”修炼。同年冬，拜袁焕仙老先生为师，潜心修道参禅，

1945年，南怀瑾远走西康、西藏，参访密宗各派大师。风了和尚为其护法并安排行程，满空法师担任藏语翻译，四川高等法院首席检察官谢子厚大居士则供给他红教、白教、黄教、花教等多种秘藏法本。在此期间，南先生参访了贡噶活佛、根桑活佛等。后来，贡噶活佛在成都古刹大慈寺，特地为南先生传授了显秘大小戒律，并亲手书写了藏文传法传戒的证书交付南先生。后来南先生取道重庆，离川赴滇，讲学于春城云南大学，其间又短期回到蓉城，讲学于四川大学。

1947年，先生返回浙江乐清故里，旋即归隐杭州天竺，细细阅读了浙江省立图书馆所藏文渊阁《四库全书》与《古今图书集成》，继而避乱世，于江西庐山天池寺结茅棚清修。

1949年春，先生来台湾。不久，完成了他在台湾的第一部巨著《禅海

蠡测》，就禅宗要旨、公案、机锋、证悟、神通及与丹道、密宗、净土诸法之关系，钩玄剔要，精微阐述，为求证无上菩提大道者架设一条登堂入室之梯。后又完成了《楞严大义今释》和《楞伽大义今释》两部传世之作。几年后，先生相继受聘于文化大学、辅仁大学执掌教席，且应邀到多所大学、机关、社会团体讲学。

1969年，南先生创立“东西精华协会”，意欲为台港工商社会注入中华文化之清泉，并促进中西文化交流，取精用宏，服务于社会与大众。接着，先生创立了“老古出版社”，后更名为“老古文化事业公司”，创立了“大乘学舍”，后更名为“十方丛林书院”，并出版发行《知见》杂志。虽日渐繁忙，然先生矢志弘扬中华传统文化，夜以继日，挥毫写下系列传世之作：《论语别裁》、《孟子旁通》、《老子他说》、《易经杂说》、《易经系传别讲》、《历史的经验》、《新旧的一代》、《中国佛教发展史》、《中国道教发展史》、《金刚经说什么》、《圆觉经略说》、《禅宗丛林制度与中国社会》、《道家密宗与东方神秘学》、《观音菩萨与观音法门》、《习禅录影》、《禅观正脉研究》、《一个学佛者的基本信念》、《如何修证佛法》、《药师经的济世观》、《原本大学微言》……要说明的是，其中相当一部分为学生整理的先生讲学记录。与此同时，南先生整理出版了与袁焕仙老师合著之《维摩精舍丛书》、《定慧初修》，出版《金粟轩纪年诗初集》和《金粟轩诗词楹联诗话合编》……可谓著作等身。

1976～1979年，闭关修炼。

1985年，南怀瑾离台赴美，成立了“东西学院”，致力于东西方文化沟通，弘扬中华之学术文化。

1987年，南先生移居香港，致力于各项建设事业及文化教育事业，相继成立光华教育基金会、国际文教基金会。

1989年以来，先后向北京大学、清华大学、人民大学等高校及科研机构捐款200余万元人民币。另外又投资2000多万元人民币创建十几家合资企业。

20世纪90年代初，投资1700万美元助建金温铁路。

至今，南怀瑾先生仍到各处演讲，奉献着自己的全部精力，以天下苍生为念，继续着度化众生的事业。

第一章 谁在绑架我们的幸福

——南怀瑾谈幸福缺失感

捆绑你的就是你自己

古人写下了很多美好的诗词，例如“落花不是无情物，化作春泥更护花”、“流水落花春去也，天上人间”此类佳句。看落花徜徉水中，心随水中之花飘远，一片痴恨全在风物中。世人都是明知风物无情的，却还是会用自己的内心去把它变得多情。

南先生仰望天地，直指万物，叹息日月星辰、风云河山永远如此宁静。古人看到的那个天、那个云、也就是我们现在看到的这个天和云，是一样的世界，未来人们看到的也是如此。风月虽是一样，但是情怀却有深浅不同。有些人看到风景很高兴，而痛苦的人看到一样的风景却悲哀得要死，这都是自己唯心所致。

在南先生形而上的观点中，万物无情，只是人心在骚动。生活的烦恼往往是人自找的。“套中人”为什么看起来那样可笑，因为套子是他给自己一层层加上去的。自套枷锁，其结果就是搞得自己疲惫不堪。虽然这些束缚都是完全可以挣脱的，但是人们用自己的双手不断地将绳索一次次勒紧，最终不能自拔。

四祖道信禅师还未悟道时，曾经向三祖僧璨禅师请教。

道信禅师虔诚地请求道：“我觉得人生太苦恼了，希望你给我指引一条解脱的道路。”

三祖僧璨禅师反问道：“是谁在捆绑着你？”

道信禅师想了想，如实地回答道：“没有人绑着我。”

三祖僧璨禅师笑道：“既然没有人捆绑你，你就是自由的，就已经解脱了。你何必还要寻求解脱呢？”

后来石头希迁禅师在引导学人时，将这种活泼机智的禅机发挥到了极致。

有一个学僧问希迁禅师：“怎么才能解脱呢？”

希迁禅师反问道："谁捆绑着你？"

学僧又问："怎么样才能求得一方净土呢？"

希迁禅师接着反问道："谁污染了你？"

学僧继续追问道："怎么样才能达到涅槃永生的境界呢？"

希迁禅师继续反问："谁给了你生与死？谁告诉你生与死有区别？"

学僧在希迁禅师的步步逼问之下，开始迷惑不解，继而恍然大悟。

还有这么一则故事。

有位信徒问无德禅师说："同样一颗心，为什么心量有大小的分别呢？"

禅师并未直接回答，他告诉信徒说："请你将眼睛闭起来，默造一座城垣。"

于是信徒闭目冥思，心中构想了一座城垣。

信徒说："城垣造完了。"

禅师说："请你再闭眼默造一根毫毛。"

信徒又照样在心中造了一根毫毛。

信徒说："毫毛造完了。"

禅师问："当你造城垣时，是否只用你一个人的心去造？还是借用别人的心共同去造呢？"

信徒回答："只用我一个人的心去造。"

禅师问："当你造毫毛时，是否用你全部的心去造？还是只用了一部分的心去造呢？"

信徒回答："用全部的心去造。"

于是禅师就对信徒开示："你造一座大的城垣，只用一个心；造一根小的毫毛，还是用一个心，可见你的心是能大能小啊！"

其实人的心何止能大能小，痛苦、悲哀，不能解脱，都是源自于人心的不同。

一次，一位学生问南先生："南老师，'无所住而生其心'和'记不住而生其心'的区别是什么？"

南先生笑答："区别很大。'记不住而生其心'，是脑子昏聩了，容易忘记，中医叫做健忘症，那是一种病态，中医可以给你吃一点补肾的药。所有补肾的药就是补脑的药。而‘无所住而生其心’，是心境非常活泼，不被任何一个现象拖住，非常潇洒的、空灵的。乃至倒霉也不掉眼泪、不伤悲，得意也不特别欢喜。心境是清风明月，非常潇洒的。”

人生的痛苦和悲哀皆由心造，如果始终保持“无所住而生其心”的状态，潇洒自在，这的确是一种很高超的境界。因为人们常常被万物所累，恐怕很难达到南先生的“无住”境界，所以要保持快乐的心情，远离痛苦和悲哀，为自己营造快乐的心境，当下也就唯有如此。

五色令人盲，物欲令人狂

战国时期，在长平之战前，赵王中了秦国的反间计，免除了当时指挥赵国军队抵抗秦军的廉颇的职务。这一免职的结果是，赵国痛失国之千城，廉颇喜得世态三昧。不久，赵国为救亡图存，再次起用廉颇。“客又复至。廉颇曰：‘客退矣。’客曰：‘吁！君何见之晚也？夫天下以市道交，君有势，我则从君，君无势则去。此固其理也，有何怨乎？’”哎，有利可图，趋之若鹜；权势一去，顿作鸟兽散。小人在社会上竟占了主导地位，实在悲哀。门客是小人，也是痛快人，一语道破了人世的真相。

老子说：“五色令人目盲，五音令人耳聋，五味令人口爽。驰骋畋猎，令人心发狂。难得之货，令人行妨。是以圣人为腹不为目，故去彼取此。”缤纷的色彩使人眼花缭乱，嘈杂的声音使人听觉失灵，浓厚的杂味使人味觉受伤，纵情猎掠使人心思放荡发狂，稀有的物品使人行为不端。因此，圣人应该致力于基本的维生事务，不耽乐于感官的享乐，有所取舍。“天下熙熙，皆为利来，天下攘攘，皆为利往。”为了利益而改变自己的初衷，是人性的悲哀，然而偏偏是那声、色、货、利以及口腹之欲，常常让人们任性自欺而上当受骗，许多人都心甘情愿地跳入陷阱而不自知。

一条小鱼奢求鱼钩上肥美的鱼食，便想毫不费力地去获得，然而那美食正是致命的诱惑。人们就像这鱼儿一样，看到了满目的诱饵，却不知危险已经近在咫尺，每去够一下，都是将自己的脖子更接近勒颈的绳索。直到有一天，被人勒住喉咙，便再也回不去了。有时候，声、色、货、利就是奸人最惯用的手段，用来诱导那些不能自控的人。

盛唐以后，宦官专权日趋严重，继高力士后，宦官李辅国独揽朝政，他甚至对代宗说：“大家（指皇帝）但内里坐，外事皆听老奴处置。”几十年后，唐朝廷又出了一个擅权干政的大宦官仇士良。仇士良擅权揽政20余年，一贯欺上瞒下、排斥异己、横行不法、贪酷残暴，先后杀二王、一妃、四宰相。史书评价他是“有术自将，恩礼不变”，有长期把持朝政大权的秘诀。那么他的最大奸术又是什么呢？在感到日暮途穷、有可能遭到武宗清算时，仇士良这个老奸巨猾的阉党首领便自动请求告老还乡，希望以退自保，临行前，他对送行的喽啰、宫内爪牙们说：“要把皇帝控制在手里，千万不可让他有空闲工夫，他一有空闲，势必就要读书，接见文臣，听取他们的谏劝，就会智深虑远，不追求吃喝玩乐。这样，我们就不能得到宠信，权势也会受到影响。为了你们今后的前程打算，不如广置财货鹰马，用以迷惑皇帝，使他极尽奢侈，没有一点空闲时间。这样，皇帝就必然不留心学问，就会荒怠朝政，天下事就全听凭我们，宠信、权力还能跑到哪里去？”这一席话说得众宦官茅塞顿开、如获至宝，一个个俯首拜谢。

以声色犬马困住你，让你无暇顾及其他，只知道此间而乐不思蜀，你就会慢慢地沦为别人的傀儡。有多少人因为难以抵制物欲的诱惑，从而使自己晚节不保，踏上了不归路。人的修养是一个漫长的坚持和追求的过程。一桶牛奶倒进一杯脏水就成了一桶脏水，人一旦放弃了自己操守的坚持，就容易自暴自弃，从而抛弃自己最珍贵的宝贝。我们应当切记：有得必有失，得到的越多，失去的也就越多。过于贪心的人不仅享受不到幸福，而且弄不好最终还会把自己的身家性命也搭进去，得不偿失。

岳飞曾赞一匹千里马：“受大而不苟取，力裕而不求逞，致远之才也。”它食量大而不苟取，拒食不精不洁之物，力量充沛而不逞一时之能，称得上负重致远之才。人亦是如此，不义之财勿纳，不正之道勿走，只有这样才能肩负重任，有所成就。

贪嗔痴恨爱恶欲，伤身且伤心

“拨草占风辨正邪，先须拈去眼中沙。举头若昧天皇饼，虚心难吃赵州茶。”宋代黄龙慧南大师写下了这首禅机丰富的诗，仔细品味，其意思便是奉劝世人莫贪功求利，只要心中超然，自然可得佛道。

南先生一直都爱修禅佛，他在说修行的方法时曾言，任何一个修行的人，都要时时刻刻谨记三个字——“善护念”。他说的是要好好地照应你的心念，凡是起心动念都要好好照应你自己的思想。如果你的心念坏了，只想修佛成功有了神通，手一伸银行支票就来了；或是为了想得神通、看见佛菩萨，将来到月球不要订位子，因为一跳就上去了。用这种功利主义的观念来学佛是绝对错误的。

其实，人们若始终带着这些功利主义的观念投身生活，即便他不是修行者，他的生活也会充满冷漠，因为在他的世界里只有金砖银瓦，而缺乏真正的人情。

一个有钱人因为母亲去世，就去寺里请佛光禅师诵经超度。这个人很关心诵经的费用，于是不停地问禅师：“诵一卷《阿弥陀经》要多少钱呢？”

佛光禅师看这个人这么爱钱，便想捉弄他一下，就不客气地说：“要10两银子。”

那人认为太贵，就讨价还价说：“禅师，10两银子也太贵了吧！能不能打八折，8两如何？”

佛光禅师心中觉得好笑，但还是点点头道：“好吧！”

在诵经佛事进行的过程中，那人听到佛光禅师念念有词地说：“十方诸佛菩萨，佛允今天诵经的一切功德，回向给亡者，让他能升往东方。”

那人听后觉得不对头，就向禅师抗议道：“不对呀，禅师，我只听说过人过世以后升往西方极乐世界，没听说过升往东方啊！”

佛光禅师调侃道："升往西方世界需要10两银子，你坚持打八折，只好送亡者到东方去了。"

那人很尴尬，只好说："我再加2两好了，你还是让我母亲升往西方世界吧！"

为了钱而不顾亲情的人是可笑又可悲的。利是什么？信手得来信手去，没人能将它永远留在身边。人是赤条条地来，自然也是赤条条地去，为什么还总是想不开呢？名利本为浮世所重，贪得无厌只会为人们带来祸害，它所引起的欲望阴云会彻底覆盖一个人的本心。一个人倘若不慎沾染上贪婪的习气，就会陷入欲望的深渊中不能自拔。南怀瑾先生举了佛门的一个例子，来说明贪婪的恶处，奉劝世人不要为贪婪而耽误自己的前程。

有一位法师一辈子做好事、积功德、盖庙子、讲经说法，他自己虽没有打坐、修行，可是他的功德很大。他的年纪大了，就有两个小鬼在阎王那里拿了拘票，还带个刑具手铐来捉拿他。这个法师说："我们商量一下好不好？我出家一辈子，只做了功德，还没有修持，你给我七天假，七天打坐修成功了，先度你们两个，再度阎王。"那两个小鬼被他说动了，就答应了。这个法师以他平常的德行，一上座就万念放下了，庙子也不修了，什么也不干了，三天以后，无我相，无人相，无众生相，什么都没有，就是一片光明。这两个小鬼第七天来了，只看见一片光明却找不到他了。"完了，上当了！"这两个小鬼说，"大和尚，你总要慈悲呀！说话要有信用，你说要度我们两个，不然我们回到地狱去要坐牢啊！"法师大定了，没有听见，也不管。两个小鬼就商量，怎么办呢？只见这个光里还有一丝黑影。有办法了！这个和尚还有一点不了道，光里还有一点乌的，那是不了之处。

因为这位和尚功德大，皇帝聘他为国师，送给他一个紫金钵盂和金缕袈裟。这个法师什么都无所谓，但很喜欢这个紫金钵盂，连打坐也端在手上，万缘放下，只有紫金钵盂还拿着。两个小鬼看出来了，他什么都没有了，只这一点贪还在。于是两个小鬼就变成老鼠，去咬这个紫金钵盂，"咔啦咔啦"一咬。和尚动念了，一动念光就没有了，现出身来。两个小鬼立刻把手铐给和尚铐上。和尚很奇怪，以为自己没有得道。小鬼就说明经过。和尚听了，把紫金钵盂往地上一摔，说："好了！我跟你们一起见阎王去吧！"这一下，两个小鬼也开悟了。

这一个故事足以说明除贪之难。

其实，人与人的追求不同，欲望也不同。有的人求子孙满堂，得之，心满意足；有的人求福如东海，得之，心中无憾；有的人求无上智慧，得之，最是得意；有的人求万事如意，得之，甚为欢喜；有的人求名扬四海，得之，风光无限；有的人求家财万贯，得之，幸福无比。但是无论是求喜、求乐、求名、求财，说穿了，都是欲望在起作用而已。

佛说“贪、嗔、痴”为人生“三毒”，是众生业障的根本。妒忌、残害等心理，都是随三毒而来的无明烦恼。在这三毒之中，“贪”为第一毒。因此，一个人要想有一个淳朴宁静的心灵，首先就要驱除贪的念头，摒除功利主义，摒除对欲望的无限渴求。

欲望过多，不加节制，人的心灵便会发生病态的畸变，形成自私、攫取、不满足的价值观，继而出现不正常的行为。功名利禄是没有满足的时候的，一个人越是得到，胃口就越大，每天便会为这些事物殚精竭虑、费尽心机地算计，更有甚者可能会不择手段、走极端。不能控制功利心态的人，往往不自知，如同一只转磨的驴，只顾一个劲儿地往前走，没办法停下来，最后才发现自己遍体鳞伤、筋疲力尽。

事实上，贪、嗔、痴、恨、爱、恶、欲，人们大多对其都是有一定的忍耐力的，只不过有人以这些事物不断诱惑自己为借口，而真正无法控制的却是自己的内心。作为不是修行者的凡人，虽然不必完全戒掉众多情绪，但是要想获得生活上的平静和祥和，便要看淡这些私欲和爱恨，因为它们正是人们痛苦的根源。

蝇头小利的背后是磨刀霍霍

在一次战役中，一座小城被摧毁了，人们四处逃难，这里成了一座空城。这一天，正在赶路的一位农夫和商人走进这座小城，他们想城里大概能有值钱的东西，于是开始在街上搜寻。果然，他们发现了一大堆未被烧焦的羊毛，两个人就各分了一半捆在自己的背上。

归途中，他们又发现了一些布匹，农夫将身上沉重的羊毛扔掉，选些自己扛得动的较好的布匹；贪婪的商人将农夫所丢下的羊毛和剩余的布匹统统捡起来，沉重的负担让他气喘吁吁、行动缓慢。

走了一会儿，他们又发现了一些银质的餐具，农夫又将布匹扔掉，捡了些较好的银器背上，商人却因被沉重的羊毛和布匹压着，无法弯腰，而只好作罢。

突然天降大雨，饥寒交迫的商人身上的羊毛和布匹被雨水淋湿了，他踉跄着摔倒在泥泞当中；而农夫却一身轻松地回家了，他变卖了银餐具，生活富足起来。

这样一个小故事，有时候我们也许听听就罢了，不愿意深入地思考。其实仔细地想想，我们身边的人以及我们自己，有多少人在做着故事中商人所做的傻事。有多少人为蝇头小利算来算去，终究一事无成，如一粒尘土来到世间，庸庸碌碌过后，仍旧是尘土。他到来人世间，世界似乎在打盹儿，没有被他激起一点涟漪。

正如南怀瑾先生所指出的，一个唯眼前小利是图的人，必将失去大利。其实见小利而心动是人性的一个普遍弱点，普通人如此，一国之君也难以超越。针对梁惠王的求利心理，孟子在说完“王何必曰利？亦有仁义而已矣”这句话时，进一步阐述道：“王曰何以利吾国，大夫曰何以利吾家，士庶人曰何以利吾身。上下交征利，而国危矣。”

也就是说，如果人人都像梁惠王一样，怀着谋国的居心，只图以急功近利为目的，那么就会上行下效，那些在高位的大臣们就会只顾全自己家族的利益；一般的国民也就只为自己身家的利益打算。这种观念发展下去，一定会使全国上下各个阶层都变成以利害为生活的重心，形成“当利不让”的风气，如果这样的话，国家就太危险了。其实，孟子是劝说梁惠王放弃眼前的小利，而为天下、为千秋万代的大利着想。结果梁惠王根本听不进孟子的话，他还在做扩张领土的春秋大梦！可见，超越小利的诱惑是人生一大难事。

元代的一位文人曾作一首名为《正宫·醉太平》的散曲：“夺泥燕口，削铁针头，刮金佛面细搜求，无中觅有。鹌鹑嗉里寻豌豆，鹭鸶腿上劈精肉，蚊子腹内刳脂油，亏老先生下手。”显而易见，这是讥讽贪小利者，其刻画真是入木三分，令人拍案叫绝。其文字也许有夸张之嫌，但也足够引人思考。

做人，千万不可被小利蒙蔽了双眼，须将眼光放长远，方能成就大事业。

冯谖就是历史上那个骄傲的食客，因为饭桌无鱼，便弹铗而歌。后来，他被孟尝君的诚意与谦逊所感动，终于为其利益而奔走。

有一次，孟尝君想从门下宾客中选人代他到薛邑（孟尝君的封土）收债，冯谖主动要求前往。孟尝君很高兴，便同意了。冯谖收拾停当之后，向孟尝君辞行，并请示："收完债，您需要买些什么东西吗？"孟尝君顺口答道："先生看我家里缺什么，就买些什么吧！"

冯谖驱车来到薛邑，他派人把所有负债之人都召集到一起，核对完账目后，他便假传孟尝君的命令，把所有的债款赏给负债人，并当面烧掉了债券。百姓感激不已，皆呼万岁。

冯谖随即返回，一大早便去求见孟尝君。孟尝君没料到他回来得这么快，半信半疑地问："债都收完了吗？"冯谖答："收完了。""那你给我买了些什么回来呢？"孟尝君又问。冯谖不慌不忙地答："您让我看家里缺少什么就买什么，我考虑到您有用不完的珍宝，数不清的牛马牲畜，美女也很多，缺少的只有'义'，因此我为您买'义'回来了。"孟尝君不知其所云，忙问"买义"是什么意思。冯谖就把将债款赐给薛邑老百姓的事说了，并补充说："您以薛为封邑，却对那里的百姓像商人一样盘剥刻薄。我假传您的命令，免除了他们所有的欠债，并把债券也都烧了。"孟尝君听罢心里很不高兴，只得悻悻地说："算了吧！"

一年后，孟尝君由于失宠被新即位的齐王赶出国都，只好回到薛邑。往日的门客都各自逃散了，只有冯谖还跟着他。当车子距薛邑还有上百里远时，薛邑的百姓便已扶老携幼，夹道相迎。孟尝君好生感慨，回头对冯谖说："先生为我所买的'义'，我今天终于看见了！"

冯谖焚债券而买"义"，此一举确实高明。这也印证了他的大智谋与眼光。他没有被眼前的小利所迷惑，而是从长远出发。孟尝君作为战国的"四公子"之一，在这一点上比起冯谖来，也略逊了一筹。

急功近利带来的往往是目光的短浅、思考的匮乏，以小利而大喜，以小失而大悲，结果是因小利而亡命。要想摆脱小利的诱惑，不懈地去追求大利，其实是很困难的。这需要大胸襟、大气魄、大智慧，能够不断地战胜自我，为了心中的目标而执著地前行。

执著累心易迷惘

宋代诗人苏东坡善作带有禅机的诗，例如“人似秋鸿来有信，事如春梦了无痕”一句。南先生在《金刚经说什么》一书中提到了这句禅诗，他赞这两句诗充分地将佛理中的“无常”现象告诉世人。他对苏轼该诗的解释非常有趣：“人似秋鸿来有信”，即苏东坡要到乡下去喝酒，去年去了一个地方，答应今年再来，今年果然来了；“事如春梦了无痕”，意思是一切事情都过去了，像春天的梦一样，人到了春天爱睡觉，睡多了就梦多，梦醒了，梦既留不住，也无痕迹。

解释到这里，南先生长叹一声，说人生本来如大梦，一切事情过去就过去了，如江水东流一去不回头。老年人常回忆，想当年我如何如何……那真是自寻烦恼，因为一切事是不能回头的，就像春梦一样了无痕迹。

在佛理中，人世的一切事物都在不断地变幻。万物有生有灭，没有瞬间停留，一切皆是“无常”，如同苏轼所说的一场春梦，繁华过尽是虚无。如果人们能体会到事如春梦了无痕的境界，那就不会生出这样那样的烦恼了，也就不会陷入于执著的怪圈而不能自拔。

现代著名的女作家张爱玲，她对繁华的虚无便看得很透。她的小说总是以繁华开场，却以苍凉收尾，正如她自己所说：“小时候，因为新年早晨醒晚了，鞭炮已经放过了，就觉得一切的繁华热闹都已经过去，我没份了，就哭了又哭，不肯起来。”

张爱玲生于旧上海的名门，她的祖父张佩伦是当时的文坛泰斗，外曾祖父是权倾朝野、赫赫有名的李鸿章。凭着对文字的先天敏感和幼年时良好的文化熏陶，张爱玲七岁时就开始了写作生涯，也开始了她特立独行的一生。

优越的生活条件和显赫的身世背景并没有让张爱玲置身于繁华富贵之乡，相反，正是这优越的一切让她在幼年便饱尝了父母离异、被继母虐待的痛苦，而这一切，却不为人知地掩藏在繁华的背后。

其实，纸醉金迷只是一具华丽的空壳，在珠光宝气的背后通常是人性的沉沦。沉迷于荣华富贵的人通常多是肤浅的人，在繁华落尽时他会备受煎熬。转头再看，如果你执著于尘俗的快乐，执著于对事物的追求，那么往往最受连累的就是你自己，因为你通常会发现，你所执著的事物其实并不有趣，而且有时会令你一无所得。

赵州禅师是禅宗史上有名的大师，他对执著也有很精彩的解释。一次，众僧请赵州禅师住持观音院。某天，赵州禅师上堂说法："比如明珠握在手里，黑来显黑，白来显白。我老僧把一根草当做佛的丈六金身来使，把佛的丈六金身当做一根草来用。菩提就是烦恼，烦恼就是菩提。"有僧人问："不知菩提是哪一家的烦恼？"赵州禅师答："菩提和一切人的烦恼分不开。"又问："怎样才能避免？"赵州禅师说："避免它干什么？"

又有一次，一个女尼问赵州禅师："佛门最秘密的意旨是什么？"赵州禅师就用手掐了她一下，说："就是这个。"女尼道："没想到您心中还有这个？"赵州禅师说："不！是你心中还有这个！"

赵州禅师的话语给我们以足够的启示。人为什么放不下种种欲望？为什么追求种种虚华？就因为他们还有没有看清事物的表象，心存欲念，执著不忘。

南怀瑾先生告诉我们，生活中的很多人都被现象骗了，人生永远不断地有明天，何必总是看过去呢？明天不断地来，真正的虚空是没有穷尽的，它也没有分断昨天、今天、明天，也没有分断过去、现在、未来，永远是这么一个虚空。天黑又天亮，昨天、今天、明天是自然现象的变化，与这个虚空本身没有关系。天亮了把黑暗盖住，黑暗真的被光亮盖住了吗？天黑了又把光明盖住。黑暗光明，光明黑暗，互相轮替，在变化中不增不减。

其实，一切事物都是不增不减的，它有它自然循环的道理。繁华的世态看似好，让人可以过享尽荣华富贵的生活，所以人们不遗余力地追求，但它背后的真实不过如此。为了追求它，人们在不留神之际便沦为名利的玩物，失去快乐的生活。这并不是要人们面对幸福和金钱而不去享用，而是把这些看得透彻些，活在当下，自在自然，坦然接受所拥有和能够拥有的一切，面对贫富的变迁少一些迷茫，多一些坦然，真正的幸福才能不请自来。

繁华过后总是空，洗尽铅华方为真

世间事物的百态可以形成千种景象，扰乱的不只是人们的眼睛，更是人们的心。然而“繁华过后总是空，洗尽铅华方为真”。南先生在《论语别裁》中借助论语中的两个场景来说明此句箴言。

“子夏问曰：‘巧笑倩兮，美目盼兮，素以为绚兮。’何谓也？子曰：‘绘事后素。’”子夏问孔子，诗经中的这三句话到底说些什么，当然子夏并不是不懂，他的意思是这三句话形容得过分了，所以问孔子这是什么意思。孔子告诉他“绘事后素”，绘画完成以后才显出素色的可贵。

“子谓卫公子荆，善居室。始有，曰：苟合矣。少有，曰：苟完矣。富有，曰：苟美矣。”孔子在卫国看到一个名叫荆的世家公子，对于此人生活的态度、思想观念和修养，孔子都十分推崇。以修缮房屋这件事为例，刚刚开始可住时，荆公子便说：将就可以住了，不必要求过高吧！后来又扩修一点，他就说：已经相当完备了，比以前好多了，不必再奢求了！后来又继续扩修，他又说：够了！够了！太好了。

南先生解释，以现代的人生哲学观念来说，就是一个人由绚烂回归于平淡。就艺术的观点来说，就好比一幅画，整个画面填得满满的，多半没有艺术的价值；又如布置一间房子，一定要留适当的空间，也就是这个道理。一个人不要过分地迷于绚烂，平平淡淡才是真人生。人降生时双手空空，所以要双拳紧握；而等到人死去时，双手往往摊开，不带走任何财富和名声……明白了这个道理，人就会对许多东西看淡。幸福的生活完全取决于自己内心的简约，而不在于你拥有多少外在的财富。

很多情况下，我们受内心深处支配欲和征服欲的驱使，自尊心和虚荣心不断地膨胀，着了魔一般去同别人攀比。一番折腾下来，尽管钱赚了不少，也终于博得了别人羡慕的眼光，但除了在公众场合拥有一两点流光溢彩的光鲜和热闹以外，我们过得其实并没有别人想象的那么好。

18世纪，法国有个哲学家叫戴维斯。有一天，朋友送他一件质地精良、做工考究、图案高雅的酒红色睡袍。戴维斯非常喜欢，可他穿着华贵的睡袍在家里踱来踱去，越踱越觉得家具不是破旧不堪，就是风格不对，地毯的针脚也粗得吓人。慢慢地，他家中的旧物件挨个儿更新，书房终于跟上了睡袍的档次。戴维斯穿着睡袍坐在帝王气十足的书房里，可他却觉得很不舒服，因为“自己居然被一件睡袍胁迫了”。戴维斯被一件睡袍胁迫了，生活中的大多数人则是被过多的物质和外在的成功胁迫着。

一个人活在别人的标准和眼光之中是一种痛苦，更是一种悲哀。人生短暂，真正属于自己的快乐本就不多，如果自己不能完完全全、真真实实地生活，而总生活在别人的参照系中，那就更难享受到人生的乐趣了。

当我们把追求外在的成功或者“过得比别人好”作为人生的终极目标的时候，就会陷入物质欲望为我们设下的圈套。它像童话里的红舞鞋，漂亮、妖艳而充满诱惑，一旦穿上便再也脱不下来。我们疯狂地转动舞步，一刻也停不下来，尽管内心充满疲惫和厌倦，脸上还得挂出幸福的微笑。当我们在众人的喝彩声中终于以一个优美的姿势为人生画上句号时，才发觉这一路的风光和掌声，带来的竟然只是说不出的空虚和疲惫。

“简单的不一定最美，但最美的一定简单”。因此，最美的生活也应当是简单的生活。因为大多数人的所谓舒适生活，不仅不是必不可少的，而且是人类进步的障碍和历史的悲哀。

人的一生短暂到让我们来不及感慨，仿佛一刹那就走到了生命的尽头，犹如惊鸿一瞥、昙花一现。正如伟大的印度诗人泰戈尔的诗句一样：生如夏花般绚烂，死如秋叶般静美。人生看似几十个春秋，其实不过是在一声叹息之间就让我们的生命画上休止符，它就是一个从绚烂归于平淡的过程。人们在年少的时候喜欢出名，因为少年都钟爱艳丽与繁华，喜欢一切新鲜刺激的事物，没有什么色彩能代表他们的意志和主张。但是随着年岁的增长、阅历的丰富，我们渐渐地喜欢浓郁敦厚的色彩，那就像我们温和持重的性格一样。人到老了才明白一切都不过是空，甚至自己的生命也会时常感觉到脆弱。这时少了年轻人的血气方刚，退去了中年人的惆怅和幽怨，留下的是一颗通透的心灵。

一个老人到了岁月的尽头也会像少年一样，是一张什么也没有的白纸，所以世人常说“老小孩”。但是，我们需要明白的是，此时的“白纸”绝不是少年时的空白，而是过尽千帆后的恬淡与豁达。这些就是我们许多人一生的时光掠影。

无故寻愁觅恨，有时似傻如狂

“无故寻愁觅恨，有时似傻如狂。”这是《红楼梦》里的一句诗，写的是贾宝玉令人难以琢磨的多愁善感的性情。其实，正如南先生所指出的，很多人都在“无故寻愁觅恨”，现在还是心情愉悦的，转眼就情绪低落了。“有时似傻如狂”，没有理由地变得“疯疯癫癫”，为什么呢？说不清，道不明。就像南先生说的那样，是没由来的给自己找烦恼啊！

“百年三万六千日，不在愁中即病中。”古人的诗句可谓一语道破了人生的真谛。世上的人几乎每天都在忙碌、不安和烦恼中度过，一个烦恼过去，下一个烦恼又来了，愁钱、愁工作、愁房子、愁子女，更多的时候是顾影自怜……总之，各种各样的烦恼层出不穷，永不停息。但是，当我们静下心来想想，一些事情是不是本来就无足轻重？到底哪些烦恼是“自找”的呢？

有一位哲学家，当他是单身汉的时候，和几个朋友一起住在一间小屋里。尽管生活非常不便，但是，他一天到晚总是乐呵呵的。

有人问他：“那么多人挤在一起，连转个身都困难，有什么可乐的？”

哲学家说：“朋友们在一块儿，随时都可以交换思想、交流感情，这难道不值得高兴吗？”

过了一段时间，朋友们一个个相继成家了，先后搬了出去。虽然屋子里只剩下了哲学家一个人，但是每天他仍然很快活。

别人又问：“你一个人孤孤单单的，有什么好高兴的？”

“我有很多书啊！一本书就是一个老师。和这么多老师在一起，时时刻刻都可以向他们请教，这怎能不令人高兴呢？”

几年后，哲学家也成了家，搬进了一座大楼里。这座大楼有七层，他的家在最底层。底层在这座楼里环境是最差的，上面老是往下面泼污水，丢死老鼠、破鞋子、臭袜子和杂七杂八的脏东西。别人见他还是一副自得其乐的样子，好奇地问：“你住这样的房间，也感到高兴吗？”

“是呀！你不知道住一楼有多少妙处啊！比如，进门就是家，不用爬很高的楼梯；搬东西方便，不必费很大的劲儿；朋友来访容易，用不着一层楼一层楼地去叩门询问……特别让我满意的是，可以在空地上养些花，种些菜。这些乐趣呀，真是数不尽啊！”

后来，有人遇到哲学家的学生，问道：“你的老师总是那么快快乐乐的，可我却感到，他所处的环境并不那么好呀！”

学生笑着说：“决定一个人快乐与否，不是在于环境，而是在于心境。”

世间的人却大多不能像哲人一样看得开，他们每天都被各种各样莫名其妙的烦恼所包围，心灵永远没有平静的时候，甚至在睡觉的时候都在做各种各样奇怪的梦。《西厢记》就有句这样的话：“花落水流红，闲愁万种，无语怨东风。”没得可怨的了，把东风都要怨一下。哎！东风很讨厌，把花都吹下来了，你这风太可恨了。然后写一篇文章骂风，自己不晓得自己在发疯。这就是人的境界，花落水流红，闲愁万种是什么愁呢？闲来无事在愁。闲愁究竟有多少？有一万种，讲不出来的闲愁有万种。结果呢？一天到晚怨天尤人，没得可怨的时候，就怨起风物来了。风物哪里得罪他了呢？还是说不清楚。其实，常人在那无故寻愁觅恨是无事找事，自寻烦恼。

就像一句古诗说的：“多情自古空遗恨，好梦由来最易醒。”南先生说：这就是人生。好梦最容易醒，醒来想再接下去，所以不要叫醒梦中人，让他多做做好梦。佛总说唤醒梦中人，到底是慈悲，还是狠心？南先生觉得应让一切众生都做做梦，蛮舒服的，何必去叫醒他们呢？

对于我们来说，是不是也应学学南先生的“随缘”精神呢？“天下本无事，庸人自扰之。”只要你不自扰，不要做个庸人，就是幸福人生的法门。其实不管一个人学不学佛，如果他在面对世事变幻的时候能够始终保持自己的本心，不自寻烦恼，不没事找事，不自作聪明，心中有一支不动的莲花，只等花苞绽放，一个快乐圆满的人生就很容易获得。要知道，许多让你感到不痛快的事情，往往不是外界环境造成的，而是你从地上一个个拾起来的废物，是你不断地给自己的真身洒下脏水，让你的身心枯黄的结果。

救助苍生是最好的自我救赎

南怀瑾先生说："中国文化讲大公无私，无我相、无人相，无众生相、无寿者相；救尽天下苍生，心中不留一念。这样才是大公无私，才是菩萨。"

子曰："非其鬼而祭之，谄也。见义不为，无勇也。"南怀瑾先生对这句话的解释是：中国文化讲孝道，敬祖宗，鬼在这里是指祖宗的灵魂，拜人家的祖宗就是谄媚。看到应该做的事情不敢去做，就是没有勇气。南怀瑾先生认为，一个人看到自己该做的事情，勇敢地去做，这样的人才称得上是真正的大公无私，这样的行为才称得上是真正的以苍生为念。

远古时，有一座大森林忽然发生火灾，大量树木被烧着了，不少动物因家园被毁，便四处逃散。

林中有一只雉鸟挺身而出，它拼尽自己微薄之力想要熄灭这场大火。它飞向远处的河，跳入水中，把自己的羽毛湿透了，再飞入森林救火。

如此往返，飞来飞去，不以为苦。虽然是杯水车薪、于事无补，但它还是坚持这样做，竭力想扑灭大火。

天帝见它这么不辞劳苦，便问道："你这样做是为了什么啊？"

雉鸟回答道："我只想熄灭这场大火，好让森林中的动物都能得到安身之处而已！森林，是动物生活的地方。我虽然身体小，但还是有力量的，尽管这力量很薄弱。既然还有力量，为什么不尽力地去扑救呢？"

天帝又问："你的力量这么薄弱，肯定是扑不灭这场大火的。那你打算干到什么时候呢？"

雉鸟回答道："我一直这样飞来飞去，取水救火，一直到我飞不动了、死了，才会停止。"

雉鸟就是这样一只带着“傻劲”的鸟，它的博爱已经远远胜过了对于自身的爱。它用它那仅有的一颗菩提心去拯救其他的动物，它的善良足以让我们感动。

世间得道的圣人都如同雉鸟一样，都有爱人济世的情怀。杜甫“安得广厦千万间，大庇天下寒士俱欢颜，风雨不动安如山”的心愿便是这种情怀的体现。

只身存天下，将己身与天下融为一体，是对自身最好的安排。世界上有很多大公无私的人，表面上看，他们似乎因为无私而失去了许多，殊不知，他们为此得到的更丰裕。如果推开历史，走进生活之中，我们会发现，如果不将自己局限在一个狭小自私的位置，获得的将会更多。正如冰心的一首小诗：“墙角的花，当你孤芳自赏的时候，天地便小了。”

在人生的大道上，总会遇到许多公与私之间的艰难抉择，但我们或许不知道，在生命的旅程中，以苍生为念才是最好的选择。救赎苍生，也是对自我的救赎。

第二章 幸福是现在进行时

——南怀瑾谈幸福归属感

每天微笑，抹掉感伤的眼泪

杜甫诗云：“感时花溅泪，恨别鸟惊心。”有时候，人很容易因自然景物而触发感情。

很多远离家乡、身处异地的人，每逢阴雨连绵、阴风怒吼时，满眼望去，天空昏暗，太阳和星星隐藏了光辉，山岳隐没了形迹，天地间一片萧条的景象，便会感慨万千，十分悲伤。

而在春风和煦、阳光明媚时，入眼一片广阔无际的碧绿，花朵绽放、香气很浓；夜晚推窗望月，皎洁的月光一泻千里。这时人们便会心情开阔，精神愉快，烦恼尽去，快乐到极点。

有些人总喜欢说“人生不如意者十有八九”，其实人生哪有那么多的不尽如人意？一切都是自己的“心”觉得不如意。如何摆脱内心的烦恼忧愁，感受生活的快乐呢？问题的关键在于我们能否拥有正确的心态。

张中行先生在《快乐》一文中说道：“快不快乐，完全是由自己的想法决定。”其实，生活中会不可避免地发生一些让人伤心或者烦恼的事，但是作为生活主角的我们，应该学会适应自己所处的环境，不钻牛角尖，乐观地面对生活。从心理学的角度来看，这是一种“心理自我调整”。一个善于调整自己心理的人，一定是一个健康的人、一个快乐的人。

巴辛每天总是乐呵呵的，当有人问他近况如何时，他总会回答：“我快乐无比。”

如果哪位同事心情不好，他就会告诉对方怎么去看事物好的一面。他说：“每天早上，我一醒来就对自己说：巴辛，你今天有两种选择，你可以选择心情愉快，也可以选择心情不好。我选择心情愉快。每当坏事情发生，我可以选择成为一个受害者，也可以选择从中学些东西，我选择后者。人生就是选择，你要学会选择如何去面对各种处境。归根结底，你要自己选择如何面对人生。”

有一天，银行遭遇三个持枪歹徒的抢劫，歹徒朝巴辛开了一枪。幸运的是抢救及时，经过18个小时的抢救和几个星期的精心治疗，巴辛出院了，只是仍有小部分弹片留在他的体内。

六个月后，一位朋友见到了他。朋友问他近况如何，他说：“我快乐无比，想不想看看我的伤疤？”朋友看了伤疤，然后问当时他想了些什么。巴辛答道：“当我躺在地上时，我对自己说有两个选择：一是死，一是活。我选择了活。医护人员都很好，他们告诉我，我会好的。但在他们把我推进急诊室后，我从他们的眼神中读到了‘他是个死人’。我知道我需要采取一些行动。”“你采取了什么行动？”朋友问。巴辛说：“有个护士大声问我对什么东西过敏，我马上答‘有的’。这时，所有的医生、护士都停下来等我说下去。我深深地吸了一口气，然后大声吼道：‘子弹！’在一片笑声中，我又说道：‘请把我当活人来医，而不是死人。’”

我们在无法改变环境和现实的时候，却可以改变自己的心情。无论正在面临什么情况，只要你愿意选择积极和乐观，你就可以拥有积极和快乐。

人的精神力量是极其强大的，心灵可以决定生活的悲哀喜乐。一个拥有端正心态的人，不会因为外物的坏或自己的失而轻易地沉浸在痛苦之中。想幸福快乐吗？那就像巴辛一样每天微笑吧！

顺其自然，活在当下

《庄子·内篇·大宗师第六》中说：“不忘其所始，不求其所终，受而喜之，忘而复之。是之谓不以心捐道、不以人助天，是之谓真人。”

这段话的意思是，不忘记自己从哪儿来，也不寻求自己往哪儿去，不管承受什么际遇都欢欢喜喜，忘掉死生，像是回到了自己的本然。这就叫做不用心智去损害大道，也不用人为的因素去帮助自然，这就叫“真人”。

南怀瑾先生认为，这就是人活着的价值。人们不必去追究一切作为最初的动机是什么，也不要追求其结果怎么样。一个人只有忘记无始无终的时空观念，对现有的生命悠然而受之，天冷了就穿衣服，天热了就脱衣服，受而喜之，才能顺其自然，活在当下。

活在当下的真正含义来自禅，禅师知道什么是活在当下。有人问一个禅师："什么是活在当下？"禅师回答："吃饭就是吃饭，睡觉就是睡觉，这就叫活在当下。"是的，最重要的事情就是现在你做的事情，最重要的人就是现在和你一起做事情的人，最重要的时间就是现在。

有个小和尚负责清扫寺院里的落叶。这是件苦差事，秋冬之际，每次起风，树叶总是随风飞舞。每天早上都需要花费许多时间才能清扫完树叶，这让小和尚头痛不已。他一直想找个好办法让自己轻松些。

后来有个和尚跟他说："你在明天打扫之前先用力摇树，把落叶都摇下来，后天就可以不用扫落叶了。"小和尚觉得这是个好办法，于是隔天他起了个大早，使劲儿地摇树，以为这样就可以把今天跟明天的落叶一次扫干净了，他一整天都很开心。

第二天，小和尚到院子里一看，不禁傻眼了，院子里如往日一样满地落叶。

老和尚走了过来，对小和尚说："傻孩子，无论你今天怎么用力摇树，明天的落叶还是会飘下来。"小和尚终于明白了，世上有很多事是无法提前的，唯有认真地活在当下，才是最真实的人生态度。

佛家常劝世人要"活在当下"。所谓"当下"就是指你现在正在做的事、你待的地方、你周围的人；"活在当下"就是要你把关注的焦点集中在这些人、事、物上面，全心全意地认真地去接纳、品尝、投入和体验这一切。活在当下是一种全身心地投入人生的生活方式。当你活在当下，既没有过去拖在你后面，也没有未来拉着你往前，你全部的能量都集中在这一时刻，生命因此具有一种强烈的张力。

人们之所以总是会有这样或者那样的麻烦，是因为人们总是生活在过去或者未来，而往往忽视或者并不予以理会生活的"当下"。一个真正懂得"活在当下"的人，能"快乐来临的时候就享受快乐，痛苦来临的时候就迎着痛苦"，在黑暗与光明中，既不回避，也不逃离，以坦然的态度来面对人生。

美国的圣地亚哥是一个浪漫而富有魅力的海边城市，从它的边境走过去就是墨西哥的一个小城市。走进墨西哥，你立刻会感觉到一种十分不同的氛围。从城市面貌上讲，比起邻居——幽静美丽的圣地亚哥，毫无疑问，一个是地上，一个是天堂。墨西哥的贫穷落后，使人感到有点像回到了20世纪80年代：尘土飞扬的马路，简陋的餐厅，卖小玩具讨钱的小孩子……

然而，游人能立刻被这里的欢乐气氛所感染，穿着朴实、热情友好的人们脸上写着喜悦，带给人一种久违的感动。不远处，三五成群的个子不高的墨西哥男子边拉手风琴，边卖烤肉，空气中弥漫着烤肉的香味。实际上，这只是当地人极为平凡的一天。

墨西哥民族有着豪放欢快、热情洋溢、无忧无虑的性格。他们的人生哲学是活着一天就享受一天的生命。相比之下，在比之更富有的一些国家里，人们的脸上却写着焦虑不满、严峻冷漠、不甚友好的情绪，似乎生活亏欠了他们什么。

是的，活在当下就要对自己当前的现状满意，要相信每一个时刻发生在你身上的事情都是最好的，要相信自己的生命正以最好的方式展开。你如果抱怨现状不好，那是因为你不知道还有更坏的；如果你不活在当下，就会失去当下。

人活在当下，应该放下过去的烦恼，舍弃未来的忧思，顺其自然，把全部精神用来承担眼前的这一刻，因为失去此刻便没有下一刻，不能珍惜现在也就无法向往未来。

不出卖自己的精神主权

丰子恺先生有这样一段文字："有一回我画一个人牵两只羊，画了两根绳子。有一位先生教我：'绳子只要画一根。牵了一只羊，后面的都会跟来。'我恍悟自己阅历太少，后来留心观察，看见果然如此：前头牵了一只羊，后面数十只羊都会跟去。就算走向屠宰场，也没有一只羊肯离群而另觅生路的。后来看见鸭也如此。赶鸭的人把数百只鸭放在河里，不需用绳子系住，群鸭自能互相追随，聚在一块。上岸的时候，赶鸭的人只要赶上一两只，其余的就会跟了上岸。即使在四通八达的港口，也没有一只鸭肯离群而走自己的路的。"

丰子恺先生的这段话其实深刻地揭示了做人的一个规则：跟着别人后面走，下场也同别人一样。对于每一个人来说，凡事要有自己的主见，要学会自己拿主意，坚定自己的立场，相信自己的力量，不要因为他人的评价而放弃自己内心的想法，不做别人毁誉的"奴隶"。字画如人生，疏淡之间，意趣横生，细细地思量，的确有一条隐在尘世中的绳索，牵着在生活中迷乱的人们。

"子曰：吾之于人也，谁毁谁誉？如有所誉者，其有所试矣。斯民也！三代之所以直道而行也。"孔子说，听到别人毁人、誉人，自己不要立下断语；或者说，有人攻讦自己或恭维自己，都不要过分考虑。南先生说，过分的言辞，无论是毁、是誉，其中一定有原因、有问题。所以毁誉不是衡量人的绝对标准，听的人必须要明辨。如果人们过于迷信他人的看法，那就会因此而迷失自己。其实，每个人的判断都像我们自己的钟表，没有一只走得完全一样，有时一味听从他人的意见，便会永远不知道时间，应该相信自己的判断。

意大利著名女影星索菲娅·罗兰就是一个能够坚持自己想法的人。她在自传《爱情与生活》中这样写道：“自我开始从影起，我就出于自然的本能，知道什么样的化妆、发型、衣服和保健最适合我。我谁也不模仿，我从不去奴隶似的跟着时尚走。我只要求看上去就像我自己，非我莫属……衣服的原理亦然，我不认为你选这个式样，只是因为伊夫·圣罗郎或第奥尔告诉你，该选这个式样。如果它合身，那很好。但如果还有疑问，那还是尊重你自己的鉴别力，拒绝它为好……衣服方面的高级趣味反映了一个人的健全的自我洞察力，以及从新式样选出最符合个人特点的式样的能力……你唯一能依靠的真正实在的东西……就是你和你周围环境之间的关系，你对自己的估计，以及你愿意成为哪一类人的估计。”

很多人每天都急匆匆地跟在别人后面跑，追逐一些连自己都不明确的东西，实际是在奔赴一个别人成功过的目标，重复别人走过的路，在别人嚼剩的残渣中寻觅零星的营养。像索菲娅·罗兰这样能坚持自己想法，做自己意志的“主人”的人，实在是少之又少。

我们最大的局限在于我们习惯遵循别人的思维方式而迷失了自己。威廉·詹姆斯这样认为：“跟我们应该做到的相比较，我们等于只做了一半。我们对于身心两方面的能力，只用了很小一部分，一般人大约只发展了10%的潜在能力。一个人等于只活在他体内有限空间中的一部分，他具有各种能力，却不知道怎样利用。”

那么，一般人是怎样做的呢？他们习惯用与别人的对比来发现自己的优缺点，这固然是一种好方法，但往往受主观意识影响太大。他们会很快地发现，自己在某方面与别人差距甚大，因此他们会非常羡慕别人。羡慕会导致无知的模仿，导致无谓的妒忌，或者受到激励向更高的境界攀升，但最后一种情况毕竟所占比例甚小，而前面两种情况都容易导致自信心的丧失以及由此引发的忧郁。

每个人的能力都是有限的，就像人类有其体能的极限一样。如果想把别人的优点都集于一身，那是最荒谬、最愚蠢的想法。我们没有必要去模仿别人，只要能够做好我们自己，便是对自己尽到了最大的责任。

从道格拉斯·马罗区的诗中，我们或许可以得到一些启发。

如果你不能成为山顶的一株松，

就做一棵小树，生长在山谷中，
但须是最好的一棵。
如果你不能成为一棵大树，
就做一棵灌木。
如果你不能成为一棵灌木，
就做一叶绿芽，让公路上也有几分欢愉。
……
世上的事情，多得做不完，
工作有大的，也会有小的，
该做的工作，就在你身边。
如果你不能做一条公路，
就做一条小径。
如果你不能做太阳，
就做一颗星星。
不能凭大小来论断你的输赢，
只要你努力做到最好。

我们应该看到自己的优点，并坚持自己的内心选择，唯有如此，我们才能听从心灵的召唤，将幸福按照自己的意图诠释和延伸。

幸福路上把握自己的方向

《庄子·齐物论》中讲了这样一则故事：

罔两问影子："先前你行走，现在又停下；以往你坐着，如今又站了起来。你怎么没有自己独立的操守呢？"影子回答说："我是有所依凭才这样的呢！我所依凭的东西又有所依凭才这样的呀！我所依凭的东西就像蛇的鳞片和鸣蝉的翅膀。我怎么知道因为什么缘故会是这样的呢？我又怎么知道因为什么缘故而不会是这样的呢？"

罔两和影子都不能自己决定自己，所以只能跟着别人转。一个人，如果像罔两和影子一样，不能把握自己的命运，而是承受别人的支配，这个人就只是一个傀儡，恰如行尸走肉，不会获得人生的成功。

一个故事这样说：

鹤拿起针线要在自己的白裙子上绣一朵花。

刚绣了几针，孔雀过来问："鹤妹，你绣的什么花呀？""我绣的是桃花，这样能显出我的娇媚。"鹤羞涩地说。"咳，干什么要绣桃花呢？桃花是易落的花，不吉祥。还是绣月月红吧，又大方、又吉利！"鹤听了孔雀的话，觉得很有道理，便把绣好的金钱折了改绣月月红。正绣得入神时，只听锦鸡在耳边说道："鹤姐，月月红花瓣太少了，显得有些单调，我看还是绣朵牡丹吧。牡丹是富贵花，显得多么华贵呀！"

鹤又觉得锦鸡说得对，便又把绣好的月月红折了，重新开始绣牡丹。

绣了一半，画眉飞过来，在头上惊叫道："鹤嫂，你爱在水塘里栖歇，应该绣荷花才是，为什么要去绣牡丹呢？这跟你的习性太不协调了，荷花是多么清淡素雅，出淤泥而不染，亭亭玉立的，多美呀！"鹤听了，觉得也是，便把牡丹拆了改绣荷花……

每当鹤快绣好一朵花时，总有人提不同的建议。她绣了拆，拆了绣，最终还是没有绣成任何花朵。

我们再看历史上的朝代，凡开明盛世，不光是有大批有识之士能为国家做最好的参谋，更关键的是盛世的天子往往能够从善如流，但是又独守本分，把别人的意见当做参考，讲究听，但是更讲究统筹与变通。倘若是一个软耳根皇帝，这个也听，那个也听，最后实际上是成不了事的。

所以说，不要总是盲从于他人的意见，盲目听从他人的意见终将导致一事无成。在企业管理上，人们的意见只能作为参考。一个企业核心团队人很少，只有这些人坐一起的时候，才把所有的意见汇总，提出建议，采取方案，事情才能解决。然后以这个为基础，一个人说了算。否则，如果几个人都是说了算，那还是没有办法运转。因此领袖一定得有，能有一个拍板的领袖尤其重要。其实，很多人都有一种随波逐流的从众心理，他们做事的动机往往不是那么明确，看到别人怎么做自己也怎么做，而不是按照自己的主观意愿去行动。尤其是在通往“成功”、“幸福”、“快乐”之类的道路上，一切似乎已经有了约定俗成的标准。可是，长此以往，人就会逐渐地失去自我。所以，在面对外界纷纷扰扰的时候，我们必须要有我们自己的想法。否则，在谋事上面，我们就只能被牵着鼻子走，而且由于参者众，所以力量更分散，使得本来可以很强大的一股劲儿给分解掉了。

闭目塞听，掌控自己的心

人生在世，再怎么都绕不过别人的那张嘴，如果你值得关注，那么很多人都会从不同的角度去评价你、分析你、赞誉你、或者痛批你，甚至侮辱你、诽谤你。你怎么对付人们的这种种行为呢？南怀瑾先生经常是一笑而过。他自己也不避讳谈论这些，他笑称自己的处境为：誉之则尊如菩萨，毁之则贬为蟊贼。这是一种难得的洒脱态度。

1999年11月1日，《中国青年报》刊出了王朔的《我看金庸》，文风轻佻，大有看不起金庸的意思，说金庸的小说不值得一读，文章水准不高，等等。总之就是挑了很多毛病，说金庸不值得大家那么喜欢和尊敬。在外人看来，王朔算是风度尽失；而金庸的表现则体现了大度和从容。同年的11月5日，《文汇报》刊登了金庸的回复。他说："……有时会得到意料不到的赞扬，有时会遭到过于苛求的诋毁。那是人生中的常事，不足为奇……王朔先生的批评，或许要求得太多了些，是我能力所做不到的，限于才力，那是无可奈何的了……上天已经待我太好了。既享受了这么多幸福，偶然给人骂几句，命中该有，不会不开心的。"金庸的豁达和宽容让人钦佩，他真的不愧是大侠，有长者之风，跟王朔前后一比，高下立判，不用人再说什么了。

从一个人对待别人对他的评价可以看出一个人的修养来。以文化顽童自居的李敖，曾经在季羡林出版《病榻杂记》后也说过一段在外人看来大不敬的话，他针对季老辞掉三项桂冠说季羡林不配做国学大师。网络上为此吵得沸沸扬扬，但是季老却没有回应，人们期待的大仗没有打起来。我们权且不管李敖的话是否合理，季老能保持缄默，也足见其平和，用金庸的话来说，可谓修八风不动之身，稳若泰山。什么是八风不动？就是说利、衰、毁、誉、称、讥、苦、乐，这八股风吹过来了一点都不为所动，确实是高人。

事实上能正确地看待别人对自己的评价，对一个人的成长是很有好处的。想想看，如果一听到别人捧你就高兴，骂你就生气，张艺谋不知都死多少次了。电视节目上主持人问张艺谋："你怎么看待一些对你的微词？"张艺谋说，他把批评他的文章单独裱糊出来，经常提醒和鞭策自己。因此，我们看他能在世界电影界扬名，他的资质固然重要，但是人品也是他成功的重要因素。

人们似乎都喜欢听别人的赞美，因此善于溜须拍马的人能飞黄腾达，这应该是人的一种弱点。人们往往听不进去别人的批评，因为批评让人难于接受。批评代表否定，人人都喜欢被肯定，而不喜欢被否定。这也就是为什么直谏之臣往往政治生涯一般都很坎坷的原因。都是因为，人性的缺陷啊！因此，我们讲究做事的方法。修养深厚的人能够克服人的弱点。八风不动的人是值得敬佩的。

心理学家李子勋曾讲过另外一个版本的井底之蛙的故事：

那只井底之蛙用尽办法，有一天终于离开了井底，它听说大海好，于是直奔大海而去。它跳啊跳，跳到了一个池塘附近，它一看，池塘很大，比井大，也比井深，可是池塘没有落脚点，自己待在哪儿啊？于是它没有留恋，就又往前跳。没过多久，它碰上了一条溪流，可是它习惯了井底的平静，溪流的水对它来说太湍急了。于是它也没有停留，就又往东去了，终于来到了大海。大海望不到边，大海有那么深。可是，它习惯在淡水里活蹦乱跳，当它跳进海水时，差点儿被咸死，好不容易才出来。于是井底之蛙转了一圈，又回到它的老地方，它还是一只井底之蛙。它觉得虽然井底只能看到一小块天空，但是最适合自己。

如果这是一只敏感的青蛙的话，那么它就会很在乎别人嘲笑它是一只井底之蛙。但是这只青蛙没有被流言所困，它又回去了。它很了不起，它能承受得了别人对它的负面评价。

如果我们只听得见赞誉，那么我们多半会因为不思进取而失败；如果我们能听得进责备，则可能奋发而取得成功。一己之念有大小，容忍诽谤者为大，笑对毁灭者为大。我们虽然堵不住别人的嘴，但是可以捂上自己的耳朵；我们虽然可以捂上自己的耳朵，却不能控制住让心不想。因此最重要的还是要修炼心性。很多人成功，也有很多人失败，其中一个原因就是能不能听得进别人的批评。

丹青一世，泼墨人生

子曰：“不曰‘如之何，如之何’者，吾未如之何也已矣！”南怀瑾先生解释这句不好理解的话时说，孔子的意思是，一个不说“怎么办，怎么办”的人，我真不晓得他该怎么办了。对任何事情，都不思索，不懂得提出疑问，只是糊里糊涂地过，做一天和尚撞一天钟，这样的人生连圣人都不知该怎么办了。南怀瑾先生的话有追问人生意义的意思。如果一个人连人生的意义都不明白，那么这个人连圣人也拿他没有办法。

在一所很有名望的大学里，著名作家毕淑敏正在演讲。从她演讲一开始，就有人不断地把纸条递上来。纸条上提得最多的问题是——“人生有什么意义？请你务必说实话，因为我们已经听过太多言不由衷的假话了。”

她当众把这个纸条念出来了，念完这个纸条以后台下响起了掌声。她说：“你们今天提出这个问题很好，我会讲真话。我在西藏阿里的雪山之上，面对着浩瀚的苍穹和壁立的冰川，如同一个茹毛饮血的原始人，反复地思索过这个问题。我相信，一个人在他年轻的时候，是会无数次地叩问自己——我的一生，到底要追索怎样的意义？

“我想了无数个晚上和白天，终于得到了一个答案。今天，在这里，我将非常负责地对你们说，我思索的结果是：人生是没有任何意义的！”

这句话说完，全场出现了短暂的寂静，如同旷野。但是，紧接着就响起了暴风雨般的掌声。这可能是毕淑敏在演讲中获得的最热烈的掌声。在以前，她从来不相信有什么“暴风雨”般的掌声这种话，觉得那只是一个拙劣的比喻。但这一次，她相信了。她赶快用手做了一个“暂停”的手势，但掌声还是绵延了若干时间。

她接着又说：“大家先不要忙着给我鼓掌，我的话还没有说完。我说人生是没有意义的，这不错。但是我们每一个人要为自己确立一个意义！是的，关于人生意义的讨论，充斥在我们的周围。很多的说法，由于熟悉和重复，已让我们从熟视无睹滑到了厌烦。可是这不是问题的真谛。真谛是，别人强加给你的意义，无论它多么正确，如果它不曾进入你的心里，它就永远是身外之物。比如，我们从小就被家长灌输过人生意义的答案。在此后漫长的岁月里，谆谆告诫的老师和各种类型的教育，也都不断地向我们批发人生意义的补充版。但是有多少人把这种外在的框架当成了自己内在的标杆，并为之下定了奋斗终生的决心？”

那一天结束讲演之后，所有听演讲的同学都有这样一种感觉，那就是：他们觉得最大的收获是听到一个活生生的中年人亲口说，人生是没有意义的，要你为之确立一个意义。确实如此，人的一生就是一幅作品，从生到死有如一场行为艺术，我们站在人生的舞台上，画着自己的画，所谓丹青一世。人一出生的时候是一张白纸，先是接受家长的教育，于是我们在纸上点了几笔，渐渐地有点儿样子，可是毕竟不是自己亲手画的。

某一天，我们意识到自己的存在，必然会将这支笔握在自己的手里，去画我们所想象的那幅画。很多人追问人生的意义，而另一些人则总会提供出很多答案。就像画画一样，很多人会提供给我们素材和模型，告诉我们画山画水，画虫画鸟，其实这些都不是我们所想画的。那些所谓的范本和意义，并没有和我们的灵魂合拍，所以我们才会在无尽的意义中迷失，去追寻那个本来不是客观存在的东西，走了很多弯路。丹青一世，泼墨人生，就是说人的一生有很多种可能，所谓的意义就是我们到底要选哪一种。

毕淑敏说人生的意义是自己确定的，这是一种很积极入世的态度，非常高明。她虽然认为生命没有意义，但是她用这种方式把那种对终极意义的无限追问化解为实在的努力，使得意义由抽象变得清晰。当人们把精力花在建立并实践自己的意义的时候，一切都有意义了。

孔子说："人无远虑，必有近忧。"这句话告诫我们立身处世应当深谋远虑，及早地为自己的人生确定一个明确的意义和目标。在生命的画卷上，人人都应该大胆地泼墨。否则，多少年后回首往事才发现，你那张纸片上除了凌乱地画了些线条之外什么都没有留下，那就太可惜了。

按图索骥，做生命的骑士

南怀瑾先生说：《易经》告诉我们，人生命运都掌握在自己手里，任何一种外力都是靠不住的，而你自己就是真正的主人。一位伟人说："要么你去驾驭生命，要么是生命驾驭你。你的心态决定谁是坐骑，谁是骑师。"

大概是40年前，南非某贫穷的乡村里，住了兄弟两人。他们忍受不了穷困的环境，便离开家乡到外面去谋发展。大哥好像幸运些，他来到了富庶的旧金山，弟弟却到了很穷困的菲律宾。

40年后，兄弟俩又幸运地聚在一起，他们已今非昔比了。哥哥当了旧金山的侨领，拥有两间餐馆、两间洗衣店和一间杂货铺，而且子孙满堂，有些晚辈成为杰出的工程师或电脑工程师等科技专业人才。弟弟则成了一位享誉世界的银行家，拥有东南亚相当数量的山林、橡胶园和银行。

兄弟相聚，不免谈谈分别以后的遭遇。哥哥说，我们黑人到白人的社会，既然没有什么特别的才干，唯有用一双手煮饭给白人吃，为他们洗衣服。总之，白人不肯做的工作，我们黑人统统顶上了。我的生活是没有问题的，但事业却不敢奢望了。例如我的子孙，书虽然读得不少，但也不敢妄想，只有安分守己地去做一些技术性工作来谋生。至于要进入上层的白人社会，相信很难办到。

看见弟弟这般成功，做哥哥的不免羡慕弟弟的幸福。弟弟却说："幸运是没有的。初来菲律宾的时候，担任些低贱的工作，但发现当地有些人比较愚蠢和懒惰，于是便接下他们放弃的事业，慢慢地不断收购和扩张，生意便逐渐做大了。"

以上是真实的故事。经过几十年的努力，他们都成功了。但为什么兄弟两人在事业上的成就却有如此大的差别呢？它告诉我们：影响我们人生的绝不仅仅是环境，心态也控制着个人的行动和思想；同时，心态也决定自己的视野、事业和成就。

一个人能否成功，就看他的态度了。成功人士与失败者之间的差别是：成功人士始终用最积极的思考、最乐观的精神和最辉煌的经验去支配、控制自己的人生。失败者则刚好相反，他们的人生是受过去的种种失败和疑虑所引导、支配的，他们把自己的未来交给了过去。有些人总喜欢说，他们现在的境况是别人造成的，他们的想法无法改变。但是，我们的境况不是周围环境造成的。说到底，如何看待人生、把握人生，由我们自己决定。

1994年秋，美国普林斯顿大学数学家纳希博士成为当年诺贝尔经济学奖的获得者。这位经济数学学者正处在出成果的黄金时期，却不幸产生了严重的心理障碍，刚满30岁就被送进了精神病院。在以后的10多年中，他的病情反反复复，成了这家医院的常客。他常在校园中徘徊游荡，烦躁地在图书馆中出出进进，在黑板上莫名其妙地涂写一些数学公式，成了学校中孤独的"幽灵"。

纳希在严重的心理困顿中，得到了周围人们的热情关照和呵护。学校的亲朋同道们常热情邀请他参加听讲座、研讨会等学术活动。人们对他亲善、友好，一点儿都不歧视他，这使他逐渐地远离孤独。

置于被人关心的氛围中，纳希感到自己被承认是"社会的人"。他从自我抑郁的阴影中走了出来，开始主动地与同事和学生们接触交谈了。他的社交面越来越广，对事业的倾注之情越来越深。他的郁闷情绪渐渐地被化解，能正常地投入科研活动，他还在电脑的操作中学会了编程等复杂的技术。周围人热情的关心和他对工作的迷恋，使他增强了生活的信心和勇气，他的心理障碍渐渐地被排除了。

实质上，许多人的事例都在表明：世界给了他们不公平的待遇，他们则是责备他们身外的世界和环境，责备他们的遗传。其实，他们之所以得出这样的结论，完全是因为他们都有一种不良的心态，正是由于这种不正确的心态才阻碍了他们的成功。

在人生的航程中，你必须有这样的抉择：你是任凭别人摆布，还是坚定地自强；是总要别人推着你走，还是自己驾驭命运，自己控制情感。

许多人的生活就像秋风卷起的落叶，漫无目标地飘落，最后落在某处，以至干枯、腐烂。每个人都会经常面临选择，这就好比生老病死构成了人的根本处境和命运一样。政治因素、社会因素、经济因素、性生理和心理因素、伦理道德因素、法律因素，还有文化和哲学因素……统统都纠结、交错在一起，共同参与、决定着一个重大的选择。一个重大的选择，无一例外都是上述诸因素“合力”的结果。一次选择即是一个人的人生价值观念的一次大暴露，不仅是意识层的暴露，更是潜意识层的暴露，因为潜在动力更具有决定作用。生活就是按图索骥，路在前方，但是图纸在你的心中。

栉风沐雨，一生坦荡

人们常用“君子坦荡荡，小人长戚戚”来区别君子与小人。南怀瑾先生对孔子这句话的解释是这样的，君子的胸襟永远是光风霁月，无论得意或艰难，都自然是胸襟开朗，乐观而不盲目，对人没有仇怨。小人的心里永远都有事情，不是觉得别人对不起自己，就是觉得这个社会不对，再不然就是某件事对自己不利。

一天，林先生来到一个珠宝店的柜台前，随手把自己的皮包放在了旁边。

在他挑选珠宝时，一个衣着讲究、仪表堂堂的男士也过来挑选珠宝，林先生礼貌地把包移开。但来者却十分愤怒，告诉林先生他是个正人君子，根本无意偷他的包，林先生的举动是对其人格的侮辱，说完话便重重地将门关上，怒气冲冲地走出了珠宝店。

林先生莫明其妙地被人嚷了一通，也怒气满怀，没心思再看珠宝了，便出门开车回家。马路上的车阵像一条巨大而蠢笨的毛毛虫缓慢地蠕动。看着前后左右的车，林先生气不打一处来：哪来这么多车？哪来的这些不会开车的司机？后来，他与一辆大型卡车同时到达一个交叉路口，林先生想："这家伙仗着他的车大，一定会冲过去。"随即下意识地准备减速让行。此时，卡车却先慢了下来，司机将头伸出窗外，向他招招手，示意他先过去，脸上挂着愉快的微笑。林先生将车子开过路口的一瞬间，满腔的不愉快突然全部消失得无影无踪，心胸豁然开朗。

其实，世界根本没有改变，改变的只是心境。无论何时何地，保持着坦荡的心境，世界便是一片祥和。

你眼里的世界，是你心境的反映。不管周围环境怎样，真正的君子，不应该为外物所困。佛印说苏东坡像佛，苏东坡说佛印像屎。苏大学士以为自己占了便宜，殊不知苏小妹一言点破玄机：心中有佛，眼中尽佛；心中有屎，眼中皆屎。到头来苏东坡还是差了一截儿。所谓"君子所见无不善，小人所见无不恶"，你是君子还是小人，在不经意间就会流露出来。

比如一个公开的舞会，突然来了一位绝色的女子，她打扮入时、风度优雅、款步而来，与全场最帅的男人跳了一支舞。

有的人会衷心地赞美，因为他的心里没有瑕疵，他看见了别人的美丽。而有的人则会挑剔：她怎么穿红色的衣服啊、那鞋子一看就是廉价货、舞蹈跳得一点儿都不专业、看她那傲慢的眼神真让人讨厌，等等。其实这种人看待别人的眼光就有问题。更有甚者，看见绝色女子抢了全场的风头，会莫名其妙地产生一种憎恨。

后两种人就是所谓的小人，他们心里有条脆弱的小防线，他们容不下别人比他们强，认为这世界上很多人要与他为敌，认为别人占去了他们的风光，觉得总是有人在把他们比了下去，于是心生厌烦，把自己那点儿底子全抖了出来。其实生活是一面镜子，你看见的就是你自己心里想的。

想要保持心境坦荡而不戚然，就要做到孔子所说的“不忧不惧”。参透了“不忧不惧”这四个字，我们就可以进一步了解人生。人生会遭遇许多事情，如果一个人能修养到无忧无惧，那就真是了不起的修养，这也是“克己复礼”的功夫之一。

一位年轻的职员因其任职的公司突然倒闭而失业了，一位长者说他十分幸运，年轻人不解。长者说，人生是接连不断的麻烦，但凡在早年受挫的人都是很幸运的，可以学到鼓起勇气从头做起，学到不忧不惧。

俗话说：“平生不做亏心事，不怕半夜鬼敲门。”人们内心的光明磊落又怎么能被外物影响呢？人的一生会遇见很多事情，但是只要我们本着正义和良知，行事光明磊落，即使栉风沐雨，又怎么能挡住光明的大道呢？又怎么能阻止我们事业的成功呢？

第三章 走在幸福的八个台阶上

——南怀瑾谈修为境界感

不要抱怨世界

南怀瑾先生建议年轻人不要埋怨，不要发牢骚，不要怕没有前途，他认为年轻人只要能站起来，就不要担心别的事情，迟早有一天你会看到你所希望的前途。

毛泽东在给柳亚子的诗里说“牢骚太盛防肠断，风物长宜放眼量”，确实是至理名言。可是我们好像都太容易发牢骚了，比如急急忙忙地赶车去上班，结果车慢慢吞吞总不来，于是就破口大骂；好不容易等到车来了，又发现车上人太多，根本挤不上去，于是一生气，又是一顿骂。为什么会这样？是因为我们太浮躁了。我们认为车就应该为我们按时开来，座位就应该为我们留着。可是你以为你是谁？很多人其实根本不知道自己是谁啊！

在希腊帕尔纳索斯山南坡上，有一个驰名整个古希腊的戴尔波伊神托所。这是一组石造建筑物，它的起源可以回溯到3000多年前。在这个神托所的入口处，文献上说人们可以看到刻在石头上的两个词，用今天的话来说，就是“认识你自己”。古希腊哲学家苏格拉底最爱引用这句格言教育别人，因此后人往往错误地认为这是他讲的话。但在当时，人们则认为这句格言就是阿波罗神的神谕。这其实是一句家喻户晓的民间格言，是希腊人民智慧的结晶，后来才被附会到大人物或神灵身上去。

尼采在《道德的系谱》的前言中，也针对“认识你自己”来大做文章，他说：“我们无可避免地跟自己保持陌生，我们不明白自己，我们搞不清楚自己，我们的永恒判词是：‘离每个人最远的，就是他自己。’——对于我们自己，我们不是‘知者’……”

认识自己谈何容易！一辈子不认识自己而做出了可耻可悲的事情的不是大有人在吗？今天，不是还有一部分人正是由于不认识自己，不能充分地理解生活的幸福，经受一点点挫折、打击就悲观、失望、苦恼、抱怨、彷徨，终日在唉声叹气、无所作为之中把时光白白地浪费掉吗？

非洲大草原上有两种动物，一种羚羊，一种是狮子。羚羊每天在想，明天早上太阳升起时，它必须要奔跑，只有这样它才能摆脱跑得最快的狮子。而狮子每天也必须想，明天太阳一升起来，我就要奔跑，只有这样我才能追上跑得最慢的羚羊。这个故事告诉我们，无论你是狮子或是羚羊，当太阳升起，你要做的就是奔跑。时间很紧迫，你没有时间发牢骚啊！假如羚羊不奔跑，而是想：我要是刺猬就好了，那样我就不用怕狮子了，为什么我不是刺猬呢？或者是埋怨草原上还有野马，还有袋鼠，为什么狮子只是吃我们呢？如果羚羊这么想，我们可以说它是羚羊里最有思想的，可是它也是第一个被狮子吃掉的。即使是强大的狮子也不应该发牢骚。它不去奔跑追逐，却埋怨为什么羚羊是跑步好手，自己为什么不能像鹰一样飞，要是羚羊自己送上门就好了，等等，就会陷入不切实际的幻想中。其实不管它再怎么想，它只要不奔跑，到最后它就只能饿死。

孔子告诫学生说不要发牢骚，要“不迁怒”。这是什么意思呢？“迁怒”就是乱发脾气，说白了就是发牢骚。孔子最推崇的弟子颜回能做到不迁怒，可惜已经早死了。而我们现在扪心自问，只怕也是很难做到这个。因为现在的人都太短见了。

毛泽东说“风物长宜放眼量”，目光要放长远点儿，才不会为一时的得失而喜悲。人生天地之间，若想不被凡尘琐事所干扰，达到幸福而圆满的人生境界，就必须不断地提高自己的人生境界。如果你的眼睛里只有柴米油盐、只有蝇头小利，你又怎么能够把目光放长远，体会那种看起来遥远但实际很贴近的本真呢?

我们再来看看庄子和惠子的另一则故事：

这天，惠子又对庄子说：“我有棵大树，人们都叫它‘樗’。它的树干却疙里疙瘩，不符合绳墨取直的要求，它的树枝弯弯扭扭，也不适应圆规和角尺取材的需要。虽然生长在道路旁，木匠连看也不看。现今你的言谈，大而无用，大家都会鄙弃它的。”

庄子说：“先生，你没看见过野猫和黄鼠狼吗？它们低着身子匍匐于地，等待那些出洞觅食或游乐的小动物。它们一会儿东、一会儿西、跳来跳去；一会儿高、一会儿低，上下穿越，不曾想落入猎人设下的机关，死于猎网之中。

再有那犛牛，庞大的身体就像天边的云，它的本事可大了，不过不能捕捉老鼠。如今你有这么大一棵树，却担忧它没有什么用处。你怎么不把它栽种在什么也没有生长的地方，栽种在无边无际的旷野里，然后你悠然自得地徘徊于树旁，悠游自在地躺卧于树下。大树不会遭到刀斧砍伐，也没有什么东西会去伤害它。虽然没有派上什么用场，可是哪里又会有什么困苦呢？”

是啊，一个人只要能够最大限度地扩大自己的视野，就能比别人看到更多更精彩的事物、更多更精彩的美丽。如果你觉得你现在在生活中没有什么路可走，那么可能就是因为你的眼界太窄了。

生活在繁华都市中的人，每天都为了生计而奔忙，很容易被各种各样的物欲迷住了眼睛。在他们的眼里只有来往的车流、上司和周围人群的嘴脸、各式各样的楼层，有点时间休息时，也只是对着电视或者电脑。他们的心中根本没有周围的绿色植物、天空中不断游走的流云、夜晚灿烂的星光和月色，他们的心仅仅局限于都市中的那一个小小的角落。在这种狭窄空间生活久了，怎么能不发牢骚呢？而发牢骚又那么让人讨厌，长此以往则将恶性循环。如果把目光放长远些，你就能在苍凉中看到繁华，在危急之时看见希望，在平凡之中看见伟大，在奔忙之中看见力量。这时你就会有一种“天高任鸟飞，海阔凭鱼跃”的感受，你的生命境界就会得到进一步的升华，你在现实生活之中就会体验到一种解脱的大自由。你就不会在消沉、牢骚中惶惶度日。

成功的人从不是满腹牢骚，他们往往都是目光长远、立足现实、放眼未来、踏踏实实做事情的人。假如你是那种牢骚太盛、愿意“不贰过”的人，那就请你从现在改变一下吧！

静心，待一壶茶香

在《逍遥游》开篇，庄子以横空出世的笔法向我们讲述了鲲、鹏之变及大鹏南飞的故事，极大地开阔了我们的视野和胸怀。在讲述大鹏如何飞向南冥的过程，庄子这样说：“风之积也不厚，则其负大翼也无力。故九万里，则风斯在下矣，而后乃今培风；背负青天而莫之夭阏者，而后乃今将图南。”

南怀瑾先生在《庄子讲记》中对这段话有一段精彩的论述。庄子讲大鹏鸟要飞到九万里高空，非要等到大风来了才行，如果风力不厚，它两个翅膀就没有办法打开，飞不起来。风力越大，起飞就越容易、速度也就越快。这似乎暗示了一个人生的命题，要想成就一番大事业，必须要有大鹏展翅的志向，还须有等待“好风凭借力”的耐心。

其实，很多事情都不会是转瞬即得的，我们要有耐心，要学会等待。

有一天，太阳格外强烈，佛陀和他的侍者走在路上。到了中午的时候，佛陀饥渴难耐，便对侍者说：“刚才我们不是经过数条小河吗？你去弄些水回来。”

侍者于是拿着盛水的容器去了，路并不很远，他很快就找到了，但是他刚到那里，就有一队商人骑着马从那条小溪经过，溪水被他们弄得浑浊不堪，哪里还能喝。于是他就转身回去了，告诉佛陀说：“溪水被商人弄脏了，不能喝了，还是另找条小溪吧！我知道前面就有一条小溪，而且溪水非常清澈，离这里也不远，大概就两个时辰的路程。”

佛陀说：“我们离这条小溪近，而且我现在口渴难耐，为什么还要再走两个时辰的路，去找前面的那个小溪呢？你还是再去一趟刚才的那个小溪看看吧！”

侍者满脸不悦地拿着容器又去了，心里想：“刚才不是看了嘛！水那么脏，怎么能喝呢？现在又让我去，不是浪费时间白跑一趟吗？”

他决定不去了，于是就转身回来对佛陀说：“我都告诉你了，溪水已经被弄脏了，你为什么还是要我白跑一趟呢？”

佛陀什么也没有向他解释，说道：“等一会儿你就知道了，你现在要做的只是顺从，你肯定不会白跑的！”

侍者只好又去了。当他再次来到那条小溪旁边的时候，看到溪水是那么的清澈、纯净，泥沙早已不见了。

这个表象的世界没有任何东西是永恒的，只要学会耐心等待，你总能得到自己想要的东西。人生也是如此，人的一生不可能总是一帆风顺，相对成功来说，更多的是挫折和失望。只有学会坚持、学会等待，才有成功的机会和希望。

人生需要等待，“欲速则不达”、“财不入急门”等，讲的都是学会等待的道理。君不见，有人因不懂得等待，而使爱的花朵凋零；有人因不循“时令”，在看到鲜花盛开时才去栽种，最终却两手空空；有人因没有耐心等待而争权夺利，最终粉身碎骨，空留悲叹。在现实生活中，又有多少人因为不会等待而事倍功半，甚至徒劳无功、适得其反？人生因饱经风霜而更富有内涵，美酒也因岁月沉淀才历久弥香。

有这样一个故事：

一个屡屡失意的年轻人来到普济寺，慕名寻访高僧释圆。他一见到高僧便沮丧地说：“人生总不如意，活着也是苟且，有什么意思呢？”释圆大师静静地听完年轻人的叹息和絮叨，末了吩咐小和尚说：“施主远道而来，烧一壶温水送过来。”不一会儿，小和尚送来了一壶温水，释圆抓了些茶叶放进杯子，然后用温水沏了，放在茶几上，微笑着请年轻人喝茶。杯子冒出微微的水汽，茶叶静静浮着。年轻人不解地询问：“宝刹怎么喝温茶？”释圆笑而不语。年轻人喝一口细品，摇摇头说：“一点茶香都没有啊！”释圆说：“这可是闽地名茶铁观音啊！”年轻人又端起杯子品尝，然后肯定地说：“真的没有一丝茶香。”

释圆又吩咐小和尚：“再去烧一壶沸水送过来。”又过了一会儿，小和尚便提着一壶冒着浓浓白气的沸水进来。释圆起身，又取过一个杯子，放茶叶，倒沸水，再放在茶几上。年轻人俯首看去，茶叶在杯子里上下沉浮，丝丝清香不绝如缕，望而生津。年轻人欲端杯，释圆作势挡开，又提起水壶注入一线沸水。茶叶翻腾得更厉害了，一缕更醇厚、更醉人的茶香袅袅升腾，在禅房弥漫开来。释圆这样注了五次水，杯子终于满了，那绿绿的一杯茶水，端在手上清香扑鼻，入口沁人心脾。

释圆笑着问：“施主可知道，同是铁观音，为什么茶味迥异吗？”年轻人思忖着说：“一杯用温水，一杯用沸水，冲沏的水不同。”释圆点头：“用水不同，则茶叶的沉浮就不一样。温水沏茶，茶叶轻浮水上，怎会散发清香？沸水沏茶，反复几次，茶叶沉沉浮浮，释放出四季的风韵：既有春的幽静、夏的炽热，又有秋的丰盈、冬的清冽。世间芸芸众生，也和沏茶一样，是同一个道理。沏茶的水温不够，就不可能沏出散发香味的茶水；你自己的能力不足，要想处处得力、事事顺心，自然很难。要想摆脱失意，最有效的方法就是苦练内功，切不可心生浮躁。”

人生如茶，水温够了，时间够了，茶香自然会飘散出来。人生需要慢慢地积淀，当时机成熟、风力充足，有了一定的能力才智，定能一飞冲天。所以说，人们想要最终获得一个圆满、成功、幸福的人生，必须经过一个成功势能的积累过程。如果心浮气躁，那就最终只会陷入失败的深渊。成功绝不是一蹴而就的，只有静下心来日积月累地积蓄力量，才能够“绳锯木断，水滴石穿”。

身处泥泞，看山花烂漫

南怀瑾先生认为要生活先要生存，就是先要“立”起来。他对生活与生存的论述，一言以蔽之，就是希望人人都有更好的生活，过得很舒适快乐，而最基本的条件就是先要改变自己的心态。想想看，这其实也是我们自己的理想。但是，很多人在追求这种生活的过程中，不自觉地就陷入一个可悲的圈子，把大把的时间放在懦弱的抱怨上。换个角度想，无论是快乐还是痛苦，其实都是生活的一部分，只有心态调整好了，才会跳出这个圈子，去享受这一切。生存的要义一定要打通这一关节。

一位年逾七旬的诗人曾经谈到，他的一生中有很多年轻貌美的异性朋友，她们都是些活泼、天真、可爱的姑娘。翻开他保留的相册，看到那一张张青春无邪的笑脸，就像置身在大自然的鲜花绿草之中。“在逆境中，是她们告慰了我这颗行将衰老和绝望的灵魂。”老诗人鹤发童颜，目光中闪着睿智的光，深情地说：“我对她们的迷恋是一种圣徒对自然天性的崇拜，是对虚伪人生的逃避，是对衰老与死亡的抗拒。”

苦中作乐不是自我麻痹、不是消极退却。如果世人都不那么锋芒毕露、以牙还牙，多一些理解、尊重，世界也就不会被扭曲。诗人流沙河曾写过一首诗：我们将平分欢乐与忧愁，在眉宇间看出对方的心事……

一个人是可以既征服着困难，又生活得很快乐的。有人曾经问过一些饱受磨难的人是否总是感到痛苦和悲伤，有的人答道："不是的，倒是很快乐，甚至今天我有时还因回忆它而快乐。"为什么会这样呢？这是因为他从心理上战胜了磨难，他从磨难中得到了生活的启示，他为此而快乐。换句话说，生活本来就是让人热爱的，真正的精彩不属于懦弱者。

我们应该做命运的主人，而不应由命运来摆布自己。西方哲学家蓝姆·达斯曾讲了下面这个真实的故事。

一个因病而仅剩下数周生命的妇人，一直将所有的精力都用来思考和谈论死亡有多恐怖。以安慰垂死之人著称的蓝姆·达斯当时便直截了当地对她说："你是不是可以不要花那么多时间去想死，而把这些时间用来活呢？"他刚对她这么说时，那妇人觉得非常不快。但当她看出蓝姆·达斯眼中的真诚时，便慢慢地领悟到他话中的诚意。"说得对！"她说，"我一直忙着想死，完全忘了该怎么活了。"

一个星期之后，那妇人还是过世了。她在死前充满感激地对蓝姆·达斯说："过去一个星期，我活得要比前一阵子丰富多了。"

很多时候，我们生活在对周围世界无聊的恐惧里，浪费了大把的时间，却忘记了生命本来应该有的精彩，在懦弱中消沉。事实上，真正值得人们尊敬的，是面对困难勇敢地站起来的人。

有一位朋友因为幼年时患了一场大病，命虽保住了，下肢却瘫痪了。他的父亲是邮局的干部，他父亲在他中学毕业后设法在邮局给他安排了一份可以坐着不动的工作，工资和各种福利待遇都与常人无别。在这个岗位上，他干了三年。按说，一个重残的人能有一份这样安稳而有保障的工作，应该感到十分满足了。他的许多身体健康的同学，都还在为谋一份职业而四处奔波求人呢。但他却辞职了，因为他在人们的眼光中不但看到了同情，更看到了怜悯还有不屑。他的自尊心在这种目光中一次次被刺伤，所以纵是父亲的耳光和母亲的哭求都没能阻止他。

辞职后，他先是开了一间小书店，但不到半年便因城市改造房屋折迁而不得不关门。之后，他又与人合办了一家小印刷厂，也仅仅维持了一年多，便因合伙人背信弃义而倒闭。他两次经商都没成功，而且还债台高筑。这时他的父母和朋友们又来劝他说："你一个残疾人，就别胡折腾了，多少好手好脚的人都碰得头破血流，何况你呢！"父亲劝他趁自己还在领导岗位上，让他还是老老实实回邮局上班算了。但他还是没有回头，而是又选择了开饭店。这次他吸取前两次的教训，一年下来，小饭店竟赢利两万多元，于是他又开了两家连锁店。

10年之后，他的连锁饭店不但在他居住的城市生根开花，而且还不断地在周边的大小城市一间间地开张。他自然也就成了事业成功的老板，而且娶了一位漂亮能干的姑娘。当有人问他成功的经验时，他说了很多，但他说最重要的，就是千万不要同情自己。别人同情你不要紧，若自己同情自己，就会成为懦夫，就会没有勇气去奋斗，一辈子只能在别人的同情中生活。

生活有时候会显出其不公平的一面，使我们经历磨难，使我们遇见挫折。可是当我们想想这世间的美好，就会发现生活本来就是让人热爱的。那些磨难与挫折，不过是生活中一点儿或酸或辣的调味品而已。如果把目光集中在这个地方，生活反而会变得一团糟糕。

当你遭受损失、挫折的时候，不要把焦点放在你无法挽回的事情上，而要把焦点放在"生活里还有那些值得感谢"、"还能为自己做些什么"的事情上。当自己的情绪呈现负面或消极状况的时候，要确保自己的意念完全投入在解决办法上，而不是问题上；即使在不幸的时刻，还能够积极向上、活在此刻。其实生活就是这样有酸甜苦辣，不一样的是人的心态。生活本来的面目就是如此，我们与其在埋怨中度过，不如转变态度，告诉自己生活本来就是让人热爱的。埋怨只能证明无奈，生活不相信懦弱。我们即使身处泥泞中，也要有个好心态，也要往远处的山上看，看那满山盛开的美艳的花。

生命的雨天，为自己撑起一把伞

一个想蹲下的人，别人怎么扶也是扶不起来的。若想做个真正的爷们，挺立世间，就要自立自强!

南非总统曼德拉说：“人生最美的光环不在于人的升起，而是坠下后还能再升起来。”人生风风雨雨，充满曲折，在坠下后，能自立、自强，再升起来，这样的人才是最值得尊敬的。

自立自强便是自度。南怀瑾说，没有一个方法可使一切众生皆入涅槃中，因为自性自度，佛也不能度你。神仙与佛，不过是自度的过来人；一切明师只是把整个经过的经验告诉你。人毕竟要自度，一切众生皆要自度。

天下着大雨，一个信佛的人在屋檐下等待天晴，远远地看到一位禅师正撑伞走过，于是喊道：“禅师，普度一下众生，把我送回家吧！”

禅师远远地回答：“我在雨里，你在檐下；檐下无雨，你不要我度。”

这人立刻走出屋檐，站在雨中，说道：“我也在雨中，该度我了吧？”

禅师走到他面前，说道：“我们都在雨中，我不被淋湿，因为有伞；你被淋湿，因为无伞。所以不是我度你，而是伞度我，对吧？”

这人觉得很有道理，点了点头。

禅师接着说：“所以，你要被度，不必找我，应该自己去找伞。”

说完，他便扔下这个人独自走了。

自立自强，是风雨里自己手中的伞。要想自度，就要自己准备一把伞。

南怀瑾说：“个人做人，不自强，不自立，不从自己本身想办法，怨天怨地，希望得到别人的同情来为自己解决困难，天下不会有这样的事情。个人事、国家事、天下事的原则是一样的，只有自立自强，才是唯一的生存之道。”

挪威戏剧家易卜生说过：“在这个世界上最坚强的人，是孤独的只靠自己站着的人。”做人，要想经风雨而立于不败之地，必须学会自立。

一天，有一只小蜗牛委屈地问妈妈：“为什么我们蜗牛从生下来就要背负这个又硬又重、令人讨厌的壳呢？”

妈妈慈祥地回答说：“因为我们的身体没有骨骼的支撑，只能爬，可又爬不快，所以需要这个壳来保护自己！”

小蜗牛又问：“毛毛虫姐姐没有骨头，也爬不快，为什么她却不用背这个又硬又重的壳呢？”

妈妈说：“因为毛毛虫姐姐会变成蝴蝶，天空会保护她呀！”

小蜗牛又问道：“可是蚯蚓弟弟也没有骨头，爬不快，也不会变成蝴蝶，他为什么不背这个又硬又重的壳呢？”

妈妈说：“因为蚯蚓弟弟会钻土，大地会保护他啊！”

小蜗牛伤心地哭了起来：“我们好可怜，天空不来保护我们，大地也不保护我们。”

蜗牛妈妈安慰他：“所以我们有壳啊！我们不靠天，也不靠地，我们要靠自己。”

《周易·乾》中说：“天行健，君子以自强不息。”无论是想在世界上安身立命，还是想实现宏图大志，都需要自立、自强。不管人生有多苦，但只要活着，就无法逃避，因此不如坚强地面对，自立自强。就像蜗牛妈妈的回答一样，我们不能靠天，不能靠地，我们只能靠自己。也许腊梅并不喜欢严寒霜冻，也许青松并不喜欢悬崖峭壁，也许海燕并不喜欢狂风暴雨，但它们不甘心放弃，自己做自己的救星，它们为自己奏响生命的乐章。

没有谁能永远做你的救星，除了你自己。失败并不可怕，可怕的是你没有走向成功的勇气；受挫并不可怕，可怕的是你没有自立、自强的决心。做自己的救星，相信风雨过后一定是鹰击长空的壮景；相信荆棘过后一定是铺满鲜花的康庄大道。

追之莫及不需悔

列子陪同一位“神通广大”的神巫来见壶子，岂料神巫转身就逃，列子追之不及，回来对老师说：“已灭矣，已失矣，吾弗及已。”这三个阶段其实讲述了一个人生道理：每一件事情过去便永远不会回来了，不管怎么追，也永远抓不回来。这就是现实。南怀瑾先生在一段日常的描写中抓住了生命中的本质。

有些事情是一朝过去便永远过去，再也无法重新再来一次的。有个简单的爱情故事，或许已说了太多遍，但其寓意仍发人深省。

一个男孩，一个女孩，偶然之间相遇、相识。从相遇的那天起，彼此心中就有种说不出的欣赏和默契，两人成了挚友知己。那时，他们还在读高中，接着就上大学、读研究生，然后参加工作。几年过去，友情没有因为时间和空间而慢慢变淡，反而越来越浓，然而，也仅此而已。之后，各自去恋爱，彼此都有了生命中的另一半。有一天，男孩和女孩谈论起一个话题，如果有来世可以选择的话，来世愿做男孩还是女孩？照例是争得没完没了，女孩子还是要做女孩，男孩子还是要做男孩。最后，他解释说：“来世我不能不做男孩，因为我要娶你。”随即淡淡一笑，有些无奈，有些忧愁。女孩子像被钉住似的待在那里，心里恍恍惚惚的——她从来不知道他是爱她的啊！知道了又能怎样？错过了已难回头，许多事都无法重来一次。

惋惜吗？既然心中有渴望，为何不努力去争取，今生的事又何必推到来世。很多人终其一生的努力，也未必能得到成功的回报。对于人生而言，尽早懂得生命中追之不及的东西，并在它从身边溜过时牢牢地将其抓住，才能在生命结束之时安然离世。

30年前，一个年轻人离开故乡，准备开创一片自己的天地。他动身的第一站是拜访本族的族长，请求指点。老族长正在练字，他听说本族有位后辈开始踏上人生的旅途，就写了三个字：不要怕。然后抬起头来，望着年轻人说："孩子，人生的秘诀只有六个字，今天先告诉你三个，供你半生受用。"30年后，这个从前的年轻人已是人到中年，有了一些成就，也添了很多伤心事。归程漫漫，到了家乡，他又去拜访那位族长。他到了族长家里，才知道老人家几年前已经去世，家人取出一个密封的信封对他说："这是族长生前留给你的，他说有一天你会再来。"还乡的游子这才想起来，30年前他在这里听到人生的一半秘诀，拆开信封，里面赫然又是三个字：不要悔。

故事短小，却令人回味，六个字点透人生。生命总是有限的，想想人生中的追之不及，你是否心有所悟呢?

得道人生大自在

何谓自在，恐怕就是一种毫无阻碍的逍遥。在庄子看来，"无不将也，无不迎也，无不毁也，无不成也"的境界就是逍遥，这是一种什么都能接受、什么都能凭依的"无骨"境界。南怀瑾说这就是庄子的自在境界。

很久以前，在一个炎热的夏季，禅院的草地枯黄了大片。

"快撒点草子吧，枯黄了很难看，"小和尚说，"等天凉了……"

师父挥挥手说："随时！"小和尚摸摸头不解。

中秋，师父买了一包草子，叫小和尚去播种。秋风起，草子边撒边飘。"不好了！好多种子都被吹跑了。"小和尚喊。

"没关系，吹走的多半是空的，撒下去也发不了芽。"师父说，"随性！"

撒完种子，跟着就飞来几只小鸟啄食。"要命了！种子都被鸟吃了！"小和尚急得跳脚。

"没关系！种子多，吃不完！"师父说，"随遇！"

半夜一阵骤雨，小和尚早晨冲进禅房："师父！这下真完了！好多草子被雨水冲走了！”

“冲到哪儿，就在哪儿发芽。”师父说，“随缘！”

一个星期过去了，原本光秃秃的地面，居然长出许多青翠的草苗，一些原来没播种的角落，也泛出了绿意。小和尚高兴得直拍手。

师父点点头说：“随喜！”

自在的境界就是这种“随”的精神，该怎么样就怎么样，一切顺其自然，不患得患失。“随”不是随便，是顺其自然，不躁进、不过度、不强求；是把握机缘，不悲观、不慌乱、不忘形，是一种自在的把握。

南怀瑾先生还举了一个有趣的例子：得道的人在这个世间已经把握了万物的根本，就像婴儿拿到一个心爱的东西。婴儿生下来不到一百天，手里拿着东西好像很牢，但是他没有用全力，而是把力气放到若有若无间，安详宁静却把握得很牢，这就是“自在”的境界了。做人也可以用这个道理，即在若有若无之间把握住万物的根本，自在自得道。

唐代丰干禅师住在天台山国清寺。一天，他在松林漫步，山道旁忽然传来小孩啼哭的声音。他寻声一看，原来是一个稚龄的小孩，衣服虽不整，但相貌奇伟。丰干禅师问了附近村庄人家，没有人知道这是谁家的孩子，不得已，只好把这男孩带回国清寺，等待人家来认领。因这个男孩是丰干禅师捡回来的，所以大家都叫他“拾得”。

拾得在国清寺安住下来，渐渐地长大，上座就让他担任行堂（添饭）的工作。时间久后，拾得也交了不少道友，尤其是一个名叫寒山的贫家子弟，与他成为莫逆之交。拾得因知寒山贫困，将斋堂里吃剩的渣滓用一个竹筒装起来，给寒山背回去吃。

有一天，寒山问拾得说：“如果世间有人无端地诽谤我、欺负我、侮辱我、耻笑我、轻视我、鄙贱我、恶厌我、欺骗我，我要怎么做才好呢？”

拾得回答道：“你不妨忍着他、谦让他、任由他、避开他、耐烦他、尊敬他、不要理会他。再过几年，你且看他。”

寒山再问道：“除此之外，还有什么处事秘诀，可以躲避别人恶意的纠缠呢？”

拾得回答道：“弥勒菩萨偈语说：

老拙穿破袄，淡饭腹中饱，补破好遮寒，万事随缘了；

有人骂老拙，老拙只说好，有人打老拙，老拙自睡倒；

有人唾老拙，随他自干了，我也省力气，他也无烦恼；

这样波罗蜜，便是妙中宝，若知这消息，何愁道不了？

人弱心不弱，人贫道不贫，一心要修行，常在道中办。

如果能够体会偈中的精神，那就是无上的处事秘诀。”

寒山点头称是。后来有人说拾得、寒山就是文殊、普贤二大士化身。台州有闾丘胤问丰干禅师，世界上哪里有真的菩萨呢？禅师说拾得、寒山就是。闾丘胤便千里迢迢赶去拜会二人。二人见到闾丘胤大笑说：“丰干饶舌，弥陀不识。”

南怀瑾先生解释此处说，二人称丰干才是弥陀的化身，可惜世人没有慧眼，看不清罢了。拾得、寒山说完这些话就隐身岩中，再也看不见踪影。闾丘胤叫人把二人的事情作成诗词题在石壁间，到现在都留在那里。而拾得、寒山二大士不为世事所缠缚，洒脱自在，俯仰大笑间一派自然，不慕虚名，实在叫人钦佩。其实二人是不是真的菩萨不重要，因为他们的心中已经有了菩萨，生活得就像菩萨，这种境界绝妙得很。

对于每个人来说，生活蕴藏着无限的哲理与深意，它就像一本很厚的书，只有用心去读，才能品味到生活中处处有学问、处处有真理。只有驾驭了生活中的真理，眼光才能看得更远；深知生活中的诀窍，才能活得越自在、越洒脱、越游刃有余。生活闪现着智慧与学问，只有用心去领悟，才能体验到自在的真谛。所以，有时候人们不需要对生活的种种形势计较太多，只需一点儿淡淡的随性，心中有菩萨，即可在生活中获得真正的自在与快乐。

自在是一种独到的体验，只要乐趣真实常在，你就会发现活着本来就是一种幸福，无论雅俗，都会活得有滋有味，也用不了太多的心思。比如说，你有大本事或小本事，朋友多、路子广，会有种种发迹的机会；你拥有爱情、拥有家庭、拥有多彩的故事，你总有一些盼望，总会发现一些趣事，甚至某个消息、某个话题、某种现象都能让你兴奋。这些事情可能很俗气，让人瞧不上眼，或为人不齿，但只要你是真的获得快乐的体验也就够了。你即使遇上不称心的事，也不要固执地坚持、死守住那份痛苦，不要跟自己过不去，这样你便能从容应付，潇洒地走出困境。或许一时解脱不开，你也用不着烦躁，因为未来的日子还很长，眼前的不幸只是你人生沧海中的一粟，而你的幸福却是无数的小波涛，最终掀起的是你读懂生活的大浪。

生命如莲次第开，沿途美景心相随

天地万物，都在永远不息的动态中循环旋转、生生不息，并无真正的静止。一切人的作为、思想、言语，都同此理。是非、善恶、祸福、主观与客观，都没有绝对的标准。正如《易经》中的最后一卦——未济，无论是历史，还是人生，一切事物都是无穷无尽、相生相克，没有了结之时。既然生命无常，且生生不息，那么，对待生命的态度就成为千古圣贤时常讨论的一个话题。

庄子说过："古之真人，不知说生，不知恶死；其出不䜣，其入不距；翛然而往，翛然而来而已矣。""其出"，是说生命的外在；"不䜣"，是说不因生命外在的东西而欣喜。上古得道的真人，当尧舜也没有什么可高兴；当周公也没有什么了不起；万古留名，封侯拜相，乃至成就帝王霸业，也不觉得有什么了不起。"其入不距"，说的是人们对离开这个世界只是顺其自然，不抗拒，不畏惧。嬉笑怒骂均与他人无干，"翛然而往，翛然而来"，对待生死，怡然自得。所谓"采菊东篱下，悠然见南山"便是了。南怀瑾先生借大禹的一句名言点透生死："生者寄也，死者归也。"活着是寄宿，死了是回家。孔子在《易经·系辞》中说："通乎昼夜之道而知。"说的是只要明白了黑白交替的道理，就懂得了生死。生命如同荷花，开放、凋谢，不过如此。

有一天，如来佛祖把弟子们叫到法堂前，问道："你们说一说，你们天天托钵乞食，究竟是为了什么？"

"世尊，这是为了滋养身体，保全生命啊！"弟子们几乎不假思索。

"那么，肉体生命到底能维持多久？"佛祖接着问。

"有情众生的生命平均起来大约有几十年吧！"一个弟子迫不及待地

回答。

"你并没有明白生命的真相到底是什么。"佛祖听后摇了摇头。

另外一个弟子想了想又说："人的生命在春夏秋冬之间，春夏萌发，秋冬凋零。"

佛祖还是笑着摇了摇头："你觉察到了生命的短暂，但只是看到生命的表象而已。"

"世尊，我想起来了，人的生命在于饮食间，所以才要托钵乞食呀！"又一个弟子一脸欣喜地答道。

"不对，不对。人活着不只是为了乞食呀！"佛祖又加以否定。

弟子们面面相觑，一脸茫然，又都在思索另外的答案。

这时，一个烧火的小弟子怯生生地说道："依我看，人的生命恐怕是在一呼一吸之间吧！"

佛祖听后连连点头微笑。

故事中各位弟子的不同回答反映了不同的人性侧面。人是惜命的，希望生命能够长久，虽然有那么多的帝王将相苦练长生之道，却无法改变生命是短暂的这一事实；人是有贪欲又是有惰性的，所以才会有那么多的"鸟为食亡"的悲剧发生；而人又是奋发向上的，所以才会有那么多的人"只争朝夕"，从不松懈。事实上，生命是短暂的，它在于一呼一吸之间，在于一分一秒之中，如流水般消逝，永远不复回。

宇宙间万事万物时时刻刻都在变化，任何时间、任何地方，一切事情刹那间都会有所变化，不会永恒地存在。生命如莲，次第开放。正如南怀瑾先生所说，人生不过是一次旅行，漫步在时空的长廊，富贵名利如过眼云烟。

庄子临终，弟子们准备厚葬他。庄子知道后笑了笑，幽默地说："我死了以后，大地就是我的棺椁，日月就是我的连璧，星辰就是我的珠宝玉器，天地万物都是我的陪葬品，我的葬具难道还不够丰厚吗？你们还能再增加点儿什么呢？"学生们哭笑不得地说："老师呀！若要如此，只怕乌鸦、老鹰会把老师吃掉啊！"庄子说："扔在野地里，你们怕飞禽吃了我，那埋在地下就不怕蚂蚁吃了我吗？把我从飞禽嘴里抢走送给蚂蚁，你们可真是有些偏心啊！"

一位思想深邃而敏锐的哲人，一位仪态万方的散文大师，就这样以浪漫达观的态度和无所畏惧的心情，从容地走向了死亡，走向了在普通人看来万般惶恐的无限和虚空。从无中来到无中去，其实这正是生命的本真状态；只是有些人把生命想得过于复杂，令它承载了许多额外的沉重，因此失去了许多生活的真味。

的确，如南怀瑾先生所讲，生命如同荷花，一草一木皆学问。

有一只狐狸看到一个葡萄园结满了果实，可是它太胖了，进不了栅栏，于是它三天三夜不饮不食，使身体消瘦下去。"终于能够进来了！好吃！好吃极了！"吃了不知多久，直到牙也倒了，肚皮也圆了，吃得厌烦了，却又发现钻不出去了，只好重施故技，又三天三夜不饮不食……结果是出了葡萄园，但肚子还是跟进去时一样。

人生又何尝不是如此？赤裸裸地诞生，又孑然而死去，仿佛这只狐狸，不停地穿梭于不同的果园之间，得到、失去，最后又回到起点。生命是一个过程，功名利禄、富贵荣华，生不带来，死不带去，无人能带走自己一生经营的名利，就让生命自在地绽放凋谢吧！

一沙一世界，一叶一菩提，生命的收与放，本质都是一样的。面对生死，悠然自得，便是真正懂得了生命。正如丘吉尔谈及死亡时所说："酒吧关门的时候我就离开。"

仁爱无私心

《庄子 · 内篇 · 大宗师第六》中说："有亲，非仁也。"

"有亲，非仁也"，只要还带有一点私情，就够不上仁了。南怀瑾先生说，"亲"与"仁"是有差别的，儒家的仁是有范围的爱，先是"亲亲"，"幼吾幼以及人之幼，老吾老以及人之老"。佛家讲慈悲平等，则是爱一切众生。宋明理学家认为，佛家讲的慈悲的意义太高。

南先生在这里通俗地讲解了理学家们的疑问，假如孔子同释迦牟尼站在河边，两人的母亲都掉入河里，孔子是毫不客气地先救了自己的母亲，再来救释迦牟尼的母亲。但释迦牟尼怎么做呢？众生平等，不能分别啊！“亲亲，仁民，爱物”，是儒家行仁道的程序、步骤，庄子在这里没有批判儒家，但下了一个注解：“有亲，非仁也。”仁慈是爱天下，没有私心；有所亲，有所偏爱，已经不是仁的最高境界了。

说到这里，想起一个有趣的小故事。

有一个农夫的妻子去世了，农夫请无相禅师到家里来为他的亡妻诵经超度。佛事完毕以后，农夫问道：“禅师，您认为我的妻子能从这次佛事中得到多少收益呢？”无相禅师如实地回答道：“佛法好像慈航，普度众生；好像日光，遍照大地。不只是你的妻子可以得到利益，一切有情众生无不从中得益。”农夫听了有些不满意：“我就知道是这样的。可是我的妻子很娇弱，其他众生也许会占她便宜，把她的功德夺去。请您这次只单单为她诵经超度，不要回向给其他的众生，可以吗？”

无相禅师慨叹农夫的自私，但仍慈悲地开导道：“回向是好事情啊！你看，天上太阳只有一个，但万物皆蒙照耀——一粒种子可以生长万千果实。你应该用你的善心点燃这一根蜡烛，去引燃千千万万支的蜡烛，这样世间的光亮就会增加百千万倍，而且你本身的这支蜡烛并不会因此而减少亮光。如果人人都能抱有这样的观念，那我们每一个人常会因千千万万人的回向而蒙受很多的功德，何乐而不为呢？故我们佛教徒应该平等地看待一切众生！”农夫想了想，知道无法说服禅师，只好让步，吞吞吐吐地说道：“好吧，这个教义很好。但是，但是……还是要请法师破个例，我有一位邻居，素日里总是欺侮于我，如果能把他除去在一切有情众生之外就好了。”无相禅师忍不住以严厉的口吻说道：“既然是一切众生，哪里来的除外？”农夫茫然，若有所失。佛法高深之处就在于它是普度众生，岂有为一人超度之理！

人，无论是谁，都会有私心，这是人天性中的缺陷，但这种缺陷并不是无药可救的。我们应该懂得，仁爱应摒除私心，自己对别人的态度就是别人对自己的态度，如果每个人都因自私而不对他人行善，那么善与爱无法共享的世界必然是一片黑暗。

在一个建筑工地上，尚未竣工的大楼上两个工人在高空作业。突然，他们站立的平台断裂了。一刹那，两人同时从几十米的高空落下，他们都绝望地闭上了眼睛。但幸运的是，一根防护杆拯救了他们。然而脆弱的防护杆无法同时承受两人的重量，他们中间必须有一个人放开手。求生的本能让他们都紧紧地抓住了防护杆，时间慢慢地流失，防护杆吱吱作响。在此千钧一发之际，一人抽泣："我还有孩子！"没有结婚的另一人静静地说："那好吧！"然后就松开了手，像一片树叶飘向了水泥地面。

如何做到真正的仁爱无私，或许这位松开手的工人的行为是最佳的诠释，他安然地面对悲壮的结局。这正应了中国的一句俗语："不俗即仙骨，多情乃佛心。"

第四章　最容易企及的简单幸福

——南怀瑾谈心灵包容感

舍博弃杂，只为“一”心“一”意

博而不专，三心二意，是很多人的通病。《荀子·劝学》、《礼记·劝学》以及东汉蔡邕《劝学篇》中都提到了一种小动物——“多才多艺”而又样样“稀松平常”的鼫鼠。“鼫鼠五能不能成一技。五技者，能飞不能上屋、能缘不能穷木、能泅不能渡渎、能走不能绝人、能藏不能覆身是也。”能飞却飞不过屋顶；能攀而攀不上树梢；能游而游不过小水沟；能跑而赶不上人走；能藏而不能“覆身”，这就是五技而穷的鼫鼠的悲哀。所以说，专注于心是做人做事的大原则，博而不专、杂而不精，必会制约人生发展的高度。

《庄子·人间世》中的：“夫道不欲杂，杂则多，多则扰，扰则忧，忧而不救。”南怀瑾先生解释这句话时说，“夫道不欲杂”，这里提及的“道”不是形而上的道，而是人生的大原则。生于天地，立于人世，不管做哪一行，无论做任何事，都要精神专一，有始有终。修行之人想得自在，修成正果，须一门深入，方法毋杂。方法多了，智慧不及，不能融会贯通，反而一无所成。

南怀瑾先生说，昭文、师旷、惠子这三位历史上的音乐巨匠，其音乐造诣已达到入道的境界，正所谓“此曲只应天上有，人间哪得几回闻”。他们音乐成就登峰造极源于其个人所“好”，任何学问，任何东西，“知之者，不如好之者”，专注于心，必有所成。留名万世、学有专长之人，都是由于他对某一领域有所偏好，专注于心，穷根究底，才“守得云开见月明”。人生中的许多原则，一言概之：心无旁骛，一门深入。

相传一位得道高僧来到一座无名荒山，山间茅屋中金光闪烁。高僧料定此间必有高人，遂前往一探究竟。

原来，茅屋中有一位老人，正在虔诚礼佛。老人目不识丁，从未研读佛经，只是专注地念着大明咒："唵嘛呢叭咪吽。"

高僧深为老人的修为所动，只是他发现老人将六字真言中的两个字念错了，便指点老人正确的梵音读法，然后离开了，他想老人日后的修为定能更上一层楼。

然而，一年后，他再次来到山中，发现老人仍在屋中念咒，但金光已不再。高僧疑惑万分，与老人攀谈得知，老人以往念咒专心致志、心无旁骛，而经高僧指点后，总是过于关注其中两字的读法，不由得心绪烦乱。

做人做事的道理也是一样。"杂则多"，欲望多了，懂得多了，有时便会流于表面，不专一、不深入，博而不专；"多则扰"，考虑得太多，既困扰自己，也困扰他人；"扰则忧，忧而不救"，思想复杂了，烦恼太多了，痛苦太大了，连自己都救不了，又何况救他人？正所谓："一屋不扫，何以扫天下？"

张艺谋的成功，在很大程度上来源于他对电影艺术的诚挚热爱和忘我投入。正如传记作家王斌所说的那样："超常的智慧和敏捷固然是张艺谋成功的主要因素，但惊人的勤奋和刻苦也是他成功的重要条件。"拍《红高粱》的时候，为了表现剧情的氛围，他亲自带人去种出一块100多亩的高粱地；为了"颠轿"一场戏中轿夫们颠着轿子踏得山道尘土飞扬的镜头，张艺谋硬是让大卡车拉来十几车黄土，用筛子筛细了，撒在路上；在拍《菊豆》杨金山溺死在大染池一场戏时，为了给摄影机找一个最好的角度，更是为了照顾演员的身体，张艺谋自告奋勇地跳进染池充当"替身"，一次不行再来一次，直到摄影师满意为止。

1986年，摄影师出身的张艺谋被吴天明点将出任《老井》一片的男主角。没有任何表演经验的张艺谋接到任务，二话没说就搬到农村去了。他剃光了头，穿上大腰裤，露出了光脊背。在太行山一个偏僻、贫穷的山村里，他与当地乡亲同吃同住，每天一起上山干活，一起下沟担水。为了使皮肤粗糙、黝黑，他每天中午光着膀子在烈日下曝晒；为了使双手变得粗糙，每次摄制组开会，他不坐板凳，而是学着农民的样子蹲在地上，用沙土搓揉手背；为了电影中的两个短镜头，他打猪食槽子连打了两个月；为了影片中那不足一分钟的背石镜头，张艺谋实实在在地背了两个月的石板，一天三块，每块150斤。

在拍摄过程中，张艺谋为了达到逼真的视觉效果，真跌真打，主动受罪。在拍“舍身护井”时，他真跳，摔得浑身酸疼；在拍“村落械斗”时，他真打，打得鼻青脸肿。更有甚者，在拍旺泉和巧英在井下那场戏时，为了找到垂死前那种奄奄一息的感觉，他硬是三天半滴水未沾、粒米未进，连滚带爬拍完了全部镜头。

张艺谋成功了，他的成功离不开对目标的专注。同样，如果你专注于脚下的路，目的地就在你前方，那么你最终会走到终点；如果你专注于困难，在路途中你只会一味地去想着该去避免困难，始终想不到目的地就在离你不远的前方，那么你会永远走不到终点！

希望每个人都能掌控人生的大原则，专注于心，有始有终，不要像五技而穷的鼫鼠，在关键时候没有一样能够拿得出手。所以李清照说“专则精，精则无所不能”。舍博弃杂，只为拥有一心一意的人生。

“一”只自由游走的山鸡

《庄子·内篇·养生主第三》中说：“泽雉十步一啄，百步一饮，不蕲畜乎樊中。神虽王，不善也。”意思是：山鸡为了生存，十步一啄，百步一饮，一天到晚四处找食。虽然如此，但它觉得很快乐，因为山鸡没被关在笼子里。而那些被关在笼子里的动物，虽然衣食无忧，可它们都为自由付出了沉重的代价。南怀瑾先生说，自由是珍贵的，一旦失去了就再也无法挽回，这也是做人的道理。

戴晋生是个很有才学的人，魏王听说后，便把他请到王宫中面谈。谈话间，魏王见他气度不凡，是经国济世之才，于是要留戴晋生在宫中做官，赐给他上大夫的优越地位和俸禄。

戴晋生却拒绝了，他说：“您见过那山野荒地中的山鸡吗？它没有现成的食物，全靠自己辛勤觅食，总要走好多步才能啄到一口食，常常是用整天的劳动才能吃饱肚子。可是，它的羽毛却长得十分丰满，光泽闪亮，能和天上的日月相辉映；它奋翅飞翔、引吭长鸣，那叫声弥漫在整个荒野和山陵。您说，为什么会这样呢？因为山鸡能按自己的意志自由自在地生活，它不停地活动，无拘无束地来往在广阔的天地之中。现在如果把它捉回家，喂养在粮仓里，使它不费力气就能吃得饱饱的，那么它必然会失去原来的朝气与活力，羽毛会失去原有的光润，精神衰退，垂头丧气，叫声也不雄壮有力了。

"您知道这是什么原因吗？是不是喂给它的食物不好呢？当然不是。只是因为它失去了往日的自由，禁锢了它的志趣，它怎么会有生气呢！"

自由是比任何物质享受都要珍贵得多的。山鸡尚且如此，更不用说人了。

在科尔托尼村，有一个青年牧民名叫马尔丁诺。他老是身穿一件打补丁的厚呢短大衣，脚穿一双破鞋，头戴一顶旧草帽，肩膀上扛着一个粗布袋。尽管马尔丁诺穿着很寒酸，但他长得很漂亮，像蔚蓝天空中的太阳。有人说他比太阳还要美，这倒并不夸张，因为看太阳看久了眼睛会酸痛，可是看马尔丁诺却百看不厌。马尔丁诺吹牧笛吹得比谁都好，他的歌声也比谁都嘹亮动听。

马尔丁诺有时在这个村子里做活儿，有时在那个村子里放牧，所以认识他的人很多。姑娘们都对他报以微笑，小伙子们则忌妒他，老人们总是眯着眼睛夸他长得英俊。久而久之，马尔丁诺变得骄傲起来。他觉得自己是一个非常了不起的人。

有一次，他来到一个森林里，觉得累了，就坐在林中草地的一块大石头上休息。他从衣袋里拿出了笛子，吹起了一首动人的曲子。

这笛声一直传到森林深处。森林仙女听到了这首曲子，感到十分高兴，她想看一看是谁吹得那么好。她从大立菊飞到三叶草，从三叶草飞到风铃草，再从风铃草飞到石竹草。仙女像蝴蝶那样地飞啊飞，一直飞到林中的草地上。

"啊，你多幸福啊！"仙女望着马尔丁诺叫道，"听到你笛声的人都迷恋你，看到你的人都羡慕你！"

"你说什么？我可算是世界上最不幸的人了！正是因为那些讨厌的人们争相看我，我只得不停地从一个村子跑到另一个村子，活像个无家可归的流浪汉。当然，我也的确值得人们跑来看我一眼，要是我是一尊雕像就好了，那时我就幸福了！"

好心的仙女听了马尔丁诺的一席话，沉思了一下，然后同情地说："好吧，我可以使你得到幸福！这对我来说，并不是一件难事。"

说着，仙女用魔棒点了一下马尔丁诺。就在这一瞬间，马尔丁诺如愿以偿，变成了一尊非常美丽的金雕像，他的草帽，还有他那打过补丁的上衣，连同他手中所拿的那把赤杨木笛子，全都变成纯金的了。甚至连他所坐的那块大石头，也都变成了闪闪发光的金子。

仙女望着这尊金光闪闪的雕像，满意地拍了拍手，高高兴兴地走开了。而金雕像马尔丁诺，却孤单寂寞地坐在森林草地的那块金石头上。

马尔丁诺的愿望实现了。慕名而来的人们从远近村子里赶来欣赏他。一到晚上，人们燃起火堆，草地上聚集着男女青年们，他们弹着手风琴唱歌，手拉着手跳起舞来。

马尔丁诺只能一动不动地坐在那块金石头上，他是多么想跟大家一起唱歌跳舞啊！他还想把笛子举到唇边，吹一首动听的曲子，但他的手却不听使唤；他想唱，但是金喉咙发不出一点声音来；他想找个漂亮的姑娘跳舞，但金腿离不开金石头。马尔丁诺悲伤极了，他想哭，但是金子做的眼睛流不出一滴眼泪。

就这样过了一天又一天，整整过了三年，森林仙女又从花丛中飞了出来，飞到了林中的草地上，飞到马尔丁诺金雕像的身边："英俊的小伙子，请你告诉我，你现在幸福吗？"金雕像不说话。

"啊！"仙女自责地说，"我忘了你不能回答！请你不要生气，我马上再把你变成活人！"

仙女又用她随身带着的魔棒轻轻地点了一下金雕像，马尔丁诺立即从石头上跳起来，拿着赤杨木笛子和粗布袋子，头也不回飞快地跑了。

"站住！站住！你还没有回答我的问题呢！"仙女着急地叫道，但是她看见马尔丁诺越跑越快，好像怕被人追上似的。他一边跑一边喊："我现在知道了，自由才是最可贵的！再见啦！好心的仙女……"

在社会生活中，自由的内涵是丰富的：对于一个身陷囹圄的人来说，想去哪儿就去哪儿就是自由；对于一个疾病缠身的人来说，拥有健康就是自由；对于一个为考试埋头苦读的学生来说，不再考试就是自由；对于一个要养家糊口的人来说，拥有钱就是自由……

当然，自由是珍贵的，不要等到失去时才后悔莫及。对于一个渴望自由的人来说，选择做一只自由游走的山鸡远比困在樊笼里的孔雀要明智，因为自由永远都是无价的。

留“一”只眼睛看住狂野与贪婪

孟子说：“权，然后知轻重；度，然后知长短。物皆然，心为甚。”意思是说，一件东西用秤称过，才知道它的轻重；用尺量过，才知道它的长短。世间万物，也都是这个样子，要经过某些标准的衡量，才知道究竟。而一个人的心理，更应该如此，经常反省衡量，才能认识自己、改善自己。

南怀瑾先生作为一位国学大师，其自身的修养已经达到了很高的境界，但他仍然坚持自我反省。先生认为，我们如果不及时反省，就会犯错误，而反省对道德修养的重要，就像秤与尺在权衡上所占的分量一样重要。所以，检讨自己的行为，多加反省，才可能知道自己是不是合乎道德的标准。如果不反省，就无法知道自己的思想、心理、行为有哪些地方需要改过，有哪些地方需要发扬光大。

有位哲学家在他晚年的时候刺瞎了自己的双眼。别人都不理解他的这一举动。他说，我只是为了更好地看清自己。

上帝在每个人的肩上都挂了两个袋子，一个在胸前，一个在背后，前面的袋子装着自己的优点，后面的袋子则装着自己的缺点。结果，每个人只要一睁开眼睛，看见的就是自己的优点和别人的缺点。所以，每个人都认为自己最优秀，而别人最愚蠢，因而对别人总是求全责备，对自己总是肯定赞扬。

“知人者智，自知者明。”真正的聪明人必须具备自知之明。何谓自知之明？孔子说：“知之为知之，不知为不知，是知也。”孔子的学生曾子也强调：“吾日三省吾身。”圣人之所以有自知之明，无非是因为他们都留着一只眼睛审视着自己。

我们的心灵在复杂的环境中难免要沾惹灰尘，使灵性被掩盖，因此要时时清理。只有善于自省的人，才能真正明心见性、把握自己的人生。

因此我们要留一只眼睛看自己，才能看住自己那一颗狂野的心和无限的贪欲，我们才能明白自己到底是谁，我们才能明白这世间什么事可为，什么事不可为。

留一只眼睛看自己，我们才能看清人的本心，从而看清别人。因为我们所思正是别人所思，我们所欲正是别人所欲，我们所苦正是别人所苦。这样推己及人，既看清了自己，又看清了别人。只有这样，我们才能明白人生在世，应当有所为、有所不为，从而获得内心的自在和宁静。

人生最大的敌人是自己。那些认真审视自己、时刻反省自己的人，才可能真正觉悟。

反省是一颗智慧树，只有深植在思维里，它才能与我们的神经互联，为我们提供源源不断的智慧，让人生这条路变得简单、精彩起来。

“三不”的智慧境界

《庄子·内篇·大宗师第六》：“且有真人而后有真知。何谓真人？古之真人不逆寡、不雄成、不谟士。”

庄子提出，人得了道就是真人，真人有真智慧。南怀瑾先生讲到，庄子提及了三点，将我们带入一个真实的神话境界，将人的生命价值说得十分清楚。什么叫真人？“不逆寡”，讲的是顺其自然，一切不贪求，摆脱常人贪多的通病。“不雄成”，讲的是走出自大的心理，得道了不觉得自己了不起，一切的成功都是自然，看淡成败得失。“不谟士”，讲的是不打别人的主意。几乎所有人都是在打主意，想办法赚钱，想办法找门路，想办法学道。其实这些打别人主意的思想都是自己欺骗自己。

依据南先生所说，庄子谈到的三点是人生心理最容易受到伤害的地方，做到了真人，即摆脱这三个问题。常人会打主意，真人不打主意；常人会觉得自己了不起，真人不觉得自己有多了不起；常人会贪多无德，不好的地方不住，钱少了不干，或者别人看不起自己就生气，真人则不会这样。

听听下面一位智者的话，我们会有更深的感悟。

一个人问智者："人生的最高境界是什么？"智者说："无损于人。"当他第二次问智者"人生的最高境界是什么"时，智者说："无求于人。"当他第三次问智者"人生的最高境界是什么"时，智者说："无愧于人。"此人疑惑不解："为什么你三次的回答不一样？"智者回答："你三次来问我时的情况不一样。第一次来时，你身上还有许多魔障，贪多逆寡，一不留神就会做出损害他人的事情，所以你得先保证自己是一个好人，即使不能有益于人，至少也不要有损于人。第二次来的时候，你还不能自食其力，凡事经常求助于他人。一心为自己盘算，这不仅会造成他人的负担，也会给你造成心理压力，不当社会的包袱还不够，你还得想想自己是不是社会的祸害。第三次来时，你已经丰衣足食，而且可以帮助别人了，但自大自得会使你对成败得失耿耿于怀，面对他人的急难，如果袖手旁观，你会受到良心的谴责，所以第三次我说最高境界是无愧于人。"

此人有些不满："你回答的全是人生的最低境界，可我问的是人生最高境界。"智者说："没有最低境界哪有最高境界？为什么关心最高境界的人这样多，关心最低境界的人又是这样少？"智者的反问让他哑口无言。

有位老人说，人生其实很简单，就跟吃饭一样，把吃饭的问题搞明白了，也就把所有的问题都搞明白了。聪明者为自己吃饭，愚昧者为别人吃饭；聪明者把吃饭当吃饭，愚昧者把吃饭当表演；聪明者吃饭既不点得太多，也不点得太少，他知道适可而止，能吃多少就点多少，他能估计自己的肚子；愚昧者则贪多求全、拼命点菜，什么菜贵点什么，什么菜怪点什么，等菜都端上来时刚吃几口就吃不动，放下了。

聪明者只为吃饭而来，没有别的动机，他既不想讨好谁，也不会得罪谁；愚昧者却思虑重重，既想拼酒量，又想交朋友，还想拉业务，他本来想获得众人的艳羡，最后却南辕北辙、弄巧成拙，不是招致别人的耻笑，就是被别人利用。吃饭本是一种享受，但是到了愚昧者这里却成为一种酷刑。

吃饭跟人生何其相似！人生在世，光怪陆离的东西实在太多，谁也无法说出哪些是好的，哪些是不好的，哪些值得追求，哪些不值得追求，哪种模式算是成功，哪种模式算是失败。唯一能说明白的也许只有三点：第一，自己的事情自己承担，不要麻烦任何人为你代劳，也不要抢着为任何人代劳；第二，要多照顾自己的情绪，少顾忌他人的眼色。对别人顾忌太多，把自己弄得像演员，实在是一件出力不讨好的事情；第三，凡事最好量需而行、量力而行，不要定太高的目标。就像吃饭，你有多大胃口、多少钱，就点多少菜，千万不要贪多求全。

人生的道理，说复杂就复杂，说简单也简单，摆脱贪念，正视自我，不自欺欺人，不斤斤计较，要踏踏实实地做事，规规矩矩地做人。

成也“三友”，败也“三友”

子曰：“益者三友，损者三友。友直、友谅、友多闻，益矣；友便辟、友善柔、友便佞，损矣。”南怀瑾先生解释说，世间每个人都需要朋友，朋友有益友与损友之分。友直、友谅、友多闻，是结交对自身有益的朋友。“友直”，是结交讲真话的朋友；“友谅”，是结交个性宽厚、能够原谅人的朋友；“友多闻”，是交见识广阔、知识渊博的朋友。对自身修养无益而有害的损友亦有三种，“友便辟”，是指结交有特别的嗜好，或者软硬不吃、不经意间便会将他得罪的朋友；“友善柔”，是结交个性软弱、依赖性强，缺乏个人主见甚至一味迎合于你的朋友；“友便佞”，则是结交专门逢迎拍马的朋友。这损友通常成事不足、败事有余，于己无益。

南怀瑾先生对益友、损友的解释，实际上是在提倡一种甘与君子深交、而不与小人往来的态度。

《聊斋志异》里有个河间生的故事，说的是河间生不务正业，交了个狐狸精做朋友。狐狸精天天带他去吃喝玩乐。一次，他和狐狸精下楼任意取酒客的酒食，却发现他唯独对一个穿红衣的人避得远远的。河间生问狐狸精：“为什么不去取红衣人的酒食？”狐狸精顺口说：“这个人很正派，我不敢接近他。”这时，河间生恍然大悟，他想：狐狸精和我交朋友，一定是我已走上邪道了，今后必须得正派才是。他这才一转念，狐狸精就跑掉了。从此他果然走上了正路。

河间生的教训生动地说明了选择正派的人交朋友的重要性。俗语说“近朱者赤，近墨者黑”，就是这个意思。朝夕相处，甚至形影不离的好朋友，必定在思想、言论、行动等各方面相互影响，这种耳濡目染的力量是不能低估的。

在我们的生活中，特别是在我们为成功而奋斗之初，我们一定需要寻找朋友，但是，我们要注意，不要结交那些对我们有害无益的朋友，不要被他们拖入浑水之中。

我们所处的环境和结交的朋友，对我们的一生会产生很大的影响，甚至可以毫不夸张地说，交上怎样的朋友，就会有怎样的命运。

一只虱子常年住在富人的床铺上，由于它吸血的动作缓慢轻柔，富人一直没有发现它。一天，跳蚤拜访虱子。虱子对跳蚤的性情、来访目的、是否对己有利一概不闻不问，只是一味地表示欢迎。它还主动向跳蚤介绍说：“这个富人的血是香甜的，床铺是柔软的，今晚你可以饱餐一顿！”说得跳蚤口水直流，巴不得天快黑下来。

当富人进入梦乡时，早已迫不及待的跳蚤立即跳到他身上，狠狠地叮了一口。富人从梦中被咬醒，愤怒地令仆人搜查。伶俐的跳蚤蹦走了，慢慢腾腾的虱子成了跳蚤的替罪羊。虱子到死也不知道引起这场灾祸的根源。

因此，在选择朋友时，我们要努力与那些乐观正直、富于进取心、品格高尚和有才能的人交往，才能保证我们拥有一个良好的学习和生活环境，获得丰富的精神食粮以及朋友的真诚帮助。这正是孔子所说的“无友不如己者”的意思。

相反，如果我们择友不慎，结交了那些思想消极、品格低下、行为恶劣的人，我们就会陷入这种恶劣的环境难以自拔，甚至受到“恶友”的连累。

《佛说孛经》中说：“友有四品，不可不知：有友如花，有友如秤，有友如山，有友如地。”

“有友如花”，好时插头，萎时损之，见富贵附，见贫贱则弃。这类朋友对待你像花一样，当你盛开时，将你插于头鬓、供奉桌上；假如你凋谢了，他便毫不怜惜将你丢弃。当你拥有权势、富贵时，他把你捧到高处，凡事奉承、随顺；一旦你功名富贵随风而去，失去了利用的价值，他就背弃你、离开你。

“有友如秤”，物重头低，物轻则仰，有与则敬，无与则慢。这种朋友像秤一样，如果你比他重，他就低头；如果你比他轻，他就高起来。当你有名位、有权力时，他就卑躬屈膝，阿谀谄媚；等到你无权无名一身轻，他就昂起头来俯瞰你。

“有友如山”，譬如金山，鸟兽集之，毛羽蒙光，贵能荣人，富乐同欢。有的朋友像高山一样，高山能广植森林，豢养各种飞禽走兽，任凭它们聚集其中，自由自在。所以，益友像山，心胸广阔，正直高耸，宽厚待人。

“有友如地”，百谷财宝，一切仰之，施给养护，恩厚不薄。所以，益友如地，泽被万物，毫无怨尤，可以担待我们的过错，帮助我们不断地成长。

我们从这四个比喻可以得出，“花、秤可抛，而山、地可交”。如果朋友只是单纯地想从你身上榨点油水出来，那还是算了吧，那种不懂得尊重你的朋友不用交往了。因为在朋友的世界里，应该没有世俗的铜臭和权欲。因此，朋友并不一定越多越好。多交益友，少交损友，才能真正从朋友身上学到为人处世的道理。在此，我们不妨逐一数数我们周围的朋友，检视他们的为人表现，看其是否可交。

滋味浓时，减“三”分让人尝

孔子的得意弟子颜回想去卫国劝谏卫灵公。孔子语重心长地对他说：“你若冒昧地前往，没有大王的邀请函，王公大臣看到你这个年轻人，并且知道你是我的学生，忌妒心就来了，必然会乘机诽谤你，并与你争斗。”

庄子曾为这则对话写了个短短的续集：当颜回对老师的话提出质疑时，孔子便为颜回描述了一幅生动的官场众生相。孔子告诉颜回，每当有新的面孔加入到朝廷中，所有的朝臣都会屏气凝神地观察他，表面上看来所有人都无异样，但实则都在暗暗盘算自己的伎俩。退朝之后，所有的朝臣必会按捺不住心中汹涌的成见，议论颜回的不是，并想方设法为难他。

庄子赤裸裸地剥开了世故人情的真实面皮，将之完完全全地呈献给世人。南怀瑾先生借庄子的这一段文字，对学生们讲解一个深刻的人生哲理：

"士无论贤愚，入朝则必遭谗。"一个读书人，不管你好与坏、贤或愚，只要你走进朝廷来，大家就会妒忌你。职场是如此，人生也是如此。南先生细细的讲述，由官场规则拓展至整个人生的规则。

在现实生活中，那些面相不和善的人并不一定是恶人，在人们遭遇危难时他们也能及时伸出援助之手；而那些表面温柔、善良的人的背后却可能隐藏着一副邪恶歹毒的心肠。识别虚伪面孔下的歹意，常常比认识一颗深埋的善心更加重要，因为有时深藏的歹意就像一支暗箭，会在不经意之间伤害到你。

世上人心最难测，有时即便你内直外曲，也仍难逃世俗的争斗。因此，为人处世要时刻留心警惕。

美国亚利桑那州盛产响尾蛇，那里毒蛇咬人的意外事件时有发生。响尾蛇有剧毒，如果被咬伤者不立即接受治疗，便有生命危险。亚利桑那州的菲尼克斯医院曾对被响尾蛇咬伤的急诊病人做过统计，很多病人都是被"死"蛇咬伤，甚至丧命。那些死蛇，有的是被枪打死的，有的是被刀砍死的，虽然蛇已经死亡，甚至蛇身已经被砍成两截，但没有经验的人只要用手一碰，死蛇的头就会突然弹起，狠狠地反咬他一口。这在医学上叫作"条件反射"。

实验证明，蛇头被切下一个小时后，它的肌肉仍然可以做出强有力的扑咬动作。死去的毒蛇反而比活着的毒蛇更容易让人受伤，防不胜防。而人性也是如此，了解隐藏在人心内部的情感和性格比看到人的表面的一切更重要。

任何时候都不要被表象所蒙蔽，面对人生更加需要谨慎。应保持内心的方正与外在的圆润，且对世态人情了然于心，才比较不容易受伤害。如果一个人总是活在自己的世界当中，不通人情世故，那就难免要遭受别人的议论和挤兑。熟谙人情，通晓世故道理，这些本就是每个人应当具备的生活本事。一个人如果对此完全陌生，那么他纵使保持良好的修养和道德，也不是个有人情味的人。颜回虽然为人方正、倔犟自信，但连孔子都说他"名闻不争，未达人心"。无怪乎南先生借庄子的话评颜回"未达人气"，即对人生的气味、生命的气息一无所知。

这里所说的"人情味"，并不是指善良和具备同情心，而是善于处理人际关系，许多人终其一生都未能领悟个中之法，无论其贫富、年龄、学历如何，大多犯了“未达人气”的错误，甚至包括某些“伟人”在内。因此，生活中处处留下了不尽如人意的一笔。

不如意事常“八九”，可与人言无“二三”

《庄子·内篇·大宗师第六》：“屈服者，其嗌言若哇。其耆欲深者，其天机浅。”

“屈服者。”其实，我们每一个人活着都会觉得很屈服，因为心里都有股烦恼压抑其中，无法倾吐。“其耆欲深者，其天机浅。”南怀瑾先生感慨而叹，物质文明越发达，人在世间的知识越多、本事越大，欲望就越大，也越来越违反自然，离道也越来越远。

人生总是如此，不如意事常八九，可与人言无二三。然而，愉悦也是一世，痛苦也是一生，何必为了现实中的种种际遇而影响安然自在的心境呢？世事没有一帆风顺，只要撑着不死，还是要好好地活着。表面看来，为人处世没什么区别，其实质却大相径庭。

大热天，禅院里的花被晒蔫了。

“天哪，快浇点水吧！”小和尚喊着，接着去提了一桶水来。

“别急！”老和尚说，“现在太阳大，花儿一冷一热，非死不可，等晚一点儿再浇。”

傍晚，那盆花已经成了“霉干菜”的样子。

“不早浇……”小和尚见状，咕咕哝哝地说，“一定已经干死了，怎么浇也活不了了。”

“浇吧！”老和尚指示。

水浇下去，没多久，已经垂下去的花居然全站了起来，而且生机盎然。

“天哪！”小和尚喊，“它们可真厉害，憋在那儿，撑着不死。”

老和尚纠正：“不是撑着不死，是好好地活着。”

“这有什么不同呢？”小和尚低着头，十分不解。

“当然不同。”老和尚拍拍小和尚，“我问你，我今年八十多了，我是撑着不死，还是好好活着？”

晚课完了，老和尚把小和尚叫到面前问：“怎么样？想通了吗？”

“没有。”小和尚还低着头。

老和尚肃穆地说：“一天到晚怕死的人，是撑着不死；每天都向前看的人，是好好活着。得一天寿命，就要好好地过一天。那些活着的时候天天为了怕死而拜佛烧香、希望死后能成佛的，绝对成不了佛。”说到此，老和尚笑了笑，继续说：“他今生能好好过都没好好过，老天何必给他死后更好的生活呢？”

生活已经摊开在你面前，是屈服地背道而行，还是坦然地积极行事，生活会告诉你不同的答案。

有一位和尚和一位老道互比道行高低，相约各自入定以后，彼此追寻对方的心究竟隐藏在何处。和尚无论把心安放在花心中、树梢上、山之巅、水之涯，都被道士的心于刹那间追踪而至。和尚忽然醒悟是因为自己的心有所执著，故被道士找到，于是便想：“我现在自己也不知道心在何处。”于是他便进入无我之乡、忘我之境，结果道士的心就追寻不到他了。

超然忘我，放下得失之心，不苦苦执著于自己的失与得、喜与悲，便不会活得那么“屈服”了。有人说，人的一生之中只有三件事，一件是“自己的事”，一件是“别人的事”，一件是“老天爷的事”。

今天做什么，今天吃什么，开不开心，要不要助人，这都是自己的事，皆由自己决定；别人有了难题，他人故意刁难，对你的好心施以恶言，这都是别人的事，别人主导的事与自己无干；天气如何，狂风暴雨，山石崩塌，人能力所不能及的事，这都是老天爷的事，只能是“谋事在人，成事在天”，过于烦恼，也是于事无补。有的人活得“屈服”，离道越来越远，只是因为他们总是忘了自己的事，爱管别人的事，担心老天的事。所以一个人要活得轻松自在其实很简单：打理好“自己的事”，不去管“别人的事”，不操心“老天爷的事”。

做一个好人其实很容易，拥有一个幸福的人生其实也很简单：“第一是不要拿自己的错误惩罚自己，第二是不要拿自己的错误惩罚别人，第三是不要拿别人的错误惩罚自己。”遵守这“人生幸福三诀”，生活就不会太累。

“不要拿自己的错误惩罚自己。”人非圣贤，孰能无过？如果人们一有过错就终日沉陷在无尽的自责、哀怨、痛悔之中，那么其人生的境况就会像泰戈尔所说的那样：不仅失去了正午的太阳，而且将失去夜晚的群星。人们都会为自己的过错而痛悔，但“不要拿自己的错误惩罚别人”并不是一种很容易达到的境界，它需要“胸藏万汇凭吞吐”的大度。“不要拿别人的错误惩罚自己”，不让别人的做法决定自己的人生原则，因为为别人的错误埋单实在不“上算”。

生活是一件艺术品，每个人都有自己认为最美的一笔，每个人也都有认为不尽如人意的一笔，关键在于你怎样看待。有烦恼的人生才是最真实的，同样，认真对待纷扰的人生才是最舒坦的。

海纳“百”川，有容乃大

“子夏之门人，问交于子张。子张曰：子夏云何？对曰：子夏曰：可者与之，其不可者拒之。子张曰：异乎吾所闻，君子尊贤而容众，嘉善而矜不能。我之大贤与，于人何所不容？我之不贤与，人将拒我，如之何其拒人也？”这是《论语·子张》中讲的一个故事。

子张与子夏都是孔子的弟子，他们有同窗之谊。后来传播孔子学问的众多弟子中就有他们两个。子夏的成果很大，在战国早期社会有很大影响力的人物当中，有一批就是子夏的学生。南先生说荀子就是子夏这一派的，后来韩非与李斯都做了荀子的学生，这是后话。这一天，子夏的学生问子张关于交友之道。子张没有直接回答，他反过来问子夏的弟子：“你们的老师子夏是怎么说的啊？”对方回答：“对于能交往的人我们就友好对他，对于那些不能交往的人就距离他远一点。”子张听说了以后说了下面一段话：“这和我听到的不一样（子张是指从他的老师孔子那里学到的学问）。一个君子固然要使贤能的人敬重，不过同时还要能宽容众人，对好的要鼓励他，对不好的要更加关爱他。如果我自己是一个贤良的人，那么别人为什么要将我拒之门外呢？假定我自己很不好，根本就是一个坏人，是一个讨人嫌的人，那又谈什么拒绝别人呢？”

子张的这一段话表面上看起来是教子夏弟子交友之道，其实是做人之道，是关于人生修养的教诲。我们平时虽然标榜自己胸怀很大，可是一看到自己不喜欢的人就不能容忍，这不就是子张口中的不能“容众”吗？一个真正有道德的人是不会将道德修养还不够的人拒之门外的。比如被后人尊为圣人的孔子，他不会因为哪个人德行不够就排斥他。就像是佛家所尊崇的菩萨，他对所有人都一样，不会说你是个坏人，我不接受你的忏悔。这种宗教般的博大胸怀才是子张所提倡的。

苏东坡在江北瓜州任职时，和一江之隔的金山寺住持佛印禅师是至交，两人经常谈禅论道。

一日，东坡居士自觉修持有得，即撰诗一首：“稽首天中天，毫光照大千。八风吹不动，端坐紫金莲。”

诗成后，遣书童过江送给佛印禅师品赏。禅师看后，拿笔批了两个字，即叫书童带回。

苏东坡以为禅师一定是对自己的禅境大表赞赏，急忙打开，一看，只见上面写着两个字：放屁。

这下东坡居士真是又惊又怒，即刻乘船过江找佛印理论。

船至金山寺，禅师早已在江边等候。苏东坡一见佛印，立即怒气冲冲地说：“佛印，我们是知交道友，你即使不认同我的修行、我的诗，也不能骂人啊！”

禅师大笑说：“咦！你不是说‘八风吹不动’吗？怎么一个屁字就让你过江来了？”

苏东坡听后恍然大悟，惭愧不已。

我们平时说海纳百川、有容乃大，说得容易，做到很难。宰相肚里能撑船，可是不要说是一只船了，很多人连一个人的缺点都容忍不了，还敢大言不惭地说自己度量很大。这真是掩耳盗铃、自欺欺人。

闲愁“万”种，何必无语怨东风

烦恼由心产生。南先生一针见血地指出，所有人都在“无故寻愁觅恨”，世间烦恼是庸人自找的。

烦恼其实是不良生活习惯导致的心理疾病，淡定从容的生活态度是免于烦恼的健康生活习惯。但这种良好的习惯并非每个人都有，即使是得道的高僧偶尔也会心生妄念，自寻烦恼。

白云守端禅师在方会禅师门下参禅，几年来都无法开悟，方会禅师怜他迟迟找不到入手处。一天，方会禅师借着机会，在禅寺前的广场上和白云守端禅师闲谈。方会禅师问：“你还记得你的师傅是怎么开悟的吗？”白云守端回答：“我的师傅是因为有一天跌了一跤才开悟的，悟道以后，他说了一首偈语：我有明珠一颗，久被尘劳封锁，今朝尘尽光生，照破山河万朵。”

方会禅师听完以后，大笑几声，径直而去。留下白云守端愣在当场，心想：“难道我说错了吗？为什么老师嘲笑我呢？”白云守端始终放不下方会禅师的笑声，接连几日，饭也无心吃，睡梦中也经常会无端地惊醒。他实在忍受不住，就前往请求老师明示。

方会禅师听他诉说了几日来的苦恼，意味深长地说：“你看过庙前那些表演猴把戏的小丑吗？小丑使出浑身解数，只是为了博取观众一笑。我那天对你一笑，你不但不喜欢，反而不思茶饭，梦寐难安。像你对外境这么认真的人，比一个表演猴把戏的小丑都不如，如何能够参透无心无相的禅呢？”

烦恼是无缘无故的风，无法保持平静淡定、对任何事都深思不已、纠缠不休的人，心湖就会被烦恼的风掀起波澜。人生若能从容淡定，便会远离烦恼，体验另一条生命、另一番境界。有句佛语叫“掬水月在手”，苍天的月亮太高，凡尘的力量难以企及，但是开启智慧，捧起一捧水，美丽的月亮就会笑在掌心。人生总会有各种纷繁复杂的问题，面对这些问题，如果不能保持淡定从容，那么自然就会烦恼不已。

一个人经过两山对峙间的木桥，突然，桥断了。奇怪的是，他没有跌下，而是悬在半空中，脚下是深渊，是湍急的涧水。他抬起头望去，只见一架天梯荡在云端，遥不可及。倘若落在悬崖边，他绝对会乱抓一气，哪怕抓到一根救命小草。可是这种境地，他彻底绝望了，吓瘫了，心慌意乱，不知如何是好。渐渐地，天梯缩回云中，不见了影踪。云中有个声音告诉他，其实这是障眼法，只要他轻轻踮起脚尖儿就可以够到天梯，如果惊慌失措，无法保持平静从容，那便会真的陷入绝境。

那些淡然安定地面对各种问题的人，必定深谙从容的生活智慧。在现代都市竞争的人性丛林，从容淡定是一种难以达到的大境界，庸人都在杞人忧天、慌不择路，只有智者镇定从容。每个人在生活中都有不尽如人意的地方，关键在于你怎样看待。有繁杂事情的人生才是最真实的，根本没有必要烦恼，淡定从容、妄念不生地对待纷扰的人生才是最舒坦的。

第五章 把幸福从功利主义中解救出来

——南怀瑾谈祛除浮躁感

生命不能从谎言中开出灿烂春花

子曰："人而无信，不知其可也。大车无輗，小车无軏，其何以行之哉？"孔子说为人、处世、对朋友，"信"是很重要的，就像车轱辘没有了轴承和托架，那就根本不是车，而是破木头一堆，还如何行走呢？南先生强调说，尤其一些当领导的人，处理事情不多想想，骤下决定，言而无信，以致随时改变，便会使部下无所适从，导致"人而无信，不知其可也"。诚信是人性的底线、品格的基石，失去了诚信，一切将不复存在。南先生说，在人与人之间、人与社会之间，都要言而有信。假使一个人都做到了诚信，才能同有学问、有道德的人做朋友，学习仁道。如果还有剩余的精力，那就再"学文"，这就是一个人的志向与兴趣问题了。

人生不能没有诚信，离开了诚信，往往就会失去幸福、机遇、快乐。下面这个例子正说明了这点。

一个健康、美貌、机敏，拥有才学、金钱、荣誉……完美的人死去了，上帝安排他进地狱。他不服，要求入天堂，于是他的鬼魂找到上帝理论。

上帝笑了笑，问："你有什么条件可以进入这极乐的天堂？"

鬼魂于是带着炫耀的口气把阳间他所有的东西统统抖出来，反问："所有这些，难道不足以使我去天堂吗？"

"难道你不知道你缺少进入天堂的最重要的一种东西吗？"上帝并不恼怒。

鬼魂嘿嘿地笑着："你已经看到了，我什么都有，我完全应该进入天堂。"

"你忘了你曾经抛弃了一件最重要的东西。"上帝面对这个恬不知耻的鬼魂有一点儿不耐烦，便直截了当地提醒他，"在人生渡口上，你抛弃了一个人生的背囊，是不是？"

鬼魂想起来了：他年轻时有一次乘船，不知过了多久，风起云涌，小船险象环生。老艄公让他抛弃一样东西。他左思右想，美貌、金钱、荣誉……他舍不得。最后，他抛弃了“承诺”。但是鬼魂不服：“难道能够仅仅因为我没有‘承诺’，就被拒之光明的天堂而进入可怕的地狱吗？”

上帝变得很严肃：“那么，之后你做了些什么？”鬼魂回想着：那次他回家后，答应母亲要好好地照顾她，答应妻子永远不会背叛她，答应朋友要一起做一番事业。后来，后来……他回想着，自己在外面有了情人，母亲劝阻他，他对母亲却再也不闻不问，他不允许母亲破坏他的“幸福”；他和朋友做生意，最后却私吞了朋友那一份……

上帝看着陷入沉思的他，说：“看到没有？由于不守承诺，你做了多少背信弃义的勾当。天堂是圣洁的，怎么能容你这卑污的鬼魂！”

鬼魂沉默了，他不是无所不有，而是一无所有，亲情、友情、爱情…… 统统随承诺而去。他，一个卑污的鬼魂，只能下地狱！

“下地狱去吧！”上帝说完，便头也不回地离开了。

今天拿承诺开玩笑的人，明天就会成为地狱的鬼魂。对于言而无信的人来说，地狱不是什么遥远的事情，他的存在与地狱相差无几。人活一世，不可以轻易地许下诺言，必须深思熟虑自己能否做到。如果许下诺言，就一定要去实现它，这是在社会上立足的根本。如果一个人一再违背自己的诺言，那就没有人会相信你，在别人眼里你也就成了一个十足的小人。“狼来了”如此幼稚的故事，还不足以给人们警醒吗？

一诺千金，自己说的话一定要算数，自己许下的诺言一定要去兑现它。信口开河、言而无信，只会让自己失去做人的从容与真挚，同时失去别人的真诚相待。反之，如果一个人坚持遵守自己的承诺，他就往往会使人博得他人的爱戴。

张劭和范式同在太学学习，二人脾气相投，结拜为兄弟。后来，两人分别返乡，张劭与范式约定，第二年重阳节将到范式家拜见他的父母，看看他的孩子。当约好的日期快到的时候，范式把这件事告诉他母亲，请他母亲准备酒菜招待张劭。

然而，范式左等右等，直到太阳西坠、新月悬空，仍不见张劭来赴约。母亲问：“你们分别已经两年了，相隔千里，你就那么相信他吗？”范式回答：“张劭是一个讲信用的人，他一定不会违约的。”范式一直候在门外，直至深夜时分，才见一黑影隐隐飘然而至，仔细一看，来的却是张劭的鬼魂。原来为了养家，张劭忙于经商，不知不觉忘了二人重阳之约，直到当日早上才回想起来。可是从张劭所在的山阳到这里足有1000里路，一天之内无论如何都走不到了。为了守约，他想起古人曾说过：人不能一日千里，而鬼魂可以。于是挥刀自刎，让鬼魂来赴这次约。

“请兄弟原谅我的疏忽。看在我一片诚心上，你去山阳见一见我的尸体，那我死也瞑目了。”张劭的鬼魂说完话，就飘走了。范式赶到山阳，见了张劭灵柩，自愧张劭为己而死，也挥刀自刎，以回报张劭的信义！众人惊愕不已，就把二人葬在了一起。汉明帝听说此事，非常赞赏二人互相之间的真诚与心意，在他们墓前建了一座庙，称为“信义祠”。

因为诚信，所以张、范受人所尊敬。南怀瑾先生如是说，信，人之言为信，言而无信则非人。诚信就好像是人生的保护色。一个拥有诚信的人，他的人生将发出耀眼、灿烂的光芒。诗人海涅曾说：“生命不可能从谎言中开出灿烂的鲜花。”谎言会埋没一个人的良知，让一个人从此失去他人的信任，他的生命因此而变得暗淡无光。在现实生活中，我们需要真诚面对生活的态度。在开始追求自己的事业时，如果能下定决心，将自己的诚信心态当做事业的资本，做任何事都要求自己不违背诚信心态，那么他在日后即使不一定功成名就，也肯定不至于一败涂地。反之，如果一个在事业征途中失掉诚信心态，那他就永远不能成就真正的大事业。

物来则迎，过去不留

人与现实之间存在着多种多样的博弈，是利用现实，还是被现实所利用，一切尽在自己的掌握之中。这便是儒家中庸之道的广泛应用。

最早提出“中庸”的其实是庄子。《庄子·内篇·齐物论》中讲：“唯达者知通为一，为是不用而寓诸庸。庸也者，用也；用也者，通也；通也者，得也。”

有人说，子思的《中庸》便是依据庄子“中庸之用”的思想而来，究竟是否如此，也未可知。南先生在解释庄子“庸”的作用——无用之用是为大用，并非是主张完全不用，还是应该用，用得恰当，用得适可。庄子在下面就有“用”字的解释：“用也者，通也；通也者，得也。”由此看来，“中庸”的来源差不多也有这个意思。

南先生还说，庄子所处的动乱的战国时期，许多人对于现实都抱有同样的思想——逃避现实。然而现实是逃不开的，只有想办法善用现实，而不被现实所用，才能安身立命。用得好，便是“庸”；用得不好，就变成后世所谓的“庸碌”。“庸”不是马虎，不是差不多，是“得其环中”、恰到好处，最高的智慧到了极点，看起来很平常，但“得其环中，以应无穷”。

现实本就不尽如人意，如何在博弈中取胜，就成了人生必须掌握的智慧，“用”好现实中的一切，即便是苦难和挫折，便可通达天地，领悟“中庸”。

有一个青年出生于贫寒农家，种过庄稼，做过木匠，干过泥瓦工，收过破烂，卖过煤球，还曾经感情受挫、官司缠身。他独自闯荡，居无定所，四处漂泊，总遭受别人鄙夷的眼光。但他与众不同，他热爱文学，写下了许多清澈纯净的诗歌。曾经有知情者疑惑，这样清澈的文字居然出自于一个痛苦挣扎在生活边缘的人笔下。对此，他解释说：“我是在农村长大的，农村人家家都储粪。小时候，每当碰到别人往地里运粪时，我总觉得很奇怪，这么臭这么脏的东西，怎么就能使庄稼长得更壮实呢？后来，我经历了这么多事，我发现自己并没有学坏，也没有堕落，甚至连麻木也没有，就完全明白了粪和庄稼的关系。粪便是脏臭的，如果你把它一直储在粪池里，它就会一直脏臭下去；但是一旦它遇到土地，情况就不一样了，它和深厚的土地结合，就成了一种有益的肥料。对于一个人来说，苦难也是这样，如果把苦难只视为苦难，那它真的就是苦难；但是如果你让它与你未来世界里最广阔的那片土地去结合，它就会变成为一种宝贵的营养，让你在苦难中如凤凰涅槃，体会到特别的甘甜和美好。”

年轻人所说的正是人与现实的博弈关系，土地能够转化粪便的性质，心灵同样可以转化苦难的流向。升华与堕落，都在于自己对现实的理解。面对苦难的现实，他的笔下流淌的竟是美丽纯净的歌：“我健康的双足是一对有力的鼓槌，在这个雨季敲打着春天的胸脯，没有华丽的鞋子又有什么关系啊，谁说此刻的我不够幸福？”

南怀瑾先生经常讲，人生只有12个字：“看得破，忍不过；想得到，做不来。”人活一世，过去的种种因由都在牵绊着人们，即使看得破，也不一定能挣脱，但是既然走上了这条路，难行也得行，难忍也得忍，才能在过程中积累更多的能量。而突破痛苦的方法就是以“中庸”的态度对待一切事物，“物来则应，过去不留”，面对它时便勇敢地面对，它走时也不必留恋。要做到心中不藏是非，举动毫不挂怀，不被物质所打垮，不被环境所诱惑，我还是我。这便是古代圣人先贤所达到的境界。

孔子曾说：智慧的人爱水，仁德的人爱山。孔子之所这样说，是因为因为智慧的人活跃，什么事都看得开，有水那种灵动和随形的特点；仁德的人沉静，能坚守自己，有山那种肃穆稳重的特点。所以，智慧的人永远是快乐着的，仁德的人善养气，能够长寿。山、水的存世方法，无不体现中庸之理，所以圣人快乐而长寿。人们如果也能深谙中庸之理，相信那美好的乐、寿的生活就在不远处。

《庄子·内篇·人间世第四》中有这样一句话：“且夫乘物以游心，托不得已以养中，至矣。何作为报也！莫若为致命，此其难者？”

一个真正有道德的人，在物质的世界当中，“乘物以游心”，抱着一种超然物外、游戏人间的心理看待人生，即“以出世的心做入世的事”。南先生进一步讲解，游戏人间不是玩世不恭，而是让自己的心境轻松，守住做人的本分，从俗事中解脱，不被物质所累。

“以出世之精神，做入世之事业”，这是朱光潜先生对弘一法师的评价，也是对庄子这段话的最佳诠释。南先生认为，一个真正修道有悟的人，可以不出差错地做到“俗人昭昭，我独昏昏，俗人察察，我独闷闷，猎兮其若海，飕兮若无止”。这句话的意思是指，有道德的人外表“和光同尘”，混混沌沌，然而内心清明洒脱，遗世独立；他不以聪明才智高人一等，反而以平凡庸陋、毫无出奇的姿态示人；他的行为虽是入世的，但心境是出世的，对于个人利益不斤斤计较；他胸襟如海，容纳百川，境界高远，仿佛清风徐吹，有如回荡于山谷中的天籁之音。这是得道者容于世事的高超境界。

有一个有趣的故事，是这样说的：

一个和尚因为耐不住佛家的寂寞就还俗下山了。不到一个月，因为耐不得尘世的口舌，又上山了。不到一个月，又耐不住青灯古佛的孤寂再度离去。如此三番，寺中禅师对他说："你干脆不必信佛，脱去袈裟；也不必认真去做俗人，就在庙宇和尘世之间的凉亭那里设一个去处卖茶如何？"于是这个还俗的和尚就讨了一个媳妇，支起了一个茶亭。

许多人都如同这个心绪矛盾之人，与其在入世与出世之间徘徊不决，倒不如干脆就在二者的中间做个半路之人吧！这是没有定力者的唯一选择，只要让他哪一方都望到，哪一方又都达不到，他才能满足地做一个"中间人"。

俗人有俗人的生活目的，道人悟道人的生命情调。以道家来讲，人生是没有目的的，亦就是佛家所说"随缘而遇"，即儒家所说"随遇而安"。不过老子更进一步讲了该如何随缘，那就是"顽且鄙"，意思是坚持个性且不受任何限制。但是真正到了以出世的心做入世的事那一步，很少有人做到。

那么，怎样才能算是出世之心呢？

就是身做入世事，心在尘缘外。

唐朝李泌便为世人演绎了一段出世心境入世行的处世佳话，他睿智的处世态度充分地显现了一位政治家、宗教家的高超智慧。该仕则仕，该隐则隐，无为而为，无可无不可。李泌曾写过一首《长歌行》，将内心对名利功绩的感受描绘得淋漓尽致。

"天覆吾，地载吾，天地生吾有意无。不然绝粒升天衢，不然鸣珂游帝都。焉能不贵复不去，空作昂藏一丈夫。一丈夫兮一丈夫，千生气志是良图。请君看取百年事，业就扁舟泛五湖。"

李泌一生中多次因各种原因离开朝廷这个权力中心。玄宗天宝年间，当时隐居南岳嵩山的李泌上书玄宗，议论时政，颇受重视，遭到杨国忠的嫉恨，毁谤李泌以《感遇诗》讽喻朝政。李泌被送往蕲春郡安置，他索性"潜遁名山，以习隐自适"。肃宗灵武即位之后，李泌便一直留在肃宗身边出谋划策，虽未身担要职，却"权逾宰相"，招来了权臣崔圆、李辅国的猜忌。唐皇收复京师后，天下大局已定，李泌为了躲避再次遭受陷害的祸害，自动功成身退，进衡山修道。代宗即位，又强行将李泌召至京师，任命他为翰林学士，使其破戒入俗。李泌顺其自然，应了皇上的意愿，然而当时的权相元载又将他视作朝中潜在威胁，寻找名目再次将李泌逐出。不久，元载被诛，李泌又被召回，却再次受到重臣常衮的排斥，复又离京。到了建中年间，泾原兵变，身处危难的德宗又把李泌招至身边。

李泌屡蹶屡起、屹立不倒、历经四代唐皇帝的原因，正在于其恰当的处世方法和豁达的心态。其行入世，其心出世，每当社稷有难时，义不容辞地走马上任，视为理所当然；国难平定后，全身而退，毫不拖泥带水，不留恋凡尘。李泌已达到了顺应外物、无我无己的境界。正如儒家所说，“用之则行，舍之则藏”，“行”则建功立业，“藏”则修身养性，出世入世都充实而平静。李泌所处的时代，战乱频仍，朝廷内外倾轧混乱，若要明哲保身，必须避免卷入争权夺利的斗争之中。心系社稷，远离权力，无视名利，谦退处世，顺其自然，乃李泌处世的要诀。

人生究竟是什么？不过一杯水而已。上天给了每一个人一杯水，于是，你从里面饮入了生活。杯子的华丽与否显示了一个人的贫与富，杯子只是容器而已；杯子里的水清澈透明、无色无味，对任何人都是一样的。不过，在饮入生命时，每个人都有权利加盐、加糖，或是加入其他的材料，只要自己喜欢就可以，这是每个人生活的权利，全由自己决定。在欲望的驱使下，你或许会不停地往杯子里加入各种东西，但必须适可而止，因为杯子的容量有限，杯中的水溶解的物质也有限。另外，无论你加入了什么，最终你必须将其喝完，不管它的味道变得有多么好喝或难喝。如此这般，当杯中物甘爽可口，你可以仔细地啜饮，慢慢地品味；当杯中的水五味杂陈时，就算你喝不下，也要捏着鼻子下咽。许多人都希望得到前者而避开后者，然而你却总在不自觉地给自己添苦料。该怎么办呢？唯有顺其自然，一切随缘，能争取则争取，争取不到也别去强求，是你的终是你的，不是你的，哭爹喊娘地去抢，人家也不会给你。

人生不过是一杯水，不要被其表面的浮华所迷惑，也不要将人生调成五颜六色，那样很可能它难喝至极。我们不妨就用出世的心去做入世的事，说不定毫无颜色的水已经甘甜至极。

实在做事，规矩为人

人生是什么？人生的目的又是什么？南怀瑾在清华大学演讲时，有位学生站起来问了先生这样一个空而大的问题。南先生微笑着回答：这些话题其实问错了方向，人生的目的有好多，而问题的本身其实就是问题的答案——“人生以人生为目的，没有另外的答案。”

每个人的人生都是自己的，南先生也是如此地坚信。有人曾用“慈云杨枝露，化雨作春风”来形容南先生的人品，说他待人始终热诚，不辞辛劳。南先生虽有90余岁高龄，仍学而不厌，诲人不倦，身体力行，以利天下众生。其实，先生的人生应当用三个词来形容：“实在”“规矩”“性情”这些也都是南先生人品的真实写照。

南先生研习佛法、禅道，也研习道学、老庄，更精通孔孟儒学。在他的诸多学术研究中，不只一次地提到老实做事、规矩做人的道理，而这个道理也是南先生实地修行的方法。他深读《金刚经》，提到了“修行”的问题。修行是怎样的呢？《金刚经》一开始就回答了这个疑问，第一品即是穿衣、吃饭、洗脚、睡觉。意思就是规规矩矩做人、老老实实做事，诸恶莫做，众善奉行，这就叫做修行了。首先给修行者做榜样的就是佛陀，佛陀自己穿衣、化缘、吃饭，吃完了饭后，洗了泥巴脚，敷座而坐，他没有让学生把他的位置铺好，而是按照自己的意愿来安置物品，把位置拍平，自己上去坐。

不假他人之手，全靠自己施为，人生是理所当然地、自由地活着。这就是南先生做人、生活的方式，也是他告诉世人的处世之法。他还以《庄子》中提到的列子与壶子的典故来趣谈何谓“老实做事”。

《庄子》一书中对道家人物列子多有提及。列子是个非常有趣的人，一次，他见到了一个有神通的神巫以后，对神巫之术痴迷不已，认为老师壶子没有能耐，觉得自己有眼无珠拜错师，便想另外投师，于是把这想法对壶子说了。壶子微笑不语，让列子叫那神巫给自己看相。巫咸第一次来时，壶子装出地之相（死相），巫咸便告诉列子，壶子十天之内必死。第二天，壶子又装出天之相（气色很好），巫咸看罢便跟列子说，壶子最近会走运。第三天，巫咸一来，壶子便一副全息的人之相（宝相庄严），巫咸看不出什么所以然，立刻起身告辞。

列子对此不解，问壶子何故。壶子说："人总是以自已极有限的所知来揣度万物。巫咸不过是所知较多，尤其是对凡夫俗子颇为深知。凡夫俗子自以为得天道、得地道、得人道，并以得道之心与自然之道相抗，所以巫师能够给凡夫俗子看相，甚至能作出准确的预言。其实不是巫咸有道，而是被相者不自知地告诉看相者的。这个巫咸能看出我的地之相和天之相——这是人之相的两种——已经算是有点混饭吃的小本事了。"

列子闻言，深感壶子的智慧博大，觉得自已连老师的一点皮毛也没有学到，所以很难过。于是干脆回家去闭关三年，给妻子当佣人，老老实实地做家务，三年"食豕如食人"，不管吃荤还是吃素都没有味道。

南先生认为，庄子一生都在讲"道"，从《逍遥游》开始，把道形容得天都装不下了，虚空都装不下了。讲大，大得无边无际；讲小，小得肉眼不见。庄子关于形而上的道也讲，怎么修养也讲，讲得天花乱坠，说最后道成功了的就是"大宗师"。"大宗师"要救世救人，普度众生，积极入世，然而，入世怎么入？庄子在他的论述中始终不肯给出结论，直到庄子讲述了列子的故事时，他老人家终于下了结论——要想得道，必须如列子回家侍妻一样，不能浮躁，规规矩矩做一个人，最后修炼到对待万物都如同对待人一样尊敬。

原来，修禅也好，修道也好，并非让人另起炉灶、故弄玄虚的意思，而是要从身边的每件小事做起。一个人把分内的事弄明白了，无论修禅修道还是立世处事，心中便会有底，做什么都会轻松容易。

有一位名叫光藏的青年，一心想成为佛像雕刻家，所以特地去拜访东云禅师，希望禅师能指点一些与佛像有关的常识，以便使自己的雕刻技艺更上一层楼。

东云禅师见了他以后，没有说什么，只是让他替自己到井边汲一桶水。过了一会儿，东云禅师突然冲着光藏大骂，并要赶他出门。

这时已近黄昏，其他弟子很同情光藏，就请求师父留光藏在寺中住一宿，让他明天再走。

三更时分，光藏被叫醒去见东云禅师。禅师温和地对光藏说：“你也许不知道白天我为什么骂你。我现在告诉你，佛像是被人膜拜的，雕刻的人需要有虔诚的心，才能雕刻出庄严的佛像。白天我看你汲水的时候，水溢出桶外，虽然溢出的只是几滴水，但那都是福德因缘所赐予的，而你却毫不在乎。像你这样不知惜福、轻易浪费的人，又怎能雕刻出传神的佛像呢？”

光藏对禅师的训示颇为感动，敬佩不已。在一番反省之后，光藏决定做一名佛门弟子。若干年后，光藏终于成为一位佛像雕刻技艺独树一帜的一代宗师。

如何才能提升自己的雕刻技术？禅师话外的回答便是：“你要有一丝不苟的禅心才行。”这其实正是做人的根本，一个人只有先将人做好了，才能讲修禅。佛其实是“人”的升华，人只有先把自己的本分做好，才有闲情思考其他事物。比如鞋带还没有系好就打算走路，那样很容易把自己跌得很惨。

古语云：“一屋不扫何以扫天下！”能把一件简单的事情做好，本身就不简单；能把每一件平凡的事情都做好，就是不平凡。凌云壮志需建立在点点滴滴的积累之上，成功需要的也正是水滴石穿的精神。与其每天想着另谋高就、如何一手遮天的，倒不如先当个小小的搬运工，先把自己内心的沟壑填平。

质本洁来还洁去，黑暗处照亮自己

一位安葬于西敏寺的英国国教主教的墓志铭上写着：“我年少时，意气风发、踌躇满志，当时曾梦想要改变世界。但当我年事渐长，阅历增多，我发觉自己无力改变世界，于是我缩小了范围，决定先改变我的国家。但这个目标还是太大了。接着我步入了中年，无奈之余，我将试图改变的对象锁定在最亲密的家人身上，但天不从人愿，他们个个还是维持原样。当我垂垂老矣，我终于领悟了一件事：我应该先改变自己，用以身作则的方式影响家人。若我能先当家人的榜样，也许下一步就能改善我的国家，再后来我甚至可能改造整个世界。这又谁能知道呢？”

自己还不会爬，就想去辅助别人站起来，这是许多人的通病。要想改变周围的环境，首先要将自己“肃清”，从头至脚地让自己成为一个正人君子。可是该如何做呢？必须能止，心境能够定，见解能够定，不受环境影响，一个念头勇往直前。“人之初，性本善，性相近，习相远。”人总难免受到外界环境的影响，有来自家庭的，有来自社会的，但无论环境如何变化，内心的坚定信念总是最重要的。

南先生在讲解《庄子》时对舜给予了很高的评价。他说尧、禹固然也很了不起，但其身世都没有舜那样艰苦，舜在一个父母兄弟皆不好的家庭环境中，始终坚持走正路，最后能够“君临天下”，“率天下以正”，尤其可贵。

“幸能正生，以正众生。”一个人只有自正才能“正众生”，“先存诸己而后存诸人”，即自立立人，自度度他。

法王路易十六被赶下王位，关在牢中，其年轻的王子则被赶国王下台的那帮人带走了。他们想，王子是王位的继承人，若能在道德上把他摧垮，那他就永远也无法实现生活赋予他的伟大使命。他们把王子带到遥远的社区，让男孩接触各种卑鄙邪恶的事物；提供让他沦为饕餮之徒的各种美味；让他成天耳濡目染各类粗鄙之言；让淫荡猥亵的女人环绕在其身边，处处是不讲信誉、卑微无耻的小人。就这样接连6个月，每天都是24小时让小王子处于这种环境之中，让其灵魂受到诱惑而堕落。但是，男孩没有一刻屈从于压力与环境。在这种种诱惑之后，敌人最后问他，这些事物能提供欢愉，能满足欲望，它们就在身边，唾手可得，为什么他能抵抗这些诱惑，没有沉沦于邪恶的地狱。男孩答道：“我无法这么做，因为我生来就是做国王的。”

小王子的坚定自若让人想起宋朝哲学家周敦颐的一段话：“予独爱莲之出淤泥而不染，濯清涟而不妖，中通外直，不蔓不枝，香远益清，亭亭静植，可远观而不可亵玩焉。”只要止定于自己所追求的人生，正己而立，便是一株傲然独立的盛放之莲，即便周身全是淤泥和秽物，一样能将其隔离身外，保持自身的清净洁明。

一位年迈的北美切罗基人教导年幼的孙子们人生真谛。他说：“在我内心深处，一直在进行着一场鏖战，交战是在两只狼之间展开的。一只狼是恶的——它代表恐惧、生气、悲伤、悔恨、贪婪、傲慢、自怜、怨恨、自卑、谎言、妄自尊大、高傲、自私和不忠；另外一只狼是善的——它代表喜悦、和平、爱、希望、承担责任、宁静、谦逊、仁慈、宽容、友谊、同情、慷慨、真理和忠贞。同样，交战也发生在你们的内心深处，在所有人内心深处。”听完他的话，孩子们静默不语，若有所思。过了片刻，其中一个孩子问：“那么，哪一只狼能获胜呢？”饱经世事的老者回答道：“你喂给它食物的那只。”

如果我们想为人生的画卷描绘美丽的图案，则有必要学会在大小事上进行自我控制。我们必须学会容忍，感情应当经常服从理性判断，并时刻把真善美的东西不断地喂进心灵，心理才会成熟起来，成功的钥匙才有可能掌握在自己的手中。

“质本洁来还洁去”，强于污淖陷渠沟。只要内心笃定，有一个光明正大的信念，即便身处黑暗之中，也能照亮自我。

剔除生命杂质后，快乐自然盈心

有一天，梁惠王在花园里游玩，欣赏着各种飞禽走兽，不禁为自己能得此乐而得意不已，便语带机锋地问孟子：“贤者亦有此乐乎？”意思是像你这样的贤者也喜欢这些吗？孟子不卑不亢，坦然对答：“贤者而后乐此，不贤者虽有此不乐也。”一个贤者，只有等到天下太平、百姓安居乐业时，才会享受这种园林的乐趣。可是一个不贤的人，即使有了这样的园林，也不会有真正的快乐。

南怀瑾先生对梁惠王和孟子的这次对话感触颇深。他将之与个人的心态联系起来，认为物质环境的好坏，固然可以影响到人的心情与思想；但有高度精神修养的人，同样能够以自己的心态去改变环境。一个人如果没有立身处世的道德标准和精神的修养，那么他纵然有再多的财富、再好的物质环境，他也不会快乐。

快乐是一种身心愉快的状态，离苦得乐，是人最基本的需要。快乐很简单，它与一个人的财富、地位、名气无关，它不需要大量的金钱做支撑，也不需要以名气为后盾，更不需要乌纱帽来提携。相反，快乐只与一个人的内心有关，物质财富的获得可能让人获得快乐，可是处理不当则会成为人生的负累，生活反而会从此远离快乐，永无宁日。

从前，在峨眉山下有一个樵夫，他长年累月都以打柴为生，虽然他早出晚归、风餐露宿，但是家里仍然常常揭不开锅。于是他老婆天天到佛前烧香，祈求佛祖慈悲，让他们脱离苦海。

真是苍天有眼，大运降临。有一天，樵夫在大树底下挖出了18个金罗汉。转眼间，他就变成了百万富翁。于是他买房置地，宴请宾朋，好不热闹。亲朋好友也都像是一下子从地下冒出来似的，纷纷前来向他表示祝贺。

按理说樵夫应该非常满足了，现在终于知道荣华富贵是什么滋味了。可是他只高兴了一阵子，就开始愁眉苦脸、吃睡不香、坐卧不安了。他的妻子看在眼里，劝他说："现在我们还有17个金罗汉，吃穿不愁，又有良田美宅，你为什么还是愁眉苦脸的呢？你这个丧气鬼，天生就是个受穷的命！"

樵夫听到这里，不耐烦了，说道："你个妇道人家懂得什么！我们得了金罗汉的事情，人人都知道了。如果有人来偷、来抢怎么办？我是愁没有最好的地方来藏它们。"妻子听过之后也觉得有理。于是夫妻二人开始找藏金罗汉的好地方。可是无论何地他们都觉得不安全，结果就这样天天找，天天担心，生活没有了一刻的宁静。

人生在世，名利钱财、金银珠宝等都是身外之物，即使时时刻刻永不停息、永无止境地去追求和索取它，也不会有满足的时候，如果一味地追求它，就会丢失生活的宁静与快乐，真是得不偿失。

快乐无须附丽，它只是内心深处的富足，它像一缕明丽的阳光，既可以照亮自己，也可以照耀周围的人。那些身无长物的人，同样可以获得人生的快乐。

孔子说颜回："贤哉！回也。一箪食，一瓢饮，在陋巷，人不堪其忧，回也不改其乐。贤哉回也！"颜回短暂的一生，师从孔子，周游列国，虽是满腹经纶、德才兼备，但是甘于贫苦生活而不改其乐，可以说是乐由心生、无须附丽的典型了。

美国哲学家桑塔亚那说："快乐是生命唯一的意义，没有快乐的地方，人类的生活会变得疯狂而可怜。”当我们哀叹命运不公、抱怨时运不济时，以为只有得到名利才快乐，那真是一件可悲的事情。快乐其实很简单，它就住在每个人的心里，只是需要你用心地寻找。

传说某一天，上帝闲来无事，和天使们聊天。他突发奇想，说：“我要人类在付出一番努力之后才能找到幸福快乐，我们把人生幸福快乐的秘密藏在什么地方比较好呢？”

第一位天使想了想，说：“把它藏在高山上，这样人类肯定很难发现，非得付出很多努力不可。”

上帝听了摇摇头。

另一位天使跟着说：“把它藏在大海深处，人们一定发现不了。”

上帝听了还是摇摇头。

这时，又有一位天使说：“我看哪，还是把幸福快乐的秘密藏在人类的心中比较好，因为人们总是习惯向外去寻找，而从来没有人会想到在自己身上去挖掘这幸福快乐的秘密。”

上帝听了这个回答，拍手称快，并采纳了天使的建议。

从此，这幸福快乐的秘密就藏在每个人的心中。

确实，只有心才是快乐的根。

快乐不是霓虹灯下的买醉，不是一掷千金的快感。不放纵生命，不麻醉灵魂，珍惜生命的点点滴滴，才是快乐；拥有一颗感恩的心，感激生命，感激阳光雨露，忘却曾经的苦痛，快乐之情会油然而生。当人们历尽沧桑后，快乐是一份安心，宠辱不惊，不为利驱、不为名逐、不为情惑，快乐是看花开花落、云卷云舒的散淡安然。

如果你希望有所成就，并且生活得逍遥自在、豁达明朗，就首先要努力使自己成为一个有道德教养的人、一个有良好品格的人、一个有丰富心灵的人、一个有益于他人的人。这样才能有效地防止那些使人沮丧和紧张的因素，从而充分享受工作和生活本身蕴涵的乐趣，在任何情况下保持一种“临清风，对朗月，登山泛水，肆意酣歌”的心境，行走在青山绿水之间，且听风吟，了无牵挂，快乐盈心，陶陶然乐在其中，不亦快哉！

舍生取义，拓展生命的深度

虎啸深山，龙潜海底，驼走大漠，雁排长空，万物都有它的极致之美。人生亦然，也有自己的极致。人生匆匆，如白驹过隙，如流星滑过，但生命的短暂不是放弃拼搏的理由。我们虽然不能选择生命的长度，但我们能够拓展生命的深度。

怎么样才算活出生命的深度、活出人生的极致呢？以下故事可以告诉你。

秦朝末年，韩信发兵袭齐。齐军败退，齐将田横悲愤交加，为图复国之计，自立为王，率部属500人隐入海岛（今田横岛）。

公元前202年，刘邦建“汉”称帝，为消灭各地残余反抗势力，刘邦派使者来岛招降：“田横来，大者王，小者封侯，不来则举兵加诛。”面对刘邦的再次召见，田横出于“国家危亡，利民至上”的思想，为保全500部属性命，毅然带着两名随从前往洛阳朝见刘邦。但行至洛阳30里外的尸乡时（今河南偃师），田横获悉刘邦召见的目的旨在“斩头一观”，愤然对随从说：“当初我和刘邦都想干一番大事业，而如今一个贵为天子，一个却要做他的臣子，我忍辱负重只不过是想保全我500人的性命，刘邦见我，无非是想看我面貌，此地离洛阳30里，若拿着我的人头快马飞驰去见刘邦，面貌还不会变。”言外之意是：我死，刘邦会认为岛上群龙无首，500人的性命也就保住了。说完，不顾随从再三跪求，遥拜齐国山河，悲歌：“大义载天，守信覆地，人生遗适志耳。”慷慨横刀自刎。田横自杀后，二随从急将田横之首送至洛阳，刘邦看到田横能为500人自杀，感动落泪说：“竟有此事，一介平民，兄弟三人前仆后继为齐王，这能说不是贤德仁义之人吗？”遂派两千禁军，以王礼葬田横于河南偃师，并封田横的二随从为都尉。二随从不被官位所动，埋葬田横后，随即在其墓旁挖坑自尽。留岛的500兵士听说田横自杀后，深感“士为知己者死”，他们懂得田横是为保全属下的性命而去洛阳，他们为表达对田横的忠义之心，遂集体挥刀自刎。

田横为民谋利殚精竭虑、捍卫国家坚贞不屈、大义载天守信覆地、舍生取义甘抛头颅的大无畏精神，真正是个大英雄。对田横的评价，司马迁曾说过："田横之高节，宾客慕义而从横死，岂非至贤！"唐朝的韩愈也这样说过："自古死者非一，夫子（田横）至今有耿光。"像田横这样的人，算是活出了人生的极致。

这正是孟子所说的舍生取义的道理。"生，我所欲也；义，亦我所欲也，二者不可得兼，舍身而取义者也。"几千年前的孟子面对心灵的选择，毅然发出了舍生取义的呐喊，是心灵的选择激发出了先哲的思想火花，这将是一条亘古不变的古训。只有将义定义为人生大利的人，才可能成为真君子、伟丈夫。

孟子不仅仅用这条标准来要求自己，还以之教化君王，他一直和梁惠王强调"亦有仁义而已矣"，只要有仁义就够了，主张行仁由义，极力宣扬仁义的美德。南怀瑾先生认为，孟子所说的这种仁义之道，即是人生的大利。不管是什么伟大的义理，都是力行于义，才能有利于成其为君子，才能够活出人生的极致。

活出极致，就是融个人之"小我"于社会之"大我"中。中国自古至今向来不缺这种舍生取义，将人生活到极致的人。战国时廉颇、蔺相如的将相和，是一段传颂千古的美谈。

蔺相如是战国时期赵国的大臣，他不畏秦国的强权，甘冒生命危险，以自己的聪明才智，使"和氏壁"完璧归赵，使赵王免于受辱。归国后，他因功封为上卿，位居廉颇之上。廉颇是赵国大将，他自认对赵国劳苦功高，不甘屈居蔺相如之下，愤慨之情溢于言表，数次侮辱蔺相如。蔺相如以国家安危为重，以容忍谦让对待，终使廉颇愧疚悔悟，负荆请罪，二人遂成为至交。

蔺相如的这种处世态度，是基于国家的利益，他这种"大我"的胸怀，诠释了活出极致的内涵——舍私利，求大义。

和平年代，很难遇到田横为500士而牺牲自我的考验，也不会有太多人遇到廉颇和蔺相如为国家大利、负荆请罪的事。但是鉴前世之兴衰，考当今之得失，历史可以渐行渐远，精神却不能忘。在人生路上，一个人只要修身养性、反躬自省、多行仁义，就可以成就君子之名，他的人生就有利于社会。

人生在世，大义为先，舍己为公，舍生忘死，都是“舍鱼而取熊掌者也”。舍得贪婪，高枕无忧；舍得名利，乐得清静；舍得自我，活出极致。

独木桥上，先让对面的人过来

南怀瑾先生认为大凡器量宽大的人，大多都能从“忍”字做起。英雄豪杰大都能忍能让，因此做出了很多惊天动地的事业。“大度能忍，方为智者本色。”在人际交往当中，如果没有海纳百川的容人肚量，就很难容忍别人的缺点及对自己某些利益的损伤。若是对于这些问题处理不当，就会对自己造成许多损失，轻则失去朋友，重则成众矢之的，将自己陷入孤立无援的境地之中。

能够容忍别人的过失，以宽容为怀，是一个人非常优秀的品质。很多成功者就是凭借着对他人的宽容走上了成功之路的。宽容能帮助人们减少仇恨、暴力和偏见。

相传春秋时期，秦穆公巡游时一匹马走失了。穆公追到岐山之南，发现一些人正杀了这匹马煮着吃了。穆公见状后就说：“吃肉不喝酒，我担心伤害你们的身体。”于是拿来酒一一为之劝饮，尽欢而去。一年后，晋秦交兵，穆公被围，眼看就要被俘时，有300多人过来死战晋军，保住穆公，并生擒了晋惠公。原来，这些人正是当年吃马肉的人。

所谓“大人不计小人过”，秦穆公此举赢得了民心。其实，宽容地对待曾经冒犯你的人，是智者的行为。

刘邦定天下之后，准备封赏官员。由于要封赏的人多，得考虑各种因素，因此他一筹莫展。

有一天，刘邦在洛阳南宫边散心，放眼望去，只见一群人在宫内不远的水池边，有的坐着，有的站着，一个个看上去都是武将打扮，在交头接耳，好像发生了什么事，在议论着什么。刘邦心生疑惑，便把张良找了过来，问道："那群人在干什么？"张良答道："他们准备聚众谋反呢！"刘邦一惊，问："为什么呢？"张良回答："皇上从一个布衣百姓开始，与各位将士一道夺取了天下。但现在所封的都是您以前的老朋友及自家人，杀的都是您最恨的人，这怎么不使大家害怕呢？今天没有所封，以后肯定难逃一死。这么一想，他们当然头脑发热，要聚众闹事了。"刘邦赶忙征求张良意见。"怎么才能平息呢？"张良问刘邦："皇上平时在将士中对谁最厌恶、憎恨呢？"刘邦说："我最恨的是雍齿。在我起事时，他无缘无故地投降了魏，后来又从魏投向赵，再从赵投降张耳。当张耳投降我时，我才收容了他。现在因为刚灭楚不久，我不方便无缘无故地杀他。想起他来我就恨得牙齿'咯咯'作响。"

张良一听，说："好！您立即把他封为侯，这样就可化解眼下的人心浮动。"刘邦对张良很信任，他相信张良的话很有道理。过了不久，刘邦在南宫设酒招待群臣。在宴席快要结束时，他宣布："封雍齿任甚邡侯。"将士们见刘邦能宽容地对待他最讨厌的人，知道不用再担心自己的性命，便都忠心地拥护刘邦。

宋代著名大文学家苏东坡在评论楚汉之争时就曾说：汉高祖刘邦之所以能胜，楚霸王项羽之所以失败，关键在于能忍不能忍。项羽不能忍，白白地浪费了自己百战百胜的勇猛；刘邦能忍，养精蓄锐，等待时机，直攻项羽弊端，最后夺取胜利。刘项之争的全过程，从多方面说明了这一点。刘邦可以成大业的原因，是他懂得忍别人之言，忍一时的失败，忍个人意气；而项羽什么都难忍难容，不懂得"小不忍则乱大谋"的道理，大业未成身先死，可悲可叹！

中国古人在品德的修行上十分注意"容忍"的修炼。

唐朝人娄师德性格稳重，很有度量。他的弟弟上任代州刺史，临行向他告别，并征询他的建议。娄师德对弟弟说："我现在辅助丞相，你现在又承皇上厚爱，得以任州官，我们真是受皇上的宠幸太多了。这正是别人所忌妒的。你如何对待这些忌妒之人以求自免家祸呢？"弟弟回答说："自今以后，若有人朝我脸上吐唾沫，我自己擦去唾沫，绝不叫你为我担忧。"娄师德说："这正是我所担忧的地方。别人向你吐唾沫，是对你恼怒，如果你将唾沫擦去，那岂不是违反了吐唾沫人的意愿吗？别人会因此而增加他的愤怒。因此不要擦去唾沫，而是让它自己干了。应当笑着去接受它。"这就是"唾面自干"的来由。

能够将别人的愤怒化为无形是很不容易的事情，能够称赞挖苦过你的人更令人敬佩；能够用智慧、品行战胜狭隘的忌妒，可以说更是很了不起的本事了。

在狭窄的路上行走，要留一点余地给别人。在独木桥上，当两个人互相通过时，如果争先恐后，两人都有坠入深谷的危险，在这种情况下，应先停住脚步让对方过去，这才是有礼貌的、也是最安全的。遇到美味可口的饭菜时，要留出三分让给别人吃，这样才是一种美德。路留一步，味留三分，是提倡一种谨慎的利世济人的方式。在生活中，除了原则问题须坚持外，对小事、个人利益，互相谦让会带来个人的身心愉快。

一天，一户人家来了远方造访的客人，父亲让儿子上街去买酒菜，准备请客。儿子出门许久都没回来，父亲等得不耐烦了，于是自己上街去看个究竟。

父亲快到街上的便桥时，发现儿子在桥头和另一个人正面对面地僵持着站在那儿。父亲上前问道："你怎么买了酒菜不马上回家呢？"儿子回答说："老爸，你来得正好，我从桥这边过去，这个人坚持不让我过去，我现在也不让他过来，所以我们两个人就对上了。看看究竟谁让谁？"

父亲听了儿子的一番话，就上前声援道："孩子，好样的！你先把酒菜拿回去给客人享用，让爸爸在这儿来跟他对一对，看看究竟谁让谁？"

在社会上，无论说话也好，做事也好，好多人不肯给别人一点余地，不愿给别人一点儿空间的，就像这对父子。他们往往只为了"争一口气"，本来没有什么大不了的琐事，非要大费周章，坚持己见，互不让步，结果小事变大事，搞得两败俱伤，这又是何苦呢？

一个人在世间若是不能忍受一点闲气，不肯给人方便、让人一步，就往往使自己到处碰壁，到处遭逢阻碍，结果自己也到处不方便。如果一个人平常为人在说话时让人一句，在做事情时留有余地，肯让人一步，这样做人也许收获更大。所以，我们提倡“在独木桥上，让对面的人先过来”，其实是在给我们自己的未来让路。

拨开繁华假象，甘食一世心斋

人之所以不堪忍受内心的痛苦，是因为心太容易受到外界的影响。如果一个人内心空灵，被影响的少了，他的烦恼也就渐渐地消失，何来痛苦一说？佛家、道家都讲，人心如止水，可脱俗超凡。然而这种境界需要勤修苦练，并不容易得到。心静如水到底是何等境界？南先生借庄子的一番言论，来将这般境界展现给大众。

《庄子·内篇·德充符第五》中讲：“我心如水，止水澄波。平者，水停之盛也。其可以为法也，内保之而外不荡也。德者，成和之修也。德不形者，物不能离也。”“人莫鉴于流水，而鉴于止水。唯止能止众止。”

根据上面这段话，南先生在《庄子讲记》里便说，物理上常用的“水平”一词，便出自《庄子》的文中。“平者，水停之盛也。”水真正平了，停住了，就不流了，有一点倾斜就流了。所谓打坐修道，就是要做到心静水平。古人所说的定的境界，即止水澄波，像水一样止住不流，清澈见底，但又非死水一潭。所以，水平不流，如止水澄波，能够做到昼夜都在止水澄波中，便是道德修养的境界所在。

庄子在这里很明确地告诉世人修行的方法，即效法水平。止心如水，止水澄波，一切杂念、妄想、喜怒哀乐皆空。修行不必强调是用佛法还是用道法，人生本就是一场修行课。如果一个人能做到心如止水，即便宁静被打破了，最后仍是归于平静，也就没有什么能够伤害他的内心。

有一个人脾气很暴躁，常常因此得罪别人，而事后又懊恼不已，他一直想将这暴躁的坏脾气改掉。后来，他决定好好地修行，改变自己的脾气，于是花了许多钱盖了一座庙，并且特地找人在庙门口写上“百忍寺”三个大字。这个人为了显示自己修行的诚心，每天都站在庙门口，向前来参拜的香客一一说明自己改过向善的心意。香客们听了他的说明，都十分钦佩他用心良苦，也纷纷称赞他改变自己的决心。

这一天，他一如往常站在庙门口，向香客解释他建造百忍寺的意义。这时，一位年纪大的香客因为不认识字，便向这个修行者询问牌匾上到底写了些什么。修行者回答香客说："牌匾上写的三个字是'百忍寺'。"香客没听清楚，于是又问了一次。这次，修行者的口气开始有些不耐烦："上面写的是'百忍寺'。"等到香客问第三次时，修行者已经按捺不住，很生气地回答："你是聋子啊？跟你说上面写的是'百忍寺'，你难道听不懂吗？"香客听了，笑着说："你才不过说了三遍就忍受不了，还建什么'百忍寺'呢？只有心若止水，静心凝神，不以物喜，不以己悲，才是释然的极致。"

"内保之而外不荡也"，说的是一个人内在心境永远保持不受外境界的影响，不管外境界怎样变化，无论是死生存亡还是穷达贫富，他的内心始终如止水一样平衡不流。虽然说，人们入世做事难免有喜怒哀乐，但只要内在修养到心如止水，就可无所畏惧。

所谓"德者，成和之修也。德不形者，物不能离也。"道德达到这个境界，才真正地成就了和平。这里所说的"修"不是修道的修，而是指长路、希望、前途之意。内在有了这种道德修养，无论是入世还是出世，都不受万物的影响，都始终凝定在祥和的境界时。当处于这种止定境界时，就可以"众止"，即停止外界的一切动相。

然而，心静如止水的具体是怎样的呢？南先生借《庄子·内篇·人间世篇》来解释。本篇中写道："回（颜回）曰：'敢问心斋？'仲尼曰：'若一志，无听之以耳而听之以心，无听之以心而听之以气。听止于耳，心止于符。气也者，虚而待物者也。唯道集虚。虚者，心斋也。'"

此段话虽然出于《庄子》，但内文引用的却是孔子及其弟子颜回的对话来解释。这里还提出了"心斋"一词。颜回问孔子，什么是心斋？怎样才能到达心斋的境界？

孔子做了如下的回答："听止于耳"，听觉停止了，和外界脱离了关系，所以叫他也听不见了，入定去了；"心止于符"，心里面什么念头也不动，自然和"道"符合了；"气也者，虚而待物者也"；这个时候，呼吸之气是空灵的。"待物者"，即虽然身心内外一片虚灵，但还是跟外面物理世界相待的，内心空灵是第一步的修养。"唯道集虚"，把内心虚灵的境界练习久了，累积久了，那么达到形而上的道也就快了。一个人能够做到内心意识不动，心灵凝定，耳根不向外听了，完全是返之内在，这才是内心真正的持斋。

南先生的这段解释的意思是：孔子告诉颜回必须摒除杂念，专一心思，不用耳去听而用心去领悟，进而不用心去领悟，而是用凝寂虚无的意境去感应！耳的功用仅只在于聆听，心的功用只在于跟外界事物交合，凝寂虚无的心境才能应对宇宙万物。只有成大道者才能汇集于凝寂虚无的心境。虚无空明的心境就叫做“心斋”。

事实上，孔子所谓的“心斋”与庄子的“心如止水”是完全相通的。不仅如此，除了儒家、道家，连佛家，包括密宗、天台宗、华严宗，随便哪一样，都讲人的内心要不为外物所动。“入则鸣，不入则止”，接受的时候有所回应，没有接受的时候又归于平和。

人们身处纷繁世事，遭遇很多，其中很多是难以解决的，这时心中被盘根错节的烦恼纠缠住，便会茫茫然不知如何面对。倘使静下心来思考，让内心如止水般平静，往往会有恍然大悟的时候，做事也会变得顺风顺水，心境也会豁然开朗。

生活如同心灵的修炼场，凡事顺其自然，遇事处之泰然，得意之时淡然，失意之时坦然，艰辛曲折必然，历尽沧桑了然，这正是修身养性之道。

第六章 人生的高质量源自行善

——南怀瑾谈处世善念感

推己及人，智慧的原点

关于“仁”，孔子曾有自己的一番见解。“子曰：我未见好仁者，恶不仁者。好仁者，无以尚之，恶不仁者，其为仁矣，不使不仁者加乎其身，有能一日用其力于仁矣乎？我未见力不足者，盖有之矣，我未之见也！”孔子说：“我没有看到一个真正爱好道德的人会讨厌一个不道德的人。”一个爱好“仁”道而有道德的人，其修养几乎无人可以比拟，如果讨厌不仁的人，看不起不仁的人，那么他还不能算是真正达到“仁”的境界。南先生认为，仁是指推己及人的精神，它能够使人心胸宽大，包容万象，能够感化他人。

孔子也曾说过：“己所不欲，勿施于人。”基督教的《圣经》中记载，耶稣也曾两次教导门徒以推己及人之道与别人交往：“无论何事，你们愿意人怎样待你们，你们也要怎样待人，因为这就是律法和先知的道理。”在犹太教的经典《塔木德》中记载了一个故事，说一个非犹太人求名师希拉尔，请求他在这个人单脚独立的短暂时间之内，把全摩西五经教导给他。希拉尔便说：“己所憎恶，勿施于人，其余都是注释。”

可见，同是一个推己及人的道理，却有两种不同的表达方式——正面的和反面的。儒家、犹太教强调反面的表达：“己所不欲，勿施于人。”基督教则强调正面的表达：“你们愿意人怎样待你们，你们也要怎样待人。”无论是怎样表达的，都可以看出推己及人是一条基本的道德原则。

佛祖释迦牟尼在一次宣扬佛法时，在路上遇见一个非常不喜欢他的人，这个人一直跟在他身后不停地诽谤他，而释迦牟尼始终保持沉默。就这样过了几天，这个人还是不停地造谣中伤。

一天，释迦牟尼终于转过身来，平和地问道：“一个人送礼物给另一个人，如果受礼者没有接受，那么，这件礼物属于谁呢？”那个人觉得这个问题很奇怪，但他仍然如实地回答：“属于送礼者。”只见释迦牟尼点了点头说道：“请带着属于你自己的东西回去吧！”

如果你给别人东西，最好想想对方或自己到底想不想要，如果连自己都不想要，那么你最好还是把这个东西拿回去。

推己及人，就是用自己的心思去推测别人的心思，设身处地地为别人着想，就是将心比心。

南怀瑾先生曾讲到孟子和齐宣王关于声色货利的对话，他认为两个人交谈就像打太极拳一样，表面风平浪静，却是绵里藏针、波涛暗涌，隐藏的锋芒直指对手的要害。最后，孟子的建议就是：齐宣王好乐就与民共享，好色就让人间的家庭幸福，好货则藏富于民。所以说推己及人，是一个道德评判的基本尺度。

每个人在社会上都不是孤立的，周围有许多与自己共同学习、工作和生活的人，为使学习顺利、事业成功、生活幸福，人们都愿意建立良好的人际关系。推己及人则是实现人际关系和睦、融洽的重要之道。要做到推己及人，首先要做到“己所不欲，勿施于人”，然后再进一步做到“己欲立而立人，己欲达而达人”。就是说，一个有仁德的人，自己想要站得住，同时也要帮助别人站得住，自己想要事事行得通，同时也要帮助别人事事行得通，真正做到己立、立人，己达、达人。

南宋诗人杨万里的妻子在古稀之年，每到天寒时，天不亮就早早地起来，然后径直走进厨房，熟练地生火、烧水、煮粥。满满的一大锅粥要熬上很长时间，杨夫人每次都耐心地等着。清甜的粥香顺着热气渐渐充满了厨房，飘到了院子里。院子的另一边，仆人们伴着这熟悉的香气陆陆续续地起床，洗漱完毕后，来到厨房，并接过杨夫人盛起的满满一大碗热粥喝了起来。杨夫人的儿子杨东山看到母亲忙碌的身影，甚是心疼。一次，他劝母亲说：“天气这么冷，您又何苦这么操劳呢？”杨夫人语重心长地说：“他们虽是仆人，但也是各自父母所牵挂的子女。现在天气这么冷，他们还要给我们家里做活儿。让他们喝些热粥，身上有些热气，这样干起活儿来才不会伤身体。”

一席话说得儿子点头称赞。杨夫人之所以能说出如此慈悲为怀的话，就是因为她是一个心地善良、懂得体贴与关怀的人。她会设身处地地体会别人的切身感受，所以能够为别人着想。她这样做既教育了儿子，也温暖了仆人们的心。

随着社会的不断进步和发展，人们的交往越来越频繁，人际关系也越来越复杂，培养推己及人的美德，搞好人际关系则显得尤为重要。我们要以爱己之心来对待周围的人，无论做什么事，都要以自己的感受去体会别人的感受，以自己的处境去想象别人的处境，站在对方的立场上，将心比心，把别人当做自己来对待，设身处地为他人着想，才能收获真正的情义。

当然，并不是所有的事都要“己所欲”才施于人，推己及人也要有自己的“道”，即遵循必要的原则；毕竟不是所有于己有益的东西都适用于他人，当然也不是对他人有益的东西所有的人都能接受。在一些人不想接受时，绝不能以“这是为他们好”为由强迫其接受，因为每个人都有自由选择的权利如果侵犯这一权利。那就是掉进了“己所不欲，勿施于人”的陷阱。

孔子行善无迹，庄子至善无痕

人的心灵奏出的最美音乐便是善良。“善”这个词汇，一直是古代先贤和儒、释、道各家所赞同和推崇的，虽然他们的做法各有不同，但却殊途同归。

孔子的善是以“仁”为中心的，他主张行善无迹。《论语》记载：“子张问善人之道。子曰：不践迹，亦不入于室。”其中“不践迹”就是说，做一件好事不必要让别人看出来是善行。南先生进一步指出，为善要不求人知，如果为善而好名，希望成为别人崇敬的榜样，这就有问题了。“亦不入于室”，意思是不要为了做好人、做好事，而用“善”的观念把自己束缚起来。

南先生说，从孔子平时做的一些小事里，都可以看出这位圣人贤德之处。孔子看到有丧事的人，心里会萌发一种同情心，态度也随之肃然；看到执政者、可怜的人，自然肃敬；看到残疾的弱者，孔子不但肃然起立，且“过之必趋”，一定走快几步，不敢多看，这就显示了他心理上的修养。

一位名叫冕的大乐师来看孔子。古代的乐师。多半是瞎子。孔子出来迎接冕，扶着他，快要上台阶时，告诉他“这里是台阶了”；到了席位时，孔子又说“这里是席位了，请坐吧”；等大家坐下来，孔子就说“某先生在你左边，某先生在你对面”；一一详细地告诉他。

等乐师冕走了，子张就问：“老师，你待他的规矩这样多，处处都要讲一声。待乐师之道就要这样吗？”孔子说：“当然要这样，我们不但是对他的官位要如此；在我们做人做事的态度上，对这样眼睛看不见的人，也应该这样接待他。”

小小的善意行为，赤诚以待，信手做来，是一件非常快乐的事情。莎士比亚曾说：慈悲不是出于勉强，它是像甘露一样从天降下尘世，它不但给幸福于受施的人，也同样给幸福于给予的人。所以，行善无迹的人通常才是最幸福的。

而庄子的“善”与孔子所说的“善”有很大不同。庄子不但强调为善，同时也强调为恶的方法。《庄子·内篇·养生主第三》中讲：“为善无近名，为恶无近刑。”意思是做善事是一个人应该做的，并不是为了让别人知道你在做善事才这样；而做恶事只是达到犯法的边缘，也不算做真正的犯法。庄子的意思是说，善恶之间应恰到好处，一个人应该是既不好也不坏。

南先生说庄子的话表面上看着消极、逃避，对人生处世非常滑头，实际上却包含着更加积极的意义。“为善无近名”，说的是做好事并不是为了让别人知道，如果为了做好人而做好事，为了做好事的名声，那就不算是真正的善事。“为恶无近刑”，并不是鼓励人们去做坏事，反而是告诉人们要慎重地去考虑为恶。

经由南先生这一解释，庄子的“善”与孔子的“善”其实有异曲同工之妙。不仅如此，南先生还引证孔子的思想来论证了这一点儿。孔子提倡“大德不逾闲，小德出入可矣”，并不是一般人所认为的做人做事不超过道德的原则范围，不是小地方也可以马虎一点儿。实际上，孔子是讲道德的大原则绝对不能违反，不是小地方你就可以违反，而是要慎重地考虑，小过错也不能犯。事实上，没有人能够将自己的过错界定为不触犯“刑律”这一层，所以小过错一样是不该犯的。

南先生以《聊斋志异》里的小故事为例进行阐述。

一个读书人做梦去参加考试，主考官是关公。关公发下题目，他一挥而就，其中卷子里有几句话：“有心为善，虽善不赏。无心为恶，虽恶不罚。”读书人认为，一个人有心地去做好事表现给别人看，或表现给鬼神看，虽然是好事，但也没有什么值得奖励的；一个人在做事情的时候无心地伤害了别人，他虽然做了一件坏事，但也不该处罚。

关公当场阅卷，拍案叫好。

这个故事说的就是“为善无近名”的道理。总的来说，庄子提倡人们的行为要做到至善无痕。这对我们做人行事有着深刻的启示。

我们很难估量自己所做的善事对一个人生命价值的影响，只要我们用心去做就行了。我们做善事并不是为了引起别人的关注，而是要真诚地爱他人，宽慰失意的人、安抚受伤的人、激励沮丧泄气的人，至善无痕，让施予之心像玫瑰花儿一样散发芬芳。

至于佛家的善，则更是无形、无痕、无迹。佛祖割肉喂鹰，这等慈悲，世人看了皆不忍泪下，但佛祖何曾到处宣扬?

真正的善是无声地、默默地不让人知，是将善意埋藏于心底，行善不露痕迹，润人于无形当中。

锦上添花不如雪中送炭

曾有人说，最难忘记的是那些在自己哭泣时陪自己哭的人。

当一个人不渴的时候，即使送他一桶水也没用；而渴的时候，即使是半杯水也非常珍贵。当一个人饱饱的时候，再好的食物也会丧失吸引力；而饥饿的时候，半个馒头也美味无比。所以南先生说，雪中送炭远比锦上添花重要。

有一次，公西赤被派去做大使，冉求因其还有母亲在家，就代其母亲请求实物配给，并多给出许多。孔子知道后，虽然并没有责怪冉求，但对学生们说：“你们要知道，公西赤这次出使到齐国去，坐的是最好的马，穿的是最棒的行装，他从这许多置装费中尽可以拿出一部分来给他的母亲用。我们帮别人，要在别人急难的时候帮忙。公西赤并非穷困潦倒，再给他那么多，只是锦上添花，实在没有必要。”

南先生说“求人须求大丈夫，济人须济急时无”，说的也是这个道理，锦上添花不是必要的，雪中送炭却救人于危难。人们需要关怀和帮助，也最为珍惜在自己困境中得到的关怀和帮助。若要一个人记住自己，最好的方式莫过于在他需要帮助时伸出援助之手。

三国鼎立之前，周瑜并不得意，曾在军阀袁术部下为官，被袁术任命做过一回小小的居巢长，也就是一个小县的县令。当时地方上发生了饥荒，年成既坏，兵乱间又损失很多，粮食问题非常严峻。居巢的百姓没有粮食吃，就吃树皮、草根，很多人被活活地饿死，军队也饿得失去了战斗力。周瑜作为地方的父母官，看到这悲惨情形心急如焚，却束手无策。

有人献计，说附近有个乐善好施的财主叫鲁肃，想必他家一定囤积了不少粮食，不如去向他借。于是周瑜带上人马登门拜访鲁肃，寒暄完毕，周瑜就开门见山地说：“不瞒老兄，小弟此次造访，是想借点粮食。”鲁肃一看周瑜丰神俊朗，显然是个才子，日后必成大器，顿时产生了爱才之心，他根本不在乎周瑜现在只是个小小的居巢长，哈哈大笑着说：“此乃区区小事，我答应就是。”

鲁肃亲自带着周瑜去查看粮仓。这时鲁家存有两仓粮食，各3000斛，鲁肃痛快地说：“也别提什么借不借的，我把其中一仓送与你好了！”周瑜及其手下见他如此慷慨大方，都愣住了。要知道，在如此饥荒之年，粮食就是生命啊！周瑜被鲁肃的言行深深地感动，两人当下就交上了朋友。后来周瑜发达了，真的像鲁肃想的那样当上了将军，他牢记鲁肃的恩德，将他推荐给了孙权，鲁肃终于得到了干事业的机会。

在别人富有时送他一座金山，不如在他落难时送他一杯水。人们总会在现实生活中遇到一些困难，遇到一些自己解决不了的事情，这时候如果得到别人的帮助，就会永远铭记在心，感激不尽。

帮助别人不一定是物质上的帮助，简单的举手之劳或关怀的话语，就能让别人感激不尽。如果你能做到帮助那些需要帮助的人，你便能握住他们伸出的友谊之手。而这些友谊很可能会为你带来巨大的精神力量和物质帮助。

不念旧恶

《论语·公冶长》中有这样一句话："子曰：伯夷、叔齐，不念旧恶，怨是用希。"孔子一向非常敬佩伯夷、叔齐、泰伯这三个人，这里他又夸赞他们三位。他们有什么样的美德让孔子大为褒扬呢？一是"不念旧恶"，胸怀广博，对伤害过自己的人能够不记仇，很宽容；二是"怨是用希"，不把仇恨放在心里面，不怨天尤人，心底无私地自宽。如此，那些曾经伤害过他们的人也会渐渐地被他们所感化。

古希腊神话中有一位大英雄叫海格里斯。一天，他走在坎坷不平的山路上，发现脚边有个袋子似的东西很碍脚，海格里斯踩了那东西一脚，谁知那东西不但没有被踩破，反而膨胀起来，加倍地扩大着。海格里斯恼羞成怒，操起一条碗口粗的木棒砸它，那东西竟然长大到把路堵死了。

正在这时，山中走出一位圣人，对海格里斯说："朋友，快别动它，忘了它，离它远去吧！这个叫'仇恨袋'，你不犯它，它便小如当初；你侵犯它，它就会膨胀起来，挡住你的路，与你敌对到底！"

我们在茫茫的人世间，难免与别人产生误会、摩擦，如果我们在不注意之时轻动仇恨，仇恨袋便会悄悄地膨胀，我们的心灵就会背上报复的重负而无法获得自由。报复会把一个好端端的人驱向疯狂的边缘，使他的心灵不能得到片刻的安静。

有一位好莱坞的女演员失恋后，怨恨和报复心使她的面孔变得僵硬而多皱纹，她去找一位最有名的化妆师为她美容。这位化妆师深知她的心理状态，中肯地告诉她："你如果不消除心中的怨恨，我敢说全世界所有的美容师都无法美化你的容貌"。

哲人说："怀着爱心吃蔬菜，也要比怀着怨恨吃牛肉好得多。"

如果我们的仇人了解我们对他们的怨恨使我们精疲力竭，使我们疲倦而紧张不安，使我们的容颜受到伤害，使我们得了心脏病，甚至使我们折寿的时候，他们不是会拍手称快吗？

即便我们不能爱我们的仇人，至少我们要爱我们自己。我们要使仇人不能控制我们的快乐、我们的健康和我们的容颜。就如莎士比亚所说的："不要由于你的敌人而燃起一把怒火，就让心中的烈焰烧伤自己。"

所以，要想生活中永远拥有安静和欢乐的心理，那就永远不要去尝试报复我们的仇人，因为如果我们那样做，受到伤害的只有我们自己。不要浪费时间去做那些毫无意义的事，不要让自己的心因为报复而变得更加痛苦。

报复是人性中的一个心理死结，它像一个盘踞在人内心深处的毒瘤。当人能控制它时，它不会带来危害；可一旦它失去控制，就会给人带来致命的伤害。

当我们恨我们的仇人时，就等于给了他们制胜的力量。这种力量会让我们自己寝食难安、魂不守舍、心烦意乱，最终会导致疾病和死亡。这样看来，报复让我们对别人的打击不能实现，反倒对自己的内心是一种摧残。

释迦牟尼说：以恨对恨，恨永远存在；以爱对恨，恨自然消失。耶稣也劝导世人"爱你的敌人"。

所以，我们在面对生活中的伤害时，不要产生报复的心理，更不要采取报复的手段，要心胸开阔，提高自制能力，用一颗豁达的心去化解一切怨恨，让大家都生存在宽容的阳光和清风下。

落英在晚春凋零，来年又是一片灿烂；黄叶在秋风中飘落，春天又焕发出勃勃生机。具有豁达性格的人，即使在生命即将凋零的地方也能看到自然的法则，他们的眼睛里流露出来的光彩会使整个人生都溢彩流光。在这种光彩之下，寒冷会变成温暖，痛苦会变成舒适。这种性格使智慧更加熠熠生辉，使美德更加迷人灿烂，使我们的心理更加完美。

原谅某些冒犯

“宰相肚里能撑船”不是一句虚话。但凡真正做大事业的人，都有相对广阔的胸襟。斤斤计较之辈一般难有太大出息。

任何领导归根结底都是对人的领导，只有自己全面地理解人性时，才能把握好人才。南先生在与彼得·圣吉谈管理的时候，曾经说儒家领导学说的核心观念是：“想做个领导者，你必须是个真正的人，你必须先认识生命真正的意义。”领导者首先要成为一个真正的人，必须要有博大的胸襟。一个人只有胸襟宽广，才能不被狭隘偏私所限制，才能认识生命真正的意义，成为识人才的伯乐，就会眼光高远，千金买马骨。

世界上最缺的是什么？人才！不论任何时代，人才永远是最重要的。优秀的领导者对人才总有一种极度的渴望，就像曹操在诗中所说：“青青子衿，悠悠我心。但为君故，沉吟至今。”人才难得，所以很多政治家对冒犯自己的人才往往是既往不咎，收为己用。这也是他们成就王图霸业的关键。

齐桓公即位以后，即发令要杀公子纠，并把管仲送回齐国治罪。因为管仲在做公子纠的师傅时，曾经想用箭射死齐桓公。管仲被关在囚车里送到齐国。鲍叔牙立即向齐桓公推荐管仲。齐桓公气愤地说：“管仲拿箭射我，想要我的命，我还能用他吗？我恨不得杀之而后快！”鲍叔牙说：“以前他是公子纠的师傅，所以他用箭射您，这不正好体现了他对公子纠的忠心吗？而且要是论起本领来，他比我强得多了。主公如果要干一番大事业，我看管仲可是个用得着的人。”

齐桓公是个豁达大度的人，听了鲍叔牙的话，不但不办管仲的罪，还立刻任命他为相，让他管理国政。管仲帮着齐桓公整顿内政，开发富源，大开铁矿，多制农具，后来齐国就越来越富强了。

齐桓公既往不咎，原谅了管仲曾经对自己的冒犯，原因在哪儿？一是当时管仲那样做是各为其主，二是管仲确有大才，但最重要的一点是齐桓公是一个有胸襟的人，宽容原来曾经的敌人，化敌为友，使其成为自己最得力的干将，这是古代贤明的领导者常见的方法。对于现代人来说，能原谅下属对自己偶尔的冒犯就是很难得的了。

对领导者而言，下属首先是个人，是人就有小毛病，可能还会犯点小错误、有点小缺点，这都是很正常的。因此，宽容地对待下属和员工，这是每一个领导者应具备的美德。没有一个下属愿意为斤斤计较、小肚鸡肠、员工犯一点小错就抓住不放、甚至打击报复的领导者去卖力。

尽可能地原谅下属的不经意的冒犯，这是一种重要的笼络人的手段。能原谅下属的冒犯，就是对下属人性的把握。不可同下属锱铢必较那些无关大局之事，要当忍则忍，当让则让。要知道，对下属宽容大度，是营造向心效应的一种手段。

战国时，楚庄王赏赐群臣饮酒，当时正是日暮时分，正当众人酒喝得酣畅之际，灯烛灭了。这时有一个人因垂涎于庄王美姬的美貌，加之饮酒过多，难于自控，便乘黑暗混乱之机，抓住了美姬的衣袖。美姬一惊，左手奋力挣脱，右手趁势摘下了那人帽子上的系缨，并告诉庄王说：“刚才烛灭，有人牵拉我的衣襟，我扯断了他头上的系缨，现在还拿着。赶快拿火来看看这个断缨的人。”庄王说：“赏赐大家喝酒，让他们喝酒而失礼，这是我的过错。怎么能为了显示女人的贞节而辱没这个失态人呢？”于是命令左右的人说：“今天大家和我一起喝酒，如果不扯断系缨，说明他没有尽欢。”群臣100多人都扯断了帽子上的系缨而热情高昂地饮酒，一直到尽欢而散。过了三年，楚国与晋国打仗，有一个臣子常常奋力地冲在前边，最后打退了敌人，取得了胜利。庄王感到惊奇，忍不住问他：“我平时对你并没有特别的恩惠，你打仗时为何这样卖力呢？”他回答说：“我就是那天夜里被扯断了帽子上系缨的人。”

从这里，我们不仅看到了楚王的宽宏大度、远见卓识，也可以洞悉他驾驭部下的高超艺术。人性层面有感激之情，我们常说“滴水之恩，当涌泉相报”，就是这个道理。对别人的好，以后都会反馈回来的。楚王了解人性，因此他的部下都归顺于他，一时间称雄天下。按照南怀瑾先生的标准来看，楚庄王算是一个真正的人了。

《孙子兵法》里最妙的要数“攻心”。而要攻心，就非得有一颗有容乃大的心，能原谅下属偶尔的冒犯。很多有大才的人都是不拘小节的，他们不遵循社会上的规则，我行我素，不买领导的账，在领导面前也是把腰板挺得直直的，偶尔会毫不客气地顶撞一番。如果领导不能容忍这样的冒犯，那很可惜，他便会错失某些真正的人才。

你的肚子容量有多大

孔子认为颜回对自己没有什么帮助，因为自己说什么话他都听。孔子之所以被人尊为圣人，就是因为他有自知之明。孔子的意思是说颜回认为他说的话都对，但真的都对吗？要多加反省。唯命是从的人是“非助我者也”，这样对自己没有帮助。真正对自己有帮助的，一定是有不同的好意见的。

南怀瑾先生根据孔子的这一段话，进一步引申说一个领导人，最难的是容纳相反的意见。听了相反的意见以后，我们暂且把自己的观点放在一边，就他的意见想想是否也有道理，然后与自己的意见作中和，这种态度是为人处世的高度修养。孔子就有这气度，他认为像颜回一样对自己的话认为句句都对，这样对于自己是不会有帮助的。

司马迁在《史记》中记载了一段孔子拜见老子的故事。临别时，老子对孔子赠言，说世间万物皆怕太满，一满则溢。孔子很快就领悟过来了，感慨老子是世外高人，之后他也常常如此教导他的弟子们。

有一次，子路就请教老师：“您有什么办法能让万物满而不溢吗？”

孔子不慌不忙地说：“聪明睿智，用愚笨来调节；功盖天下，用退让来调节；威猛无比，用怯弱来调节；富甲四海，用谦恭来调节。这就是损抑过分，达到适中状态的方法。”

子路听得连连点头，接着又刨根究底地问道：“古时候的帝王除了在座位旁边放置这种敧器警示自己外，还采取什么措施来防止自己的行为过火呢？”

孔子侃侃而谈道：“上天生了老百姓，又定下他们的国君，让他治理老百姓，不让他们失去天性。又为国君设置辅佐，让辅佐的人教导、保护他，不让他做事过分。因此，天子有公，诸侯有卿，卿设置侧室之官，大夫有副手，士人有朋友，平民、工、商，乃至干杂役的皂隶、放牛马的牧童，都有亲近的人来相互辅佐。这样，有功劳就奖赏，有错误就纠正，有患难就救援，有过失就更改。自天子以下，人各有父兄子弟，来观察、补救他的得失。太史记载史册，乐师写作诗歌，乐工诵读箴谏，大夫规劝开导，士传话，平民提建议，商人在市场上议论，各种工匠呈献技艺。各种身份的人用不同的方式进行劝谏，从而使国君不至于骑在老百姓的头上任意妄为，放纵他的邪恶。”

子路仍然穷追不舍地问：“先生，您能不能举出个具体的君主来？”

孔子回答道：“好啊，卫武公就是个典型人物。他95岁时，还下令全国说：‘从卿以下的各级官吏，只要是拿着国家的俸禄、正在官位上的，就不要认为我昏庸老朽就丢开我不管，一定要不断地训诫、开导我。我乘车时，护卫在旁边的警卫人员应规劝我；我在朝堂上时，应让我看前代的典章制度；我伏案工作时，应设置座右铭来提醒我；我在寝宫休息时，左右侍从人员应告诫我；我处理政务时，应有瞽、史之类的人开导我；我闲居无事时，应让我听听百工的讽谏。’他时常用这些话来警策自己，使自己的言行不至于走极端。”

众弟子听罢，一个个面露喜悦之色。他们从孔子的话中明白了一个道理：在任何情况下，人们都要调节自己，使自己的一言一行合乎标准，既不过分，也不要达不到标准。

被遗忘的，被铭记的

“故德有所长，而形有所忘。人不忘其所忘，而忘其所不忘，此谓诚忘。”这是《庄子·内篇·德充符第五》中的话。南怀瑾先生说，从外形上不一定看得出一个人是否有道德，是否道有所长时，那么在欣赏他的道德学问时就不会去注意他的外形好看与否。一般人都是这样，应该忘记的不忘，而不该忘记的却忘记了。他们都认为这就是聪明，却不知这被庄子看成为大糊涂。生活中，总有一些事情需要我们牢记于心头，而又有另外一些事需要我们忘却于脑后。什么该记住，什么该忘却，这才是需要我们用心去体会的。

铁匠和他的好朋友结伴去旅行，一路上两个人相互照顾。

有一天，他们在翻过一座大山时，铁匠不幸失足，在他滑向悬崖边的一瞬间，好朋友不顾自身危险，拼命地拉住了他。铁匠于是在附近的一块大石头上刻下：某年某月某日，好朋友救了铁匠一命。

他们继续前行。一个月后，他们来到一处结冰的河边，他们为是踏冰而过还是寻桥而过争吵起来。一气之下，好朋友踢了铁匠一脚，铁匠跑到冰面上刻下：某年某月某日，好朋友踢了铁匠一脚。

有个过路的行人见了，好奇地问铁匠："你为什么把好朋友救你的事刻在石头上，而把他踢你的事刻在冰上？"

铁匠说："好朋友救了我，我永远都感激他；至于他踢我的事，我会随着冰上字迹的融化而忘得一干二净。"

任何人在具备"兽性"的同时也拥有"人性"。所谓"兽性"有时表现在一个方面——人是容易记仇的动物，他会把损害自己利益的人与事牢记于心；而在"人性"方面的表现是，他能在"忘"与"记"两方面作出正确的选择：很快地忘掉不愉快的东西，永远牢记别人的"好"。人之所以为人，就是在"人性"和"兽性"的较量中，"人性"永远占据上风，即使是暂时退却，但必将取得最后的胜利。

南先生认为，在人生的旅途中，我们要学会记住别人对自己的帮助，忘却自己对别人的不满。学会宽容才能让我们活得更自在、更轻松，坦然地去面对旅途中的风风雨雨。

第二次世界大战期间，一支部队在森林中与敌军相遇，激战后两名战士与部队失去了联系。这两名战士来自同一个小镇。

两人在森林中艰难跋涉，他们互相鼓励、互相安慰。10多天过去了，仍未与部队联系上。这一天，他们打死了一只鹿，依靠鹿肉又艰难度过了几天。也许是战争使动物四散奔逃或被杀光，这以后他们就再也没看到过任何动物。他们仅剩下的一点鹿肉背在年轻战士的身上。这一天，他们在森林中又一次与敌人相遇，经过再一次激战，他们巧妙地避开了敌人。就在他们自以为已经安全的时候，只听一声枪响，走在前面的年轻战士中了一枪——幸亏伤在肩膀上！后面的士兵惶恐地跑了过来，他害怕得语无伦次，抱着战友的身体泪流不止，并赶快把自己的衬衣撕下包扎战友的伤口。

晚上，未受伤的士兵一直念叨着母亲的名字，两眼直勾勾的。他们都以为他们熬不过这一关了，尽管饥饿难忍，可他们谁也没动身边的鹿肉。天知道他们是怎么度过那一夜的。第二天，部队救出了他们。

事隔30年，那位受伤的战士安德森说："我知道谁开的那一枪，他就是我的战友。当时，在他抱住我时，我碰到他发热的枪管。我怎么也不明白，他为什么对我开枪？但当晚我就宽容了他。我知道他想独吞我身上的鹿肉，我也知道他想为了母亲而活下来。此后30年，我假装根本不知道此事，也从不提及。战争太残酷了，他母亲还是没有等到他回来。我和他一起祭奠了老人家。那一天，他跪下来，请求我原谅他，我没让他说下去。我们又做了几十年的朋友，我宽容了他。"

的确，宽容是一种美德。正如法国19世纪的文学大师雨果曾说过的一句话："世界上最宽阔的是海洋，比海洋宽阔的是天空，比天空更宽阔的是人的胸怀。"我们相信，一个人即使是有坏处，那他也一定有值得人同情和原谅的地方。要知道，宽恕别人所不能宽恕的，是一种异常高贵的行为。

宽容是一种美。深邃的天空容忍了雷电风暴的肆虐，才有风和日丽；辽阔的大海容纳了惊涛骇浪的猖獗，才有浩渺无垠；苍茫的森林忍耐了弱肉强食的规律，才有郁郁葱葱。宽容是壁立千仞的泰山，是容纳百川的江河湖海。

宽容也是一种幸福。我们饶恕别人，不但给了别人机会，也取得了别人的信任和尊敬，我们也能够与他人和睦相处。宽容是一种看不见的幸福，更是一种财富。拥有宽容，就拥有一颗善良、真诚的心。宽容是人生的一种豁达，是一个人有涵养的重要表现。

遗忘别人的"不好"，铭记别人的"好"。当你对别人宽容之时，即是对你自己宽容。因此，哲人说："人类尽管有这样那样的缺点，我们仍然要原谅他们，因为他们就是我们。"

人生一善念，吉神已随之

一次，齐宣王坐于堂上，看见有个人牵着牛从堂下走过，于是就问道："牵这头牛去干什么啊？"那个人回答说："用它的血来涂祭新铸的大钟。"齐宣王说："快点儿将它放了吧，我不忍心看见它无罪而被处死时那瑟瑟发抖的样子。"那个人疑惑地问："那么钟就不用血来涂祭了吗？"齐宣王说："怎么可以废掉这个礼仪呢？用羊血来代替吧！"后来孟子知道此事，夸赞齐宣王有不忍之心，即仁心。

南怀瑾先生认为，这种不忍之心，即人类仁慈心理的根本，这种心理似乎人人都具有，却被后世称为"妇人之仁"，成为一个贬义词，真是一种误解。其实，人们要发大慈悲，具大仁大爱，看见一滴血就尖声惊叫的妇人之仁也正是真正慈悲的表露。

鲁迅先生的诗说得好："无情未必真豪杰，怜子如何不丈夫。"鲁迅先生是这样写的，也是这样做的。

1929年9月，鲁迅先生的夫人许广平生育一男孩，取名海婴。

海婴生性活泼，经常缠着父亲。鲁迅喜欢饭后靠在藤躺椅上，把零食放在桌边，一边慢慢地吃，一边悠闲地看书。海婴经常从藤躺椅下钻出来，毫不客气地抢父亲的糖果、饼干。鲁迅只是微笑地看看儿子，从不呵斥。海婴也从来不怕父亲，有时还会跑到他的身边，轻轻地揪他的胡子玩，更喜欢像骑马一般坐在他的身上。由于鲁迅对自己幼年受的束缚人性的封建教育十分不满，所以他不愿让海婴重蹈覆辙，因而他喜欢孩子"敢说、敢笑、敢骂、敢打"的天性，愿孩子做一个活泼而真诚的人。

一次，鲁迅告诉来访的朋友说："这小孩淘气，有时弄得我头昏，他竟问我：'爸爸可不可以吃？'我答：'要吃也可以，自然是不吃为好。'"友人听了发笑，说孩子正处于幻想旺盛时期，所以会闹出这样的笑话，鲁迅点头称是。后来，他作了一首《答客俏》的诗，写出了他对孩子的一片爱怜之情：

无情未必真豪杰，怜子如何不丈夫。

知否兴风狂啸者，回眸时看小於菟。

楚人称虎为於菟。鲁迅爱怜其子，意在期望他成为虎虎有生气的栋梁之材。不料海婴刚满7岁，鲁迅便撒手人寰。鲁迅在去世前嘱咐家人：“孩子长大，倘无才能，可寻点小事情过活，万不可去做空头文学家或美学家。”

鲁迅一生怀着“立人”的理想，把批判的锋芒指向任何形式、任何范围对人的奴役与压迫。他的语言锋利如剑，入木三分，即使受到攻击与迫害也绝不妥协、绝不饶恕。他真是顶天立地的大丈夫、真豪杰。但是他却是侠骨柔肠，如此地怜爱自己的孩子，让人难以置信，而事实的确如此。先生的这一番怜子情怀并没有损害他的硬汉形象，相反却使其更加可敬可爱。

人们心中有情有爱，世界才会风光无限。仁爱之心如一盏明亮的灯，它可以照亮我们的人生。所谓仁爱，就是先想到别人，能宽容别人，就是要与人为善。

佛教讲慈悲，慈悲是什么？说到底，慈悲是一种关怀，是无条件地爱一切生命。弘一法师就是一位十分懂得关怀生命的人，即使是一只小小的蚂蚁，在他的眼里也是值得去尊重和关怀的。

有一次，弘一法师到丰子恺家。丰子恺请他藤椅里就座。他先把藤椅轻轻摇了摇，然后才慢慢地坐下去。他每次都如此，丰子恺很疑惑，就问他原因。弘一法师回答说：“这椅子里，两根藤之间，也许有小虫伏着。突然坐下去，会把它们压死，所以先摇动一下，慢慢地坐下去，好让它们逃走。”

的确，无论生命有多么卑微，在这个世界上都应该有其自己的一席之地。

滴水和尚19岁时来到曹源寺，拜仪山和尚为师。开始时，他的差使是替和尚们烧水洗澡。

有一次，师父洗澡嫌水太热，便让他去提一桶冷水来兑一下。他便去提凉水，然后他先把部分热水泼在地上，又把多余的冷水也泼在地上。

师父便教训他：“你这么冒冒失失的，地下有无数蝼蚁、草根等生命，这么烫的水下去，会坏掉多少性命。而剩下的凉水用来浇花多好。你若无慈悲之心，出家却又为何！”

滴水无语，心有所悟。

将一颗爱心、慈悲心惠及到蝼蚁，可说是仁慈的极致。中国传统文化历来追求一个“善”字：为人处世，强调心存善意、向善之美；与人交往，讲究与人为善、乐善好施；对己要求，主张独善其身、善心常驻。记得一位名人说过：对众人而言，唯一的权力是法律；对个人而言，唯一的权力是善良。

有这样一则故事：

一场暴风雨过后，成千上万条鱼被卷到一个海滩上，一个小男孩每捡到一条便送到大海里，他不厌其烦地捡着。一位恰好路过的老人对他说：“你一天也捡不了几条，何必多费劲儿？再说，又有谁会在乎你这样做呢？”小男孩一边捡一边说：“这条小鱼在乎，这条小鱼也在乎！还有这一条，这一条……”一时间，老人为之语塞。

播种爱心，不仅能够得到内心的安静祥和，达到美好的境界，而且还能够让别人获益，记取你的那份善良与美好。

上善若水，涓涓细流；播撒爱心，幸福触手可及。

宽容他人就是善待自己

有人问过孔子：你的弟子中哪一个最好学呢？孔子抚须微笑：“颜回最好学，他心平气和，做人认真，可惜最是命苦，英年早逝。他死后，几乎没看到比他更好学的人。”南怀瑾先生评价说，孔子最得意的弟子便是颜回，因为他曾不止一次地称赞过颜回的品性修养与人格魅力。在孔子看来，颜回一直踏实地探求着做人做事的人生道理，不迁怒于人，不犯同样的错误，像颜回这样的人太少见了。在生活中，能够做到像颜回一样“制怒”的恐怕很困难，因为怒气向来是最难容忍的。

有一位青年脾气非常暴躁、易怒，经常与人争执，所以很多人都不喜欢他。有一天，这位青年到大德寺游玩，碰巧听到一位禅师正在说法，他听完后受益匪浅，甘愿痛改前非，于是他对禅师说："师父！我以后再也不跟人打架、发生口角了，免得人见人厌。就算是受人唾面，我也只会忍耐地拭去，默默地承受！"

禅师说："何必呢，就让唾沫自干吧，不要去拂拭！"

"那怎么可能？为什么要这样忍受？"

"这没有什么不能忍受的，你就把它当做蚊虫之类停在脸上，不值得与它打架或者骂它。虽受唾沫，但并不是什么侮辱，微笑地接受吧！"禅师说。

"如果对方不是唾沫，而是用拳头打过来时，那怎么办？"

"一样呀！不要太在意！那只不过是一拳而已。"

青年听了，认为禅师说得太没道理，终于忍耐不住，忽然举起拳头向其头上打去，并问："和尚！现在怎么样？"

禅师非常关切地说："我的头硬得像石头，没什么感觉，倒是你的手，大概打痛了吧？"

青年哑然，无话可说。

心胸宽阔、心态平和的人是不可战胜的。面对别人的挑衅和辱骂，只要我们能够平静地对待，不把它们放在心上，那么所有的责难就会烟消云散。更有趣的是，当我们视别人于无物的时候，往往会令对方毫无办法、自讨没趣，很快便会悻悻地离开。有人说，世界上最无敌的有两种人，一种是不怕死的，另一种是不动心的。如果能以自己的不动应付对方的动，就像太极中的以柔克刚、无坚不摧，如此自己便到了无敌的境界。在日常生活中，"不动"的境界通常被人们称为涵养。

在一辆行驶的公共汽车上，人虽然不多却没有空位，有几个人还站着，吊在拉手上晃来晃去。一个年轻人身旁有几个大包，手里拿着一个地图在认真地研究着，眼里不时露出茫然的神色。他犹豫了半天，很不好意思地问售票员："去颐和园应该在哪儿下车啊？"售票员是个短头发的小姑娘，正别着指甲缝呢。她抬头看了一眼小伙子，说："你坐错方向了，应该到对面往回坐。"要说这些话也没什么错，小伙子下站下车到马路对面去坐也就是了！但是售票员可没说完，她又说："拿着地图都看不明白，还看个什么劲儿啊！"

外地小伙子可是个有涵养的人，他嘿嘿地笑了笑。旁边有个大爷可听不下去了，他对外地小伙子说："你不用往回坐，再往前坐四站换904能到。"要是他说到这儿也就完了，那还真不错，既帮助了别人，也挽回了北京人的形象。可大爷又说了一句："现在的年轻人呐，没一个有教养的！"

站在大爷旁边的一位小姐不爱听了："大爷，不能说年轻人都没教养吧，没教养的毕竟是少数嘛！"这位小姐显得真有教养——要不是又说了那最后一句话："就像您这样上了年纪看着挺慈祥的，不也有很多不干好事的吗？"

马上就有几个老年人指责起了那位小姐……

车就到站了。车门一开，售票的小姑娘说："都别吵了，该下车的赶快下车吧，别把自己正事儿给耽误了……再吵下去，车可不走了啊！烦不烦啊！"

烦！不仅她烦，所有乘客都烦了！骂售票员的、骂外地小伙子的、骂那位小姐的、骂天气的……别提多热闹了！

那个外地小伙子一直没有说话，最后他实在受不了了，大叫道："别吵了！都是我的错，我自己没看好地图，让大家跟着生一肚子气！大家就算给我面子，都别吵了行吗？"听到他这么说，车上的人当然都不好意思再吵了，声音很快平息下来。可谁也想不到这小伙子又来了一句话："早知道北京人都是这么不讲理，我还不如不来呢！"

这个故事总是惹人发笑，但笑过之后又不禁感叹，人们在生活中就是因为有了太多的计较，所以才会变得不快乐。我们常常因为一些对自己不利的事情而生闷气：为什么老板总不给涨工资，为什么丈夫总是不理解自己，朋友为什么会在关键的时刻明哲保身，等等，这些事情会让我们的头脑一下子火药味十足。但生气有什么用呢？生气毫不利于解决生活中的问题，反而会让自己的头脑发热，做出一些让自己后悔终生的事情。所以当我们生气的时候，应尽量克制一下自己，重要的是找出解决问题的方法，而不是不断地追究谁为什么如此，不要伤神又伤身。当别人把错误加之于自己身上时，也要制怒，不要用别人的错误来惩罚自己或其他人；自己有了错误则更需制怒，不要用自己的错误去惩罚不相干的人。怒气会传染，克制不容易，无论发生什么，都要时刻谨记不要迁怒于人，不要闹得两败俱伤。所以，一个人活着不必算计，更不必惦记一报还一报，要逍遥一点儿、快乐一点儿，怨怼少点儿，别人舒服了，自己也一样舒服。

第七章 做一个50年的人生规划

——南怀瑾谈目标明晰感

眼界决定境界

一个人眼界的高低，会决定他思维的方式，而思维方式则深刻地影响他做事的方法。很多人能成功，很大程度上就在于他们的眼界高。南怀瑾先生借庄子之口，给我们讲了这个道理。

在《逍遥游》里，庄子发挥了其天马行空的想象力，并用他一贯的反讽，讲了很多有趣的故事。其中有一则小故事是这样的：

“蜩与学鸠笑之曰：‘我决起而飞，抢榆枋，时则不至，而控于地而已矣。奚以之九万里而南为？’。”(语出《庄子·内篇·逍遥游第一》）“蜩”，即“蝉”，“学鸠”是一种小鸟。他们都没有见过大鹏，只听说大鹏飞起来广远得他们看不见。于是他们就嘲笑大鹏，说大鹏飞那么远有什么用，像他们这样从这棵树上就飞到那草丛上去了，虽然不远，但很痛快，即便时间匆忙而掉到地上，也不至于摔死。他们自鸣得意，还大言不惭地嘲笑大鹏，其实是很可笑的。

这讲的其实就是眼界与境界的问题。蜩与学鸠乃井底之蛙，心中的天地也就井盖那么大，“燕雀安知鸿鹄之志哉”？所以当他们听说大鹏能高飞，反而自鸣得意，并且嘲笑他人。眼界的高低一般会决定做事出手的高低。庄子还有个故事是这样的。

庄子的好朋友惠子对庄子说：“魏国国王给了我一把葫芦种子，于是我就把它种到地里了，没有想到现在结了个大葫芦。这个大葫芦用来装东西吧，感觉太大了；用来盛液体吧，可是它的皮又太薄，很容易漏底；要是把它一劈两半做成瓢，大家又不着那么大的瓢。可见这葫芦确实够大。可是话说回来，光大有什么用，不过是自大。所以思来想去，我干脆把它砸烂了，省心。”庄子听出他这个朋友语含讥讽，于是笑道：“我给你讲个故事吧！以前有一户人家，祖上传下来的手艺就是漂洗绵帛。由于天冷，手要生冻疮，于是他们制造了一种膏药，把这种膏药往手上一涂，再寒冷的天气手也不生冻疮。后来，有人来到他家知道了这种东西，出黄金百两要买这个配方。于是全家商议，觉得这个价格很合算，比他们辛苦地漂洗丝绵还赚得多，于是就把这个配方卖掉了。这个人买得膏药秘方之后，就去了吴国，和吴国国君拉上关系，就把这膏药卖给了吴国军队。后来的某个冬天，吴国被越国攻打，吴王就带领军队在冰上攻击敌人，他给他的军队战士都涂抹了那个膏药，使得他们在寒冷的天气里没有生冻疮，吴军士气大振，一举将越国打退了。吴王于是酬谢那个卖他膏药秘方的人，赐给他百亩土地，还封了个爵位，并送了他黄金万两。这个卖膏药配方的人的身份与以前自是不一样。你对比一下，同样是一个膏药秘方，在一个人手里，只能是普通的膏药，而在另一个人手里，则想到把它卖给国家，最后赐土封侯。你有那么大一个葫芦，那是罕见的好东西，为什么不掏空里面，做成小船，去漂游江湖，却在我跟前数落葫芦大而无用啊？”

其实惠子和庄子是朋友，这故事本意是双方辩论，给对方灌输自己的思想。但是从这一对话中也可见，庄子的眼界比惠子要高。同样的一个葫芦，惠子看到了大而无用，庄子则看到了物尽其用，说可以做成船；同样的一个秘方，有些人就只能自己用用，最多卖点儿钱，而那个来客，则靠这秘方封侯得金，尽享荣华。这就是眼界的差别，是思路的问题。

同样，眼界也会决定一个人的人生走向，会让他永远坚持，从而达到他所期望的高境界。

庄子在“蜩与学鸠”那个故事后还有一句点评：“适莽苍者，三餐而反，腹犹果然；适百里者，宿舂粮；适千里者，三月聚粮。”意思是：去不远的地方，用不了三顿饭的工夫就能返回来，回来了肚子还饱饱的；要是走100里的路，那就得带点干粮，以预防肚子饿；如果走1000里路，那就要准备两三个月的粮食。言外之意就是，前途远大的人一般都得有远大的计划；而目光短浅的人是不会深谋远虑的。

眼界高才会有长远的打算。我们只有做好充分的准备，在迈向成功的路上才能不迷失方向。说白了，梦想与坚持同时具备，才是到达成功的“黄金组合”。

阿里巴巴集团首席执行官马云曾说过一句话："今天很残酷，明天更残酷，后天很美好，可是很多人死在明天晚上！"为什么很多人死在明天晚上？就是因为他们没有坚持下去，而没有坚持下去的原因就是目光还不够长远，眼界还不够高，把黎明前的黑暗当成了夜幕降临。

目标即人生的方向

《庄子·内篇·人间世第四》中说："所存于已者未定，何暇至于暴人之所行！"

孔子告诉颜回："你对于自己的人生观都还没有确定，学问道德修养都还不够，哪里有资格直接去指点别人行为的得失啊！"一个人没有自己的人生观，没有人生的方向，没有确定自己活着究竟要做一个什么样的人、究竟要做什么事，总是跟着环境在转，这就犯了孔子所说的"所存于已者未定"的毛病。一个人对于自己人生的方向都没有确定，那是人生最悲哀的事。

南怀瑾先生认为人生的方向即是人生的哲学。人生自然有自我存在的价值，选择一个目标，等于明确人生的方向，这样才不至于迷失自我。

比塞尔是西撒哈拉沙漠中的一颗明珠，每年有数以万计的旅游者来到这儿。可是在肯·莱文发现它之前，这里还是一个封闭而落后的地方。这儿的人没有一个走出过大漠，据说不是他们不愿离开这块贫瘠的土地，而是尝试过很多次都没有走出去。

肯·莱文不相信这种说法，他用手语向这儿的人问原因，结果每个人的回答都一样：从这儿无论向哪个方向走，最后还是转回到出发的地方。为了证实这种说法，他做了一次试验，从比塞尔村向北走，结果三天半就走了出来。

比塞尔人为什么走不出来呢？肯·莱文非常纳闷。他只得雇一个比塞尔人带路，看看到底是怎么回事？他们带了半个月的水，牵了两峰骆驼，肯·莱文收起指南针等现代设备，只拄一根木棍跟在后面。

10天过去了，他们走了大约1207里的路程，第11天早晨，果然又回到了比塞尔。

这一次肯·莱文终于明白了，比塞尔人之所以走不出大漠，是因为他们根本不认识北斗星。在一望无际的沙漠里，一个人如果凭着感觉往前走，他会走出许多大小不一的圆圈，最后的足迹十有八九是一把卷尺的形状。比塞尔村处在浩瀚的沙漠中间，方圆上千公里没有一点参照物，若不认识北斗星，又没有指南针，想走出沙漠确实是不可能的。

肯·莱文在离开比塞尔时，带了一位叫阿古特尔的青年，就是上次和他合作的人。他告诉这位汉子，只要你白天休息，夜晚朝着北面那颗星走，就能走出沙漠。阿古特尔照着去做了，三天之后果然来到了大漠的边缘。阿古特尔因此成为比塞尔的开拓者，他的铜像被竖在小城的中央。铜像的底座上刻着一行字："新生活是从选定方向开始的"。

一个辉煌的人生在很大程度上取决于人生的方向，个人的幸福生活也离不开方向的指引。确立人生的方向是人一生中最值得认真去做的事情。你不仅需要自我反省、向人请教"我是什么样的人"，还需要很清楚地知道"我究竟需要什么"，包括想成就什么样的事业、结交什么样的朋友、培养和保留什么样的兴趣爱好、过一种什么样的生活。这些选择是相对独立的，但却是在一个系统内的，彼此是呼应的，从而共同形成人生的方向。

闻名于世的摩西奶奶是美国弗吉尼亚州的一位农妇，76岁时因关节炎放弃农活儿，这时她又给了自己一个新的人生方向，开始了她梦寐以求的绘画。她在80岁时到纽约举办画展，引起了意外的轰动。她活了101岁，一生留下绘画作品600余幅，她在生命的最后一年还画了40多幅。

不仅如此，摩西奶奶的行动也影响了日本大作家渡边淳一。渡边淳一从小就喜欢文学，可是大学毕业后他一直在一家医院里工作，这让他感到很别扭。马上就30岁了，他不知该不该放弃那份令人讨厌却收入稳定的职业，以便从事自己喜欢的写作。于是他给慕名已久的摩西奶奶写了一封信，希望得到她的指点。摩西奶奶很感兴趣，当即给他寄了一张明信片，她在上面写下这么一句话：做你喜欢做的事，上帝会高兴地帮你打开成功之门，哪怕你现在已经80岁了。

人生是一段旅程，方向很重要，每个人都可以掌握自己人生的方向。找到人生方向的人是最快乐的人，他们在每天的生活中体验这些，追求一种能令他们愉悦和满意的生活，他们的现实生活是与他们所向往的人生方向相一致的，对人生方向的追求使他们的生命更加有意义。

南怀瑾先生说，人生的方向也是人生的哲学。在追求自己的人生方向的过程中，应不断地作出总结，这并不是说你正处于一个人生的危急关头，不得不在你未来的目标和你的职业道路之间作出一个选择，而是从一开始就给自己选定人生的方向，这才是最关键的人生问题。

前途是一次有计划的人生旅行

人生苦短，所以人们在祝福别人的时候经常说：“希望你永远幸福、快乐！”那么如何抓住永远呢？只有让我们的人生持续发展，为今后的旅程做好充分的准备，才能走得更远，而非永远停留在一点。

有两个和尚分别住在相邻的两座山上的庙里。这两座山之间有一条小溪，两个和尚每天都会在同一时间下山去溪边挑水，久而久之，两人成为好友。时光飞逝，如白驹过隙，在每天一成不变的挑水中不知不觉已过了五年。

突然有一天，左边这座山的和尚没有下山挑水，右边那座山的和尚心想：“他大概睡过头了。”便没有在意。哪知第二天左边这座山的和尚还是没有下山挑水，第三天也一样，过了10天还是一样。直到过了一个月，右边那座山的和尚终于受不了了，他心想：“我的朋友可能生病了，我要过去拜访他，看看能帮上什么忙。”于是他便爬上了左边这座山，去探望他的老朋友。等他到了左边这座山的庙里，看到他的老友之后大吃一惊，因为他的老友正在诵经读书，一点儿也不像一个月没喝水的人。他很好奇地问：“你已经一个月没有下山挑水了，难道你可以不喝水吗？”

左边这座山的和尚微笑着说：“来，我带你去看。”于是他带着右边那座山的和尚走到庙的后院，指着一口井说：“这五年来，我每天做完功课后都会抽空挖这口井，即使有时很忙，但我还是能挖多少就算多少。如今我终于挖出井水，我就不用再下山挑水了，可以有更多时间诵经打坐，钻研佛理。”

世界上有三种人：第一种人只会回忆过去，在回忆的过程中体验感伤；第二种人只会空想未来，在空想的过程中不务正事；只有第三种人将现实与理想完美地结合，高瞻远瞩，脚踏实地。只有将昨天、今天、明天的事情都打理妥当，才能走好漫漫人生路。

如果一个人没有长远的眼光和大的气度，就会鼠目寸光，其前途成就也很有限。只有高瞻远瞩的人才能成就千秋的事业。这便是智慧的大小有别。一个人寿命的长短，关键在于他能不能把握。有些人活了几十年就死了，不懂得如何把握，所以说“小年不及大年”。

有些人做事只图眼前的利益，而不会为长远打算。因为眼前可以得到的利益总给人一种实实在在的感觉，而这种短视的心理却常常使人们失去本应该能够得到的美好事物。也许人们认为自己的这种行为是更注重现实，但实际上是自己将未来的发展与成功的机遇白白地浪费掉了。沉湎于过去和未来就会迷失现在的一切，包括自己本身。

有一个人经常出差，经常买不到坐票。可是无论长途短途，无论车上多挤，他总能找到座位。

他的办法其实很简单，就是耐心地一节车厢一节车厢地找过去。这个办法听上去似乎并不高明，但却很管用。每次，他都做好了从第一节车厢走到最后一节车厢的准备，可是每次他都用不着走到最后就会发现空位。他说，这是因为像他这样锲而不舍找座位的乘客实在不多。经常是在他落座的车厢里尚余若干座位，而在其他车厢的过道和车厢接头处，居然人满为患。

他说，大多数乘客轻易就被一两节车厢拥挤的表面现象迷惑了，不大细想在数十次停靠之中，从火车十几个车门上上下下的流动中蕴藏着不少提供座位的机遇；即使想到了，他们也没有那份寻找的耐心。眼前一方小小的立足之地很容易让大多数人满足，为了一个座位背负着行囊挤来挤去，有些人觉得这样做不值得。有的人还担心万一找不到座位，回头连这个好站脚的地方也没有了。与生活中一些安于现状、不思进取、害怕失败的人永远只能滞留在没有成功的起点上一样，这些不愿主动找座位的乘客大多只能在上车时最初的落脚之处一直站到下车。

急功近利是人性的一面。许多人贪图小便宜，往往被眼前的小利益所迷惑，殊不知在得到小利益的同时却往往失去了更多。在生活中，我们常常被眼前利益的绚丽表象蒙住了双眼，宁愿一直低头享受那片刻的欢愉，也不肯抬起头望望远方，去寻找更大的空间。只为眼前利益的人，受人性所限，只会陷入庸人自扰的无边烦恼；唯有立足长远的人，才能突破人性的瓶颈，活出智慧的人生。

人生的前途究竟是什么？前途就是一次有计划的旅行，若能做到执著而有远见、自信而把握关键，便能拥有一张人生之旅永远的坐票。

即使一滴水也要有自己的深度

关于《庄子 · 内篇 · 逍遥游第一》中讲到的“且夫水之积也不厚，则其负大舟也无力。覆杯水于坳堂之上，则芥为之舟；置杯焉则胶；水浅而舟大也”，南怀瑾先生有自己的理解。在南先生看来，庄子举出的一个简单的事例通常包括有几层道理。如果水不深、不满，就没有办法承受大船，除非像大海一样的深厚、广阔，才能承载起几千吨、几万吨的大船。在厅堂里挖个小坑，然后舀一杯水倒在里面，把微小的芥子置入水中，芥子就像小舟一样在水面行驶；如果把杯子放在水面，则一下就沉底了，浮不起来。为什么？因为水太浅，杯子当船太大了。在这里，庄子明白地告诉我们，每个人的气度、知识范围、胸襟大小都不同。如果要立大功、成大业，就要培养自己的气度、学问和能力。要想好好地修道，他的气度和能力就要像大海一样波澜壮阔。佛经上形容“如来如大海”就是这个道理。

浅水中只能漂浮草籽，大海中才能航行巨轮，其实人生也是如此。

几个人在岸边岩石上垂钓，一旁有几名游客在欣赏海景之余，围观他们钓上岸的鱼，口中啧啧称奇。

只见一个钓者把竿子一拖，钓上了一条大鱼，约1米长。那条鱼落在岸上依然腾跳不已。钓者冷静地解下鱼嘴内的钓钩，随手将鱼放回海中。

围观的众人发出一阵惊呼，这么大的鱼尚不能令他满意，足见钓者的雄心之大。就在众人屏息以待之际，钓者把钓竿又是一拖，这次钓上的是一条60多厘米长的鱼，钓者仍是不多看一眼，解下钓钩，又把这条鱼放回海里。

第三次，钓者的钓竿又再拖起，只见钓线末端钩着一条不到30厘米长的小鱼。

围观的人以为这条鱼也将和前两条大鱼一样被放回大海，不料钓者将鱼解下后，小心地放进自己的鱼篓中。

游客中有一人百思不解，追问钓者为何舍大鱼而留小鱼。

钓者回答道："喔，那是因为我家里最大的盘子只有30厘米长，把太大的鱼钓回去，盘子也装不下……"

舍1米长的大鱼而取不到30厘米的小鱼，这是令人难以理解的取舍，而钓者的唯一理由，竟是家中的盘子太小，盛不下大鱼。

盘太小，装不下大鱼；水太浅，容不下蛟龙。在现实生活中，有多少人因为人生之水太浅，而导致走到穷途末路的呢？

从另一个方面来看，何为浅水，何为大海，其实并不像黑与白那样容易判断，如究竟怎样的程度，才算是广阔的胸襟与人生？如何判定是非、评定人们的襟怀呢？

大富豪霍英东幼年时家境贫寒，七岁前"他连鞋子都没有穿过"，在轮船上做火夫当铲煤工便是他的第一份职业。然而"梅花香自苦寒来"，贫寒就成了霍英东人生起步时的磨砺。若干年后，霍英东已是叱咤商界半个世纪的巨头，但是成为巨富的霍英东的朴素生活习惯并没多少改变。他说："'万顷良田10升米，千间房屋半张床。'自己一顿也吃不下10升米。今天虽然事业薄有所成，也懂得财富是来自社会，也应该回报于社会。"

伴随着他在内地投资和慷慨捐赠，霍英东的名字渐渐在人群中流传开来。他虽然捐出100多亿元人民币，在接受采访时却说："我的捐款，就好比大海里的一滴水，作用是很小的，说不上是贡献，只是我的一份心意！"

只有拥有人生大格局的人，才能拥有这样博大的"一份心意"。如果只想托起一粒微小的草籽，那么只需一捧水就够了。如果想让生命像大海一样博大，那就必须真正了解生命之道，就如霍英东先生那样做人。人活一世，草木一秋，只有懂得何为深广，才能拥有波澜壮阔的人生。

有一天，上帝造了三个人。他问第一个人："到了人世间，你准备怎样度过自己的一生？"第一个人回答说："我要充分地利用生命去创造。"上帝又问第二个人："到了人世间，你准备怎样度过自己的一生？"第二个人回答说："我要充分地利用生命去享受。"上帝又问第三个人："到了人世间，你准备怎样度过自己的一生？"第三个人回答说："我既要创造人生，又要享受人生。"上帝给第一个人打了50分，给第二个人打了50分，给第三个人打了100分。他认为第三个人才是最完整的人。

第一个人来到人世间，表现出了不平常的奉献精神和拯救精神，他为许许多多的人作出了许许多多的贡献，对于自己帮助过的人，他从无所求。他为真理而奋斗，屡遭误解也毫无怨言。慢慢地，他成了德高望重的人，他的善行被广为传颂，被人们敬仰。他离开人间，人们从四面八方赶来为他送行。直至若干年后，他还一直被人们深深地怀念着。第二个人来到人世间，表现出了不平常的占有欲和破坏欲，为了达到目的，他不择手段，甚至无恶不作。慢慢地，他拥有了无数的财富，生活奢华、一掷千金、妻妾成群。他因作恶太多而得到了应有的惩罚，正义之剑把他驱出人间，他得到的是鄙视和唾骂，被人们深深地痛恨着。第三个人来到人世间，没有任何不平常的表现。他建立了自己的家庭，过着忙碌而充实的生活。若干年后，没有人记得他的存在。人类为第一个人打了100分，为第二个人打了0分，为第三个人打了50分。

也许每个人的一生只是沧海一粟，但是，即使是一滴水，也要有自己的深度，也要贡献出自己的力量。就像上面提到的三个人，他们在上帝面前不同的胸怀和气度，决定了他们在人间的作为。成就一番大事业，重回天堂，上帝的微笑也会和凡人一样，送给具有大海一样心胸的人。

靠自己去成功

孔子有一次生病了，子路很着急，他去为孔子求神拜佛。孔子后来听说了，就问子路："听说你为我求神去了？有没有这回事啊？"子路回答他："有这么一回事，老师。"孔子说："要是这样就能让我不生病的话，那么我在神面前已经求了很久了！"南老解释说孔子的意思是说，如果求神能管用的话，那么我还会生病吗？每个人都跑到神的面前跪拜，要自己不生病，还要让自己平安、发财、升官、婚姻美满，神应该怎么做？每个人都答应吗？显然不能。如果张三去求神把李四给拉下水，而李四再去求神把张三拉下马，那么神应该听谁的呢？既然他不能每求必应，那么也就无所谓神与不神了。这就是孔子告诫子路的道理。在《论语》中还有说孔子的一段话："子不语怪、力、乱、神。"也就是说孔子平时不谈论鬼神之类的东西。孔子说："未能事人，焉能事鬼？"这就是孔圣人，他不说自己是否相信有鬼神，而是避而不谈，因为他认为一个人做任何事情都要依靠自己，而不是靠烧香拜神就能解决的。

求人不如求己。想成功几乎是每个人的愿望，但是这个愿望的实现非要坚持自己的信念不可。因此，一个人养成独立自主的坚强意志就显得尤为重要，没有谁能施舍给你一个机会。人活着就应该自立自强。有人认为可以依靠父母，还有人认为可以依靠自己的伴侣，可是没有哪一种依赖是能安全长久的，只有你自己才能陪伴你自己走完一生。依靠别人的施舍最不可靠，因为别人能给你的也就能随时拿走。这就是这个世界的游戏规则。"在这个世界上，最坚强的人是孤独的、只靠自己站着的人。"这是挪威著名戏剧家易卜生对于人生所作出的一个断言。穿越世纪的风尘，这句话依然掷地有声，因为它揭示了一个亘古不变的真理：你的命运只把握在自己的手中，你就是主宰自己的上帝。

美国总统约翰·肯尼迪的父亲从小就注意对儿子独立性格和自强精神的培养。有一次，他赶着马车带儿子出去游玩。在一个拐弯处，因为马车速度很快，猛地把小肯尼迪甩了出去。当马车停住时，儿子以为父亲会下来把他扶起来，但父亲却坐在车上悠闲地掏出烟吸起来。

儿子叫道："爸爸，快来扶我！"

"你摔疼了吗？"

"是的，我自己感觉已站不起来了。"儿子带着哭腔说。

"那也要坚持站起来，重新爬上马车。"

儿子挣扎着自己站了起来，摇摇晃晃地走近马车，艰难地爬了上来。

父亲问："你知道为什么让你这么做吗？"

儿子摇了摇头。

父亲接着说："人生就是这样，跌倒，爬起来，奔跑；再跌倒，再爬起来，再奔跑。在任何时候都要全靠自己，没人会去扶你的。"

从那时起，父亲就更加注重对儿子的培养，如经常带着他参加一些大的社交活动，教他如何向客人打招呼、道别，与不同身份的客人应该怎样交谈，如何展示自己的精神风貌、气质和风度，如何坚定自己的信仰等。有人问他："你每天要做的事情那么多，怎么有耐心教孩子做这些鸡毛蒜皮的小事？"

谁料约翰·肯尼迪的父亲一语惊人："这些怎么能算是无足轻重的事呢？我是在训练他做总统。"

雨果曾经写道："我宁愿靠自己的力量打开我的前途，而不愿求有力者的垂青。"只要一个人是活着的，他的前途就永远取决于自己，成功与失败都系在自己身上。而依赖作为对生命的一种束缚，是一种寄生状态。英国历史学家弗劳德说："一棵树如果要结出果实，必须先在土壤里扎下根。同样，一个人首先需要学会依靠自己、尊重自己，不接受他人的施舍，不等待命运的馈赠。只有在这样的基础上，才可能取得成就。"如果一个人将希望寄托于他人的帮助，他便会形成惰性，失去独立思考和行动的能力；如果一个人将希望寄托于某种强大的外力上，他的意志力就会被无情地吞噬掉。

为了训练小狮子的自强自立，母狮子故意将它推入深谷，使其在困境中挣扎求生。在残酷的现实面前，小狮子挣扎着一步一步从深谷之中走了出来。它懂得了“不依靠别人，只能凭借自己的力量前进”，它逐渐地成熟了。

真实人生的风风雨雨，只有靠自己去体会、感受，任何人都不能为我们提供永远的庇荫。我们应该掌握前进的方向，确定目标，让目标似灯塔般在高远处指引方向；我们应该独立思考，有自己的主见，依靠自己去解决问题。我们不应相信有什么救世主，不该信奉什么神仙或皇帝，我们的品格、我们的作为，我们所有的一切都属于我们自己，并不能靠其他什么东西来改变。

电影《肖申克救赎》有句“圣人救人，强者自救”的警世恒言。圣人千载难逢，但强者在每个时代都有。勇敢地扔掉那根让我们依赖的拐杖，我们才能学会奔跑！自立自强的人生才值得我们向往和崇敬。

美国石油大亨老洛克菲勒是这样教育孩子的。有一天，他把孩子抱上一张桌子，并鼓励孩子跳下来。孩子以为有爸爸的保护，就放心地往下跳。谁知往下跳的时候，爸爸却走开了，小洛克菲勒摔得很重，在地上大哭起来。这时，老洛克菲勒语重心长地对儿子说：“孩子，不要哭了，以后要记住，凡事要靠自己，不要指望别人，有时连爸爸也是靠不住的！从现在就开始学会独立地生活吧！”

洛克菲勒家族中的孩子，从小就不准乱花钱，每一个孩子可支配的少量的零花钱也要记账；在学校读书时，一律在学校住宿；大学毕业后，都是自己去找工作。直到他们在社会中锻炼到能经得起风浪以后，上一辈人才把家产逐步地交给他们。

正是因为洛克菲勒家族教育子女特别认真，注重培养孩子的独立生活能力，使孩子养成独立、自强的习惯，所以洛克菲勒家族里没有出过“败家子”，使其家族历经几个世纪而依然繁盛如初，没有像美国其他的跨国财团、亿万富翁那样仅仅经历几十年就衰落了。

人常说“富不过三代”，可是洛克菲勒家族改写了这条定理。那些守不住先辈打拼下来的家业的人都是懦弱无能的。人，必须靠自己活着，在人生的不同阶段，要尽力达到理应达到的自立水平，拥有与之相适应的独立精神。这是当代人立足社会的基础。一个缺乏独立自主精神和自立能力的人，连自己都管不了，还谈得上发展、成功吗?

专注是成功的一片帆

老子在《道德经》中告诫人们，“致虚极，守静笃”是一种修为的方法。道家时常用到“清”与“虚”两个字，其中的“清”形容境界，“虚”表示境界的空灵。“致虚极”，说的是要空到极点。“守静笃”讲的是功夫、作用，要专一地坚守住。

南先生用禅宗黄龙禅师的几句形容词来解读了这句话，即“如灵猫捕鼠，目睛不瞬，四足据地，诸根顺向，首尾直立，拟无不中”。是何解呢？讲的是一只精灵异常的猫等着要抓老鼠，四只脚蹲在地上，头端正，尾巴直竖起来，两只敏锐的眼睛直盯即将到手的猎物，聚精会神，动也不动，随时伺机一跃，给予致命的一击。这个形容告诉我们，做事时必须精神集中、心无旁骛，方能成功。

自古众生皆有大智慧，小到一草一木、一猫一蛇，都能将老子“致虚极，守静笃”的六字箴言贯彻得极为彻底。除了灵猫之外，人们十分熟悉的母鸡也是如此。无论发生了什么，母鸡都能专心致志地守着自己的蛋，真正是泰山崩于前而面不改色。小小一畜生的修定功夫，竟叫作为万物灵长的人类都望尘莫及。

很多人在做事情时经常左顾右盼、三心二意，这样做的结果是距离成功还有很长一段路，因为他们的心不能专注到一处，他们太容易为了这些琐碎之事分散精力，等到处理完琐事之后再回到初始目标时，又会浪费许多时间去收心。如此三番两次，时间都浪费掉，人生的大目标也就渐渐地成了不可企及的事。与灵猫、母鸡这些动物的专注相比，很多人实在缺少笃定之心。

古希腊著名演说家戴摩西尼年轻时为了提高自己的演说能力，躲在一个地下室练习口才。由于耐不住寂寞，他时不时就想出去溜达溜达，心总也静不下来，练习的效果很差。无奈之下，他横下心，挥动剪刀把自己的头发剪去一半，变成了一个怪模怪样的“阴阳头”。这样一来，因为头发古怪羞于见人，他只得彻底打消了出去玩的念头，一心一意地练口才，演讲水平突飞猛进。正是凭着这种专心执著的精神，戴摩西尼最终成为当时闻名的大演说家。

鲁迅说过：“如果一个人能用十年的时间专注于一件事，那么他一定能够成为这方面的专家。”成就大事的人不会把精力同时集中在几件事情上，而只是关注其中之一。手里做着一件事，心里又想着另一件事，只能让每件事情都做不好。黑格尔认为，那些什么事情都想做的人，其实什么也不能做。一个人在特定的环境内，如果欲有所成，必须专注于一件事，而不分散他的精力在多方面。当人们把所有的精力都集中到一点时，就很少有不能解决的事情，也没有什么突破不了的难关。这个问题解决了，就会“触类旁通”，与这个问题有关联的其他事情也能迎刃而解。可见，无论是搞研究、做学术还是过生活，专注都有极为重要的意义。

孔子带领学生去楚国采风。他们一行从树林中走过，看见一位驼背翁正在捕蝉。他拿着竹竿粘捕树上的蝉，就像在地上拾取东西一样自如。

“老先生捕蝉的技术真高超。”孔子恭敬地对老翁表示称赞，然后问，“您对捕蝉想必是有什么妙法吧？”

“方法肯定是有的。我练捕蝉五六个月后，在竿上摞两粒粘丸而不掉下，蝉便很少逃脱；如摞三粒粘丸仍不落地，蝉十有八九会捕住；如能将五粒粘丸摞在竹竿上，捕蝉就会像在地上拾东西一样简单容易了。”

捕蝉翁说到此处，捋捋胡须，开始对孔子的学生们传授经验。他说：“捕蝉首先要先练站功和臂力。捕蝉时身体定在那里，要像竖立的树桩那样纹丝不动；竹竿从胳膊上伸出去，要像树枝一样不颤抖。另外，注意力高度集中，无论天大地广、万物繁多，在我心里只有蝉的翅膀，专心致志、神情专一。精神到了这番境界，捕起蝉来，还能不手到擒来、得心应手吗？”

大家听完驼背翁捕蝉的经验之谈，无不感慨万分。孔子对身边的弟子深有感触地说：“神情专注，专心致志，才能出神入化、得心应手。捕蝉翁讲的可是做人办事的大道理啊！”

驼背翁捕蝉的故事向我们说明了一个真理：只有摒弃浮躁心态，专心致志，心无旁骛，才能又快又好地达到目标。

凡是大学者、科学家，无一不是“聚焦”成功的。就拿法布尔来说，他为了观察昆虫的习性，经常达到废寝忘食的地步。有一天，他大清早就俯在一块石头旁。几个村妇在早晨去摘葡萄时看见法布尔，到黄昏收工时，看到他仍然伏在那儿，她们实在不明白：“他花一天工夫，怎么就只看着一块石头，简直中了邪！”其实，为了观察昆虫的习性，法布尔不知花去了多少个这样的日日夜夜。

专注不是一种枯燥的实践，很多因专注而成功的人就像小朋友搭积木，拆了做，做了拆，其乐无穷，乐在其中。辛劳惯了的农民，让他闲上三五天，他便心里发慌，不如在田里勤苦开心；作家爬格子苦不堪言，但如果一天不看书，不动笔，便会觉得魂不守舍。大抵各行当专注其事的人都如此。所以王国维说人生的最高境界是：“衣带渐宽终不悔，为伊消得人憔悴。”换一句话说：当你决定做一件事时，它便是你的生命，为它受苦正是人生的乐事。

做一行、爱一行，乐在其中便是专注。因为有乐趣，专注便顺理成章。曹操之于权谋，李白之于诗酒，还有法国拿破仑之于战争与冒险，毕加索之于绘画，他们都是专注其中，既完成自己的事业，也得到娱乐。他们若无自娱的乐趣或让他们放弃志同道合的乐趣，他们便不会有最后的成就。

所以，对任何事情而言，专注既须明理，也须有感情引导。当你能全身心地投入自己的事业中的时候，成功就不远了。

学海无涯泛舟行，不进则退始当知

“子夏曰：日如其所亡，月无忘其所能，可谓好学也已矣！”南先生解释子夏的“好学观”时说，每个人都有自身缺乏的东西，一个人应该每天反省自己所欠缺的，切忌自己有了一点知识就自满自足。每个人必须每天补充自己所没有的学问，日积月累，持之以恒，经常温习已经学习的知识，这才算真正的好学。

东晋大书法家王羲之被后人誉为“书圣”，王献之是王羲之的第七个儿子，天资聪颖，机敏好学，他七八岁时始习书法，师承其父。有一次，王羲之看献之正聚精会神地练习书法，便悄悄地走到其身后，猛然伸手去抽献之手中的毛笔，献之握笔很牢，没被抽掉。王羲之很高兴，夸赞道：“此儿后当复有大名。”

王羲之曾对儿子说，只有写完院里的18缸水，他的字才会有筋有骨、有血有肉、直立稳健。献之心中颇有些不以为然，他勤奋地练了五年，写完了3缸水，自认为书法已小有所成，遂将自己十分满意的习字拿给父亲过目，谁知王羲之一张张掀过，却频频地摇头。直到看见一个“大”字，王羲之才现出较满意的神色，随手在“大”字下填了一个点。小献之心中不服，又将习字拿去给母亲看。母亲认真地翻看，最后指着王羲之在“大”字下加的那一点说：“吾儿磨尽3缸水，唯有一点似羲之。”献之此时方知与父亲的差距，又锲而不舍地练了下去，当他真的用尽18大缸水，其书法果然突飞猛进。后王献之的字也达到了力透纸背、炉火纯青的程度，其书法与其父并列，被人们称为“二王”。

子曰：“学如不及，犹恐失之。”真正追求学问，就会永远觉得自己还不够充实，还有许多东西需要学习。所以说“学无止境”。南先生告诫我们，求学问要虚心，只要谦虚好学，就不用担心原有的学问修养会退步；如果没有虚心的精神，懂了一点儿就心满意足，就会很容易退步。

梁启超是中国近代著名的学者和社会活动家，他于1920年后退出了政治舞台，专心致力于学术研究，在社会科学的众多领域都取得了令人称道的成就。但梁启超的朋友周善培却直言不讳地批评他的文章。周善培说：“中国长久睡梦的人心被你一支笔惊醒了，这不待我来恭维你。但是，写文章有两个境界：第一步你已经做到了，第二步是能留人。司马迁死了快两千年，至今《史记》里的许多文章还是百读不厌。你这几十年中写了若干篇文章，你想想看，不说读百回，那很不容易，就是使人能读两遍三遍的能有几篇文章？”

梁启超听了这么刺耳的话，犹如挨了当头一棒。但他毫不生气，而且很虚心地向老朋友请教：“你说文章怎样才能留人呢？”周善培很认真地回答：“文章要留人，必须要言外有无穷之意，使读者反复读了又读，才能得到它的无穷之意，读到99遍，无穷得还没有穷尽，还丢不下，所以才不厌百遍地读。

如果一篇文章把所有意思一口气说完了，自己的意思先穷了，谁还肯费力再去搜求，再去读第二遍呢？文章开门见山不能动人，一开门就把所有的山全看完，里面没有丘壑，人自然一看之后就掉头而去，谁还入山去搜求丘壑呢？”梁启超觉得周善培分析得透彻精当，很有见地，击中了自己文章的要害，所以，他连声称谢，虚心接受。从此，梁启超写文章更加精益求精，下了一番工夫，果然受益匪浅。

学习如逆水行舟，不进则退。只有虚心学习，不断地充实自己，才能够精益求精，不断进步。如果只是粗通了一点皮毛就骄傲自满，那就会阻碍自己前进的步伐。学无止境说的正是这个道理，骄傲自满无异于故步自封，很难取得进一步的成就。

所以，每个人都要学会自省，自省拭心心自明。每日三省自身，找出自己欠缺的东西。通常人们都会犯自满的错误，在自满达到一定程度时就会以为自己已无人能及；但当他静下心来走出自己设定的藩篱，便会达到一个新的高度。一个人站得越高，越会感到自我的渺小。

“满招损，谦受益”是先贤留给后人的一句可以千年护身的箴言。谦恭有礼、虚怀若谷，好比打开心灵之门，能迎来更广阔、更完美的人生境界。虚怀若谷，不仅是佛学的禅义，更是人生的至理名言。心太满，什么东西都进不去；心不满，才有汲取新的知识的足够的空间充实。这便是“学如不及，犹恐失之”的真义。

世路难行仍要行

《庄子·内篇·人间世第四》中说：“山木，自寇也；膏火，自煎也。桂可食，故伐之；漆可用，故割之。人皆知有用之用，而莫知无用之用也。”

山上的大树，天然活在那里很好，为什么世上的树都没有变成神木，永远活下去呢？因为本身长得太美丽，反而招来别人偷盗。太有用的材料，一定招来别人的砍伐。凡是有利用价值的东西，就被人们毁掉了。“人皆知有用之用，而莫知无用之用。”一般人都知道生命活着要有价值，其实人生的价值做到没有用才是最有用，才可以规规矩矩地活一辈子。南怀瑾先生在这里提出了自己的理解，庄子的结论看起来非常消极，对于人生、社会是讽刺的，但实际上庄子很积极，他是在告诉我们："世路难行。"弦外之音是，世路很难走，自己处世要有艺术，在不同的环境中，自己要懂得怎么处，否则只会自取其辱。"世路难行"虽然是这篇《人间世》的结论，但并非指世路是不可行的。人生要人们自己善于处，守本分。

从人生下来的那一刹那起，就注定还要回去。这中间的曲折磨难、顺畅欢乐便是人的命运。不要因为命运的怪诞而俯首听命于它，不要任凭它的摆布。等我们年老的时候回首往事，就会发觉命运有一半在我们的手里，只有另一半在上帝的手里。我们一生的全部就在于：运用我们手里所拥有的去获取上帝所掌握的。因此切记：世路难行仍要行。

懂得自处，学会与人相处，守住本分，保持一份平常心，任庭中花开花落，看天边云卷云舒，做好自己应做的事便可以了。人生是个大舞台，乱哄哄的，你方唱罢我登场，要想不沦为看客眼中的小丑，只有找到自己的立场，选择合适的态度。

有一天，上帝来到人间，遇到一个智者正在钻研人生的问题。上帝敲了敲门，走到智者的跟前说："我也为人生感到困惑，我们能一起探讨探讨吗？"智者毕竟是智者，他虽然没有猜到面前的这位老者就是上帝，但也能猜到老者绝不是一般的人物。他正要问上帝"您是谁"，上帝说："我们只是探讨一些问题，完了我就走了，没有必要说一些其他的问题。"

智者说："我越是研究，就越是觉得人类是一个奇怪的动物。他们有时候非常善用理智，有时候却非常的不明智，而且往往在大的方面迷失了理智。"

上帝感慨地说："这个我也有同感。他们厌倦童年的美好时光，急着成熟，但长大了，又渴望返老还童；他们在健康的时候不知道珍惜健康，往往牺牲健康去换取财富，然后又牺牲财富来换取健康；他们对未来充满焦虑，但却往往忽略现在，结果既没有生活在现在，又没有生活在未来之中；他们活着的时候好像永远不会死去，但死去以后又好像从没活过，还说人生如梦……"

智者认为上帝的论述非常精辟，他说："研究人生的问题，很是耗费时间的。您怎么利用时间呢？"

"是吗？我的时间是永恒的。对了，我觉得人们一旦对时间有了真正透彻的理解，也就真正弄懂了人生。因为时间包含着机遇，包含着规律，包含着人间的一切，比如新生的生命、没落的尘埃、经验和智慧等人生至关重要的东西。”上帝说道。

智者静静地听上帝说着，然后，他要求上帝对人生提出自己的忠告。上帝从衣袖中拿出一本厚厚的书，上边却只有这么几行字：“人啊！你应该知道，你不可能取悦于所有的人；最重要的不是去拥有什么东西，而是去做什么样的人和拥有什么样的朋友；富有并不在于拥有最多，而在于贪欲最少；在所爱的人身上造成深度创伤只要几秒钟，但是治疗它却要很长很长的时光；有人会深深地爱着你，但却不知道如何表达；金钱唯一不能买到的，却是最宝贵的，那便是幸福；宽恕别人和得到别人的宽恕还是不够的，你也应当宽恕自己；你所爱的，往往是一朵玫瑰，并不是非要极力地把它的刺根除掉，你能做的最好的，就是不要被它的刺刺伤，自己也不要伤害到心爱的人；尤其重要的是：很多事情错过了就没有了，错过了就是会变的。”

智者看完了这些文字，激动地说：“只有上帝，才能……”抬头一看，上帝已经走得没影没踪了，只是周围还飘着一句话：“对每个生命来说，最最重要的便是：只有自己才是自己的上帝。”

庄子告诉人们“世路难行”，并非让人“知其不可而为之”，而是告诫人们要在艰难的世途中经营好自己的人生。

生命不息，前进不止

面对现代社会的繁荣与匆忙，人们一面欣喜，一面痴狂，有时心身疲惫，便对生活、对周围感到无比的厌倦，萌生别意。以出世的角度看，告别尘俗是妙事，但身在现世又如何能逃脱，人们所能做的只能是面对。

孔圣人曾说：“若圣与仁，则吾岂敢。抑为之不厌，诲人不倦，则可谓云尔已矣！”他的意思是圣者的境界与仁者的境界，以他的修养不敢担当；他虽不是圣人、仁者，但他一辈子在这条路上摸索，而且从来没有厌倦过；至于学问方面，他永远努力前进，没有满足或厌烦的时候；只要有人肯来学习，他总是不遗余力地教诲。学而不厌，诲而不倦，孔子自言可以做到。

南先生在《论语别裁》里说“为之不厌，诲人不倦”，孔子的作为一般人实在不容易做到。自己求学，从不满足、从不厌倦、从不自以为是，任何事业都“为之不厌”；有人来请教，知无不言，言无不尽，不会因为同一个问题有人问了三次，第四次还来问就觉得讨厌；不会有厌恶此人，乃至不愿教他而放弃他的心理。

孔子不厌不倦的境界高明至极，人们又哪能完全学得到呢，有时连半分皮毛都学不到。但是人们早早地就让自己驻足不前，所以他们得到的将是生命的枯竭。

有一天，池沼向在自己身边奔流而过的河流问道：“你整天川流不息，一定累得要命吧！你一会儿背着沉重的大船，一会儿负着长长的木筏，在我眼前奔流而过。小船、小筏子就更不用说了，它们多得没有个穷尽。你什么时候才能抛弃这种无聊的生活呢？像我这样安安逸逸的生活，你找得到吗？我是一个幸福的闲人，舒舒服服、悠悠闲闲地荡漾在柔和的泥岸之间，好比高贵的太太们窝在沙发的靠枕里一样。大船、小船也罢，漂来的木头也罢，我这儿可没有这些无谓的纷扰，甚至小筏子有多重我都不知道，至多偶尔有几片落叶漂浮在我的胸膛上，那是微风送它们来和我一起休息。一切风暴有树林挡住，一切烦恼我也沾染不上，我的命运是再好不过的了。周围的尘世不断地忙忙碌碌，我却躺在哲学的梦里养神休息。”

“哲学家，你既然懂得道理，可别忘了这条法则。”河流回答，“水只有流动才能保持新鲜。我成了伟大壮阔的河流就是因为我不躺在那儿做梦，而是按照这个法则川流不息。结果呢，我这源源不断的水，又多又清的水，年复一年地给人们带来了幸福，因而赢得了光荣的名誉，或许我还要世世代代流淌下去。那时候，你的名字就不会有人知道了。”

多年以后，河流的话果然应验了，壮丽的河仍旧奔流不息，池沼却一年浅似一年。池沼的表面浮着一层黏液，芦苇生出来了，而且生长得很快。池沼终于干涸了。

水只有在流动中才能够保持新鲜，而河流不断地承载他人也得到了无上的荣誉。浅薄的沼泽只看到了今日，而奔腾的大河看到的是永久，二者境界之不同不言而喻。由此，人只有在不断进取的状态下才能够永葆生命的活力。一个人如果始终活在自己的一亩心田当中，那便如同蜉蝣，朝夕即死，何谈志向？

南怀瑾先生的这段话讲的是人生的境界。前途远大的人，就要有远大的计划；眼光短浅，只看现实的人，就只能抓住今天。我们应该做的不只是拥有今天，还应该抓住明天、后天，抓住永远。

歌德说，我们的一切追求和作为都是一个令人厌倦的过程，做一个不识厌倦为何物的人最好。或许人们常常会对生活感到枯燥无味，单调又平凡。如果简单地将生活视为机械运动，那么人生将如一潭死水，波澜不兴。如果能将生活看得日新月异，生活就会绚丽多彩，每一刹那都是新的人生，每一刹那都有新的生命在跃动。生命不息，旅途漫漫，这才是活着的快乐和动力所在。

第八章　答好『寂寞』这道人生考题

——南怀瑾谈祸福定静感

人生要耐得住寂寞

孔子是位了不起的人物，他成功的原因之一就是他能耐得住寂寞。我们知道孔子有弟子3000人，其中有72位贤人，他的弟子个个都是精英，用南怀瑾先生的话来说，那是一股不得了的力量。如果孔子像陈胜吴广那样揭竿而起，那是相当可怕的，虽然不至于摧枯拉朽，但其威慑力却也不可小觑。

孔子不是陈胜那样的人，他知道文化才是问题的本质，所以他一辈子就当个穷教师，从事教育。为什么说他能耐住寂寞？他从事了一辈子教育，但是他的学说和影响力是在他死后500年才显现出来的。这需要怎样的远见卓识和怎样平和的心境啊！汉武帝“罢黜百家，独尊儒术”之后，人们才都知道500年前有个可爱的老头，喜欢把他的弟子挂在嘴边，喜欢用俏皮话通俗易懂地讲人生的大道理，讲文化，讲治国之道。他花一生来做教育，500年才见到成效。照我们现在的想法来说，那是不可想象的。他怎么能坚持住呢？这就是能耐住寂寞的大功夫。

一个人要想获得成功，必须培养自己的气度、学问、能力，像大海一样深广才行。这必定是一个寂寞而孤独的过程，唯有这寂寞和孤独才能带来智慧的增长。古往今来成大事者大抵如此。

著名华人导演李安去美国的电影学院上学时已经26岁，遭到父亲的强烈反对。父亲告诉他：纽约百老汇每年有几万人去争几个角色，电影这条路一般人是走不通的。李安毕业后，整整七年都没有工作，在家做饭带小孩。他的岳父岳母想资助李安一笔钱，让他开个餐馆。李安也知道不能再这样拖下去，但他不愿拿丈母娘家的资助，于是决定去社区大学上计算机课，希望学成归来争取找到一份安稳的工作。由此可见当时李安的确有点儿抗不住了。但是幸运的是李安有个好太太，在李安最寂寞的时候，她给了他勇气，让他度过了这漫长的蛰伏期。多年后，李安终于站在奥斯卡的领奖台上。但是请注意，李安付出了多少？他等了七年。做自己最喜欢、最爱的事，是我们每个人都求之不得的，即便能做也要坚持到底，才能走向成功。可是你需要耐得住寂寞，七年你等得了吗？很有可能会更久，你等得到那天的到来吗？别人都离开了，你还会在原地继续等待吗？

寂寞并不是每个人都能忍受的。现实生活中，许多人害怕寂寞，时时借热闹来躲避寂寞，麻痹自己。在滚滚红尘中，已经很少有人能够固守一方清静，独享一份寂寞了，更多的人脚步匆匆地奔向人声鼎沸的地方。殊不知，热闹之后的寂寞将更加寂寞。如能在热闹中独饮那杯寂寞的清茶，也不失为人生的另类选择与生存。但是，寂寞并不是每个人都懂得享受的！

有人说寂寞是一种感受，是一种难得的感觉，是心灵的避难所，会给我们足够的时间去舔舐伤口，使我们重新以明朗的笑容直面人生。我们仿佛看见孔子在无数个日日夜夜沉思，然后讲课，夸奖他的学生，因为他知道，求万世之名，非耐得住寂寞不可，而教育是他唯一的选择。我们仿佛看到孔子在寂寞的煎熬中彳亍而行，看见他在大河边慨然长叹“逝者如斯夫，不舍昼夜”。那种孤独，那种寂寞夹杂着他对未来的无限憧憬，我们不禁觉得这时间真的很漫长，可是又有什么不可以等呢？终有一日，他会破茧而出的。那一天或许很久，但是终将是会到来的。不是吗？是500年，孔子做到了。

如今，我们并不是要像孔子那样为了500年后扬名而饱尝孤独、寂寞，我们提倡一种恬淡的生活态度。一个人可以从容地面对阳光，将自己化做一杯清茗，在轻啜深酌中渐渐地明白：不是所有的生长都能成熟，不是所有的欢歌都是幸福，不是所有的故事都会真实。寂寞是穿越灿烂而抵达美丽的一种高度、一种境界。

当寂寞来临时，轻轻地合上门窗，隔去外面喧嚣的世界，默默独坐在灯下，平静地等待躯体与心灵的合一，让自己在悲欢交集中净化思想。这样，曾经一度驱远的宁静会重新回归。我们静静地用自己的理解去解读人世间风起云涌的内容，思考人生历程中的痛苦和欢悦。我们不再出入上流社会，也就不再对那些达官显贵摧眉折腰。当人们不再追逐我们，不再关注我们，我们也因此而少了流言的中伤。当我们真正地领悟人生的丰富与美好、生命的宏伟和阔大，让身心平稳地立在生活的急流中，不因贪图而倾斜、不因喜乐而忘形、不因危难而逃避时，我们就读懂了寂寞，理解了寂寞。于是，寂寞就不再是寂寞，寂寞就成了一首诗，成了一道风景，成了一曲美妙的音乐。于是，寂寞就成了享受，使我们终于获得了人生的宁静。

当寂寞来临时，轻轻地闭上双眼，去聆听远方的鸟鸣，去感受灵魂深处的快乐。

自古，坚持的头号大敌就是诱惑，有这么一句话：“我什么都能抵制，除了诱惑。”因为诱惑，我们丧失了志向，偏离了方向，始终登不上成功之船。李安要是追寻短暂的“自立”，那么可能世界上会多一个小职员，却少了个一位大导演。孔子要是贪图权力，中国历史上将会少一位伟大的教育家，却只能多一个造反的头领。

一个人要想成功，一定要经过一段艰苦的过程。任何想在春花秋月中轻松地获得成功的人都是枉然。这寂寞的过程正是我们积蓄力量，在开花前奋力地汲取营养的过程。如果我们耐不住寂寞，成功就永远不会降临在我们身上。

能力在，希望在

一个人不怕没有地位，最怕自己没有什么本领站得起来。南先生说，道家认为三件不朽的事业为立德、立功、立言，这些成就或许很难达到；对于普通人来说，“立”就是自己真实的本领，要让自己有一技之长。孔子曾对仲弓说：“犁牛之子，骍且角，虽欲勿用，山川其舍诸？”天地之神不会把有用的才具平白地闲置的。南先生说，孔子告诫仲弓，你心里不要有自卑感，不要介意自己的家庭出身如何，只要自己有真才实学，别人不用你，天地鬼神都不会答应的。

一个有能力的人是不必担心没有机会的！只要自身有真本事，就一定能出人头地。

毛遂最初在平原君门下当食客的时候，整整三年一直默默无闻，总得不到施展才能的机会。一次，碰上秦国大举进攻赵国，秦军将赵国都城邯郸团团围住，情况十分危急，赵王只好派平原君赶紧出使楚国，向楚国求救。平原君到楚国去之前，召集他所有的门客商议，决定从这1000余名门客中挑选出20名能文善武、足智多谋的人随同前往。他们挑来挑去，最终只有19人合乎条件，还差一人却怎么挑也总觉得不满意。这时，毛遂主动地站了出来，说：“我愿随平原君前往楚国，哪怕是凑个数！”

平原君一看，是平常不曾注意的毛遂，便不以为然，只是婉转地说：“你到我门下已经三年了，却从未听到有人在我面前称赞过你，可见你并无什么过人之处。一个有才能的人在世上，就好像锥子装在口袋里，锥尖子很快就会穿破口袋钻出来，人们很快就能发现他。而你一直未能出头露面显示你的本事，我怎么能够带上没有本事的人同我去楚国行使如此重大的使命呢？”毛遂并不生气，他心平气和地据理力争：“您说的并不全对。我之所以没有像锥子从口袋里钻出锥尖，是因为我从来就没有像锥子一样放进您的口袋里。如果早就将我这把锥子放进您的口袋，我敢说，我不仅是锥尖子钻出口袋的问题，我会连整个锥子都像麦穗子一样全部露出来。”平原君觉得毛遂说得很有道理且气度不凡，便答应毛遂作为自己的随从，连夜赶往楚国。后来毛遂凭着三寸不烂之舌，使平原君不辱使命终于获得成功。

李白说：“天生我材必有用，千金散尽还复来。”一个真正有才能的人不会害怕自己没有位置，他只害怕自己没有才能。一个人真正有才能了，有学问了，就不会再担心自己没有立身之处了。

世间沧海桑田，总有永恒不变的东西，才能就是其中的一种，它永远不会贬值，更不会变质。关键是人们要相信自己，不自轻自贱，不要对自己产生怀疑。否则，即使一个人再有才能，也会如同蒙尘的珠玉，被别人视为毫无价值的沙粒。

在一次演讲会上，一位著名的演说家手里高举着一张10美元的钞票，面对大厅内的听众，他问：“谁想要这10美元？”一只只手举了起来。“我打算把这10美元送给你们中的一位，但在这之前，请允许我做一件事。”他说着将钞票揉成一团，然后问：“谁还要？”仍有人举起手来。“那么，假如我这样做又会怎么样呢？”他接着把钞票扔到地上，又踏上一只脚，并且用脚碾它。当钞票变得又脏又皱的时候，他才捡起来，问道：“现在谁还要？”还是有人举起手来。

这位演说家讲的是，个人的才能如同那张钞票，即使受到刁难或否定，但它的实际价值是不会变的，它依然是10美元。在人生路上，我们常会碰到各种各样的逆境，这使我们对自己产生怀疑，甚至认为自己一文不值，结果被现实击倒。其实，一个人的才能是不会贬值的，能使才能贬值的只是人们那颗怀疑、不自信的心！

我们的才能不取决于别人对我们的态度，也不会因为我们遭受挫败而贬值。无论别人怎么侮辱你、诋毁你、践踏你，你的能力依然存在。因此，你应当正视自己的能力，不要因为别人的评价和态度而改变对自己的看法，无论别人怎么说，你的能力都不会因之而改变。

等待味浓，再闻沁人柠檬

生活中的烦恼如剪不断、理还乱的长丝，黏黏腻腻，搅成一团。这些懊恼和烦闷该怎么去消解呢？这便需要人们对自己进行自我审判。那么何谓自我审判？子曰："已矣乎！吾未见能见其过，而内自讼者也。"南先生说，这句话是孔子的感慨：算了吧，我从来没有看到过一个人，能随时检讨自己的过错，而且在检讨过错以后，还能在内心进行自我审判。如何自我审判？就是在自己的内心打天理与人欲之争的官司，如何妥善地用理智平衡冲动的感情。傅雷说，情感与理性平衡之所以最美，是因为这是最上乘的人生哲学和生活艺术。

一对情侣在咖啡馆里发生了口角，互不相让。后来，男孩愤然离去，只留下他的女友独自垂泪。心烦意乱的女孩搅动着面前的这杯清凉的柠檬茶，泄愤似地用匙子捣着杯中未去皮的新鲜柠檬片，柠檬片已被她捣得不成样子，杯中的茶也泛起了一股柠檬皮的苦味。女孩叫来侍者，要求换一杯剥掉皮的柠檬泡成的茶。

侍者看了一眼女孩，没有说话，拿走那杯已被她搅得很浑浊的茶，又端来一杯冰冻柠檬茶，只是茶里的柠檬还是带皮的。原本心情不好的女孩更加恼火了，她又叫来侍者："我说过，茶里的柠檬要剥皮，你没听清吗？"她斥责着侍者。

侍者看着她，他的眼睛清澈明亮。“小姐，请不要着急，”他说道，“你知道吗，柠檬皮经过充分浸泡之后，它的苦味溶解于茶水之中，将是一种清爽甘冽的味道，正是现在的你所需要的。所以请你不要急躁，不要想在3分钟之内把柠檬的香味全部挤压出来，那样只会把茶搅得很浑，把事情弄得一团糟。”

女孩愣了一下，心里有一种被触动的感觉。她望着侍者的眼睛，问道：“那么，要多长时间才能把柠檬的香味发挥到极致呢？”

侍者笑了，说道：“12个小时。12个小时之后，柠檬就会把生命的精华全部释放出来，你就可以得到一杯美味到极致的柠檬茶，但你要付出12个小时的忍耐和等待。”侍者顿了顿，又说道：“其实不只是泡茶，生命中的任何烦恼，只要你肯付出12个小时的忍耐和等待，就会发现事情并不像你想象的那么糟糕。”

女孩看着他，似乎没有琢磨透侍者的话。

侍者又微笑着说：“我只是在教你怎样泡柠檬茶，随便和你讨论一下用泡茶的方法是不是也可以泡出美味的人生。”说完，侍者鞠躬离去。

女孩面对一杯柠檬茶静静地沉思。女孩回到家后，自己动手泡了一杯柠檬茶，她把柠檬切成又圆又薄的小片，放进茶杯里。女孩静静地看着杯中的柠檬片，她看到它们慢慢地张开来，好像有晶莹细密的水珠凝结着。她被感动了，她感到了柠檬的生命和灵魂缓缓地释放，慢慢地升华。12个小时以后，她品尝到了她有生以来从未喝过的最绝妙、最美味的柠檬茶。

生活亦如茶。人的情感、人的理智，这两重灵性的发达与天赋不一定是平均的，有些人是理智胜于情感，有些人是情感溢于理智。因此，人们处世的方法和态度也截然迥异。要真正理解情感和理智这两者的关系，那就来看看常人与哲人有关理智与情感的对话。

常人问：“人生需要的到底是理智还是情感？”

哲人回答：“人生如黑暗中大海上的航船，理智是茫茫大海上的灯塔，情感则是推动航船的风力。”理智无法解决人生的方向，它只能通过控制情感指引着人生的前进动力，方向的选择是由理性化、情感化的生存意志决定的。

常人又问："当情感与理智冲突时，该如何取舍？"

哲人说："理智一旦与情感相悖，不是将心灵撕碎，就是将心灵窒息。"

常人又问："人应该如何正确对待理智和情感呢？"哲人说："情感是生命的内容。"

南怀瑾先生强调说，理智与情感和谐一致才能造就伟大的心灵，当理智驱逐情感时，一方面使人深感敬畏；另一方面也让人深感冰冷般的可怕。正如泰戈尔所说："全是理智的心，恰如一柄全是锋刃的剑，叫使用它的人手上流血。"

生命如大河，情感就如河中之水。尽管有时河水泛滥，但离开水，河则非河。理智犹如水利工程，必须顺势而为，与水共长。

当人在不了解、不思考、不体谅、不反省、无理智、无耐心的情况下任凭感情肆意冲动，放纵自己的欲望，办坏事的情况便频频发生。所以，我们如果要平衡情感与理智，就必须在为人处世的过程中时时刻刻进行内讼和自省，不要使任何一方发生偏失，因为过于理智与过于感性都会令人丧失许多东西。由此推知，真正的做法即是感性做人、理性做事，在真实体会感觉的同时还能攻防有序、收放自如，做到乐而不淫、哀而不伤，便可于生活中往来自如了。然而说得容易，做起来却十分困难，需要一个很长的人生旅程来沉淀自己复杂的心绪，才能真正认清自己。

琢磨人生，打造顽石中的美玉

世上本没有太多天才，而少数的天才也可能因为缺少雕琢磨炼而沦落为庸才。

王安石有一篇小文叫《伤仲永》。仲永五岁时，便能指物品作诗，被邻里乡亲视为神童。小仲永不断受到邀请，还有人花钱请他题诗。他的父亲认为有利可图，每天拉着仲永四处拜访同县的人，不让仲永学习。这样年复一年，最后仲永的才能完全消失，成为一个极普通的人。

仲永原本是个天才儿童，他最终成为一个平凡的人，是因为他没有受到后天的培养。像仲永那样天生聪明，有才智的人，没有后天的努力，最后也会成为平凡人；原本平凡甚至愚笨的人，只要能不断地磨砺自己，刻苦努力追求进步，最后也能成为别人眼中了不起的人才。

《诗经》里说："如切如磋，如琢如磨。"南先生解释，切、磋、琢、磨，是加工玉器的方法。人做学问要像加工玉一样地切磋琢磨，人生更是要用后天的努力来雕琢自己。南先生说，一个人生下来要接受教育，要慢慢地从人生的经验中体会，学问就越进步，越到了后来，学问就越难。

我们要慢慢地磨炼自己的心性，慢慢地体味人生的味道，慢慢地雕琢粗糙的自我。如果你仔细切磋琢磨自己的人生，就会发现顽石中隐藏着连你自己都不曾察觉的美玉。如果你自己不精雕细琢，安于粗陋的人生，那么就将平庸一世。

一个天资聪慧的男孩，从小到大一直十分出色，后来以高分考上了一所名校，他对自己的前途充满了信心。在别人眼中，他一定能成大器。大学毕业后，他被分到一家不太景气的企业，待遇不好，他上了两年班就辞职创业，开了一家商店。但是由于资金不足又缺少从商经验，经营一直不顺，最终他决定放弃了。

虽然他经商不顺，但随后上帝还是眷顾了他。一家知名企业招聘管理人员，由于他经历丰富、思维活跃，加上朋友引荐，他在众多应聘者中脱颖而出。企业待遇很好，工作清闲，收入高，也没有什么压力。在这样轻松的工作环境中，他感到十分惬意，每日都心安理得地过着轻松自在的生活，工作日复一日，没有什么创新。一年以后，以前的同学见到他，都说他有些变了。

时光飞逝，10年过去，同学聚会时，大家见到了他，都很吃惊，他和以前大不一样了，不仅人没有精神，而且说话办事都是慢慢吞吞、暮气沉沉，过去那种朝气蓬勃、充满活力的精气神消失殆尽。不少同学经过艰苦的打拼都有所成就，只有他还是一个普通的科员……

一个人的思想和意志得不到磨炼，就不可能有积极向上的动力。有的人总是好逸恶劳的，不磨炼自己的意志力，在平庸的生活中安于现状，就不会获得内心真正的幸福享受，就会在安逸的环境里失去自我，最终一事无成，使自己的人生暗淡无光。

人生是要经过磨炼的，一个人不经过反复地磨炼，就会使自己永远停留在原始的状态。无论在怎样的环境里，我们都要精心地琢磨自己，否则就不可能改变自己的人生，创造自己的价值。“一苦一乐相磨炼，炼极而成福者，其福始久；一疑一信相参勘，勘极而成知者，其知始真。”

过去的功劳簿是埋葬今日的坟墓

冯小刚是内地非常出名的大腕导演。一次记者采访他，问他为什么不断尝试新风格。他回答说，作为导演，不想躺在功劳簿上，在有机会、有条件的情况下，应该做不同尝试。

其实，一个有成就的人，必定是像冯小刚一样不断追求进步的人，不论自己曾取得多么大的成就，都不会驻足不前。有句话说：“好汉不提当年勇。”过去的功劳簿是埋葬今日的坟墓，一个沉浸在过去取得的辉煌中的人，今天对他而言已经结束，日升日落已与他无关，他已不同时代的脉搏一起跳动。

“子在川上曰：逝者如斯夫！不舍昼夜。”南先生认为，孔子所说的“逝者如斯”，是指人要效法水，要不断地前进，也就是《大学》这部书中引用“汤之盘铭”说的“苟日新，日日新，又日新”的道理。人若满足于过去的成就，事业便会逐渐地走向萎缩，思想观念便会落伍。人生如逆水行舟，不进则退，只有不断地努力，才能不断地进步。

吴士宏从一个“毫无生气甚至满足不了温饱的护士”，先后当上IBM华南区的总经理，微软中国总经理，TCL集团常务董事、副总裁，靠的就是不自满于过去、不断地超越自己的进取精神。

外表温文、满脸带笑的吴士宏曾经是北京一家医院的普通护士。用吴士宏自己的话说，那时的她除了自卑地活着，一无所有。她自学高考英语专科，在她还差一年毕业时，她看到报纸上IBM公司在招聘，于是她通过外企服务公司准备应聘该公司。在此之前，外企服务公司向IBM推荐过好多人，但是都没有被聘用。吴士宏虽然没有高学历，也没有外企工作的资历，但她有一个信念，那就是“绝不允许别人把我拦在任何门外”，结果她被聘用了。

据她回忆，1985年，为了离开原来毫无生气甚至满足不了温饱的护士职业，他凭着一台收音机，花了1年半时间学完了许国璋英语3年的课程。正好此时IBM公司招聘员工，于是吴士宏来到了五星级标准的长城饭店，鼓足勇气，走进了世界最大的信息产业公司IBM公司的北京办事处。

IBM公司的面试十分严格，但吴士宏都顺利通过了筛选。到了面试即将结束的时候，主考官问她会不会打字，她条件反射地说：“会！”

“那么你一分钟能打多少？”

“您的要求是多少？”

主考官说了一个标准，吴士宏马上承诺说可以。因为她环视四周，发觉考场里没有一台打字机。果然，主考官说下次录取时再加试打字。

实际上吴士宏从未摸过打字机。面试结束，吴士宏飞也似的跑回去，向亲友借了170元买了一台打字机，没日没夜地敲打了一个星期，双手疲乏得连吃饭都拿不住筷子，竟奇迹般地敲出了专业打字员的水平。以后好几个月她才还清了这笔对她来说不小的债务，而IBM公司却一直没有考她的打字功夫。

靠着这种不断超越自我的意识，吴士宏顺利地迈入了世界著名的IBM公司的大门。进入IBM公司的吴士宏不甘心只做一名普通的员工，因此，她每天比别人多花6个小时用于工作和学习。于是，在同一批聘用者中，吴士宏第一个做了业务代表。接着，同样的付出又使她第一批成为本土的经理，然后又成为第一批去美国本部作战略研究的人。最后，吴士宏又第一个成为IBM华南区的总经理。这就是多付出的回报。

1998年2月18日，吴士宏被任命为微软（中国）有限公司总经理，全权负责包括香港在内的微软中国区业务。据说为争取她加盟微软，国际“猎头公司”和微软公司作了长达半年之久的艰苦努力。吴士宏在微软仅仅用7个月的时间就完成了全年销售额的130%。

在中国信息产业界，吴士宏创下了几项第一：她是第一个成为跨国信息产业公司中国区总经理的内地人；她是唯一在如此高位上的女性；她是唯一只有初中文凭和成人高考英语大专文凭的总经理。在中国经理人中，吴士宏被尊为“打工皇后”。

从一名普通的护士到一名跨国公司的总经理，再到TCL公司的副总裁，她每一步都是对自己过去的超越。

逝者如斯，不舍昼夜。同样的时间和生命，有人用来缅怀过去，有人用来享受现在，有人用来书写明日的辉煌。

世界“创价学会”的会长池田大作先生说：“平庸的生活使人感到一生不幸，只有波澜万丈的人生才能让人感到生存的意义。”一个人不论曾经取得多大的成就，一旦停止了前行，他便步入了平庸。生命不熄，奋斗不止。曾经的成就不是我们停留的借口，不断地创造卓越，是人生前进过程的基调。

磨难是岁月的砥砺与财富

“子曰：岁寒，然后知松柏之后凋也。”南先生说，人格坚定的人在时代的大风浪来临时，人格依然挺立不动摇，不受物质环境影响，不因社会时代不同而变动。持之以恒的人会在人生起程时发力，经过长时间的积蓄，厚积薄发，往往能笑到最后。简单来说，人生的定论总要在经过一定的事情之后才能得出，而不是由个人的禀赋决定。我们知道，对一个人的评价，要在其经历了艰难困苦以及许多是非曲折之后才能得到。南先生曾提到过历史上的一件有关孟子和朱元璋的趣事。

相传朱元璋当了皇帝以后，内心非常讨厌孟子，认为孟子不配“亚圣”的称号，也不应该把他的牌位供在圣庙里，因此，他下旨取消孟子配享圣庙之位。到了晚年，他阅历多了，读到《孟子》的“天将降大任于斯人也，必先苦其心志，劳其筋骨，饿其体肤，空乏其身，行拂乱其所为，所以动心忍性，曾益其所不能。人恒过，然后能改；困于心，衡于虑而后作；征于色，发于声而后喻。入则无法家拂士，出则无敌国外患者，国恒亡。然后知生于忧患，而死于安乐也”一节，情不自禁地拍案叫好，认为孟子果然不失为亚圣，于是又恢复了孟子配享圣庙之位。

相信很多人对孟子的那段话感同身受，而且时日越长，感受越深。每个人的一生总会遇到各种磨难。正如一位智者所言：“没有苦难的人生不是真正的人生。”一个人只有经过困境的砥砺，才能焕发生命的光彩。

美国有一位名叫莱温的女孩，她的父亲是芝加哥有名的牙科医生，母亲在一家声誉很高的大学担任教授。她的家庭对她有很大的帮助和支持，她完全有机会实现自己的理想。她从念中学的时候起，就一直梦想当电视节目主持人。她觉得自己具有这方面的天赋，因为每当她和别人相处时，即使是生人也都愿意亲近她并和她长谈。但是，她没有为这个理想做什么，她在等待奇迹出现，希望一下子就当上电视节目的主持人。莱温不切实际地期待着，结果什么奇迹也没有出现。

另一个名叫露丝的女孩却实现了莱温的理想，成了著名的电视节目主持人。露丝之所以会成功，就是因为她知道“天下没有免费的午餐”，一切成功都要靠自己的努力去争取。她不像莱温那样有可靠的经济来源，她白天去打工，晚上在大学的舞台艺术系上夜校。毕业之后，她开始谋职，跑遍了芝加哥每一个广播电台和电视台。但是，每个经理对她的答复都差不多：“不是已经有几年经验的人，我们一般不会雇用的。”露丝没有退缩，也没有等待机会，而是继续走出去寻找机会。她一连几个月仔细地阅读广播电视方面的杂志，最后终于看到一则招聘广告：北达科他州有一家很小的电视台招聘一名预报天气的女孩子。露丝在那里工作了2年，之后又在洛杉矶的电视台找到了一个工作。又过了5年，她终于成为她梦想已久的节目主持人。

莱温在10年当中，一直停留在幻想上，坐等机会；而露丝则采取行动，最后，终于实现了理想。我们常常听到有的人说：“我这么聪明，将来准是做大事的，你们就等着吧！等我有钱了，请你吃满汉全席，再给你们一人买一辆跑车！”言语之间，踌躇满志，仿佛自己已经功成名就。当别人问他凭什么就能做大事的时候，他会振振有词地说：“知识就是力量，智慧就是财富，我两样都有，我不成功谁成功！”可是若干年后，他还是老样子，没有半点成功的迹象。

生活对于每一个人都是公平的，哪怕你拥有某方面的天赋，也会因为你不努力，没有得到很好的磨炼而丧失成功的机会。

有一个年幼的孩子一直想不明白自己的同桌为什么每次都能考第一，而自己每次却只能远远落在他的后面。回家后他问道："妈妈，我是不是比别人笨？我觉得我和他一样听老师的话，一样认真地做作业，可是，为什么我总比他落后？"妈妈听了儿子的话，感觉到儿子开始有自尊心了，而这种自尊心正在被学校的排名伤害着。她望着儿子，没有回答，她带他去看了一次大海。

就在这次旅行中，这位母亲回答了儿子的问题。母亲和儿子坐在海滩上，她指着海面对儿子说："你看那些在海边争食的鸟儿，当海浪打来的时候，小灰雀总能迅速地起飞，它们拍打两三下翅膀就升入了天空；而海鸥总显得非常笨拙，它们从沙滩飞向天空总要花很长的时间，然而，真正能飞越大海横过大洋的还是它们。"

很多人终其一生的努力也未能得到成功的回报，然而，他们却无憾无悔于生命，因为他们从未慵懒过。人的成长是一个漫长的过程，能否取得最后的胜利，不在于一时的快慢。如果你能够在自己成长的道路上静下心来，遇到困难不气馁、不灰心，坚定不移地前进，那么你将获得最后的胜利。

苦忍的一瞬是光明的开始

我国古代的哲人认为：忍耐和执著虽然是痛苦的，但它恰如一剂良药，最终是对人有好处的。"不经一翻彻骨寒，怎得梅花扑鼻香。"如此一说，忍耐似乎成了人们走向成功的必修课。

南怀瑾先生亦觉"忍耐"深得他心，他说"忍"在佛法修持里是一个大境界，如想修得大乘佛法，则必须"得成于忍"；"忍"是修行必需的一种精神，同时也是人获得成就的不可回避的路程。

山里有座寺庙，庙里有尊铜铸的大佛和一口大钟。每天大钟都要承受几百次撞击，发出轰鸣；而大佛每天都坐在那里接受千千万万人的顶礼膜拜。

一天夜里，大钟向大佛提出抗议说："你我都是铜铸的，可是你却高高在上，每天都有人对你顶礼膜拜、献花供果、烧香奉茶。每当有人拜你之时，我就要挨打，这太不公平了吧！"

大佛听后微微地一笑，然后安慰大钟说：“大钟啊，你也不必羡慕我。你可知道，当初我被工匠制造时，经受一锤一锤地捶打，一刀一刀地雕琢，历经刀山火海的痛楚，日夜忍耐如雨点般落下的刀锤……千锤百炼才铸成我的眼、耳、鼻、身。你不曾忍受我的苦难。我经过难忍能忍的苦行，才坐在这里接受鲜花的供养和人类的礼拜！而你，别人只在你身上轻轻地敲打一下，就忍受不了了！”

大钟听后若有所思。

忍受痛苦的雕琢和锤炼之后，大佛才成其为大佛。钟仅仅受到一点儿锤打就发出抱怨，说明它还没有懂得何谓舍身成仁的道理。佛家的“忍”讲的是忍受一切苦痛，要把别人的责难、欺侮和非议都视为无物，并且当别人欺侮到自己的头顶时，还要将自己的头亮出去任人欺侮，以息对方的怒火。

人不是佛，不曾拥有佛的忍耐能力，所以不必刻意地去自讨苦吃。但是人如果不经历风雨，心中将始终存在着优越感，一旦受到挫折或侮辱便会不能忍受，也就没有办法真正获得成功，也就不能得到别人的尊敬；有时还会因为不懂得何时屈就、何时舒张，为自己带来祸患。

“忍”不但是佛家的智慧，也是儒家学说的结晶之一，孔子讲的“克己复礼”就是“忍”的一种。其实，人生的种种事情都需要忍耐，如事业失败、感情受挫、学习困难，人际失和、家庭管理纠纷等。如果你不能忍受这些，那你就很难成功。

南怀瑾先生在他的演讲里曾讲过日本和尚到中国学佛法的故事，告诉人们干什么一定要有忍耐和坚持的精神，这种精神是完全正确，不可或缺的。

唐朝时，一个日本和尚要远渡到中国学习佛学。有人对和尚说：“到中国的路途太遥远，危险太多，万一你回不来怎么办？”和尚说：“男儿立志出乡关，学不成名死不还。埋骨何须桑梓地，人生无处不青山。”意思是到外地求学，学不成的话就死在他乡。这是何等的追求精神！没有一颗坚忍的心，和尚如何能学成？

据史书记载，唐朝时期，日本派往中国留学的人有数千，他们在长安刻苦地学习数十年，大部分都因学习过度而死在中国，顺利回国的人很少。但他们将中国的文化精华传播到日本，为日本的古代文明作出重要的贡献。

也许你不比别人聪明，也许你有某种缺陷，但你却不一定不如别人成功，只要你多一份坚持，多一份忍耐，就能够渡过困境，成就他人所不能。就如山洞的开凿、桥梁的搭建、铁道的铺设，没有一个不是靠着人性的坚忍而建成的。

通往成功之路通常都是艰难的，绝不可能一帆风顺。生活中的苦涩曾使人失望流泪，漫漫岁月的辛苦挣扎，曾催人衰老。对于一个成熟的人来说，人的一生经历的机遇、打击、磨炼，都将化为百折不挠的意志，为事业的发展做足心理储备。修行佛禅也好，成就人生也好，我们都要在困境里苦苦地挣扎，最后才能臻至化境，为此最需要的就是一颗能够忍受痛苦和孤独的心。

莫失登高一刹那

昭文、师旷、惠子是中国历史上成就卓著的三位音乐大师，音乐的造诣炉火纯青，已达“知几”的至高境界。所谓“知几”，就是洞察微末。三位音乐大师对音乐把握准确，能够了解、运用好每一个音符。

人们能否在某一方面作出令人艳羡的成就，固然要靠其天资，更要靠其努力奋斗，非但如此，人们还要善于给自己创造条件，及时地把握机遇，不因循、不观望、不退缩、不犹豫，想到就做，有尝试的勇气，有实践的决心。尽管有的人成功在于一个很偶然的机会，但认真地想，偶然的机会能被发现和利用，成就一个人，这就不是偶然了。

机会是纷纭世事之中稍纵即逝的直达成功的时空，需要眼明手快地去“捕捉”，而不能坐在那里等待或拖延。徘徊观望是成功的大敌。许多人是都因为对已经来到面前的机会没有信心，在犹豫之间，就把机遇轻轻地放过了。

成功总是属于懂得积极寻找成功机遇的人。成功可能表现在事业上，也可能表现于圆满的家庭生活，也可能表现在朋友间真挚的友谊，也可能表现在你内心的喜悦。不管是哪一方面的成功，都要求人们必须珍惜眼前，因为成功需从身边做起。

一位老农家徒四壁，无意中得到一把金壶。有人告诉他，这金壶是十二生肖中的一把，总共有12把。他把金壶藏在自家屋檐下，带着儿女四处奔走，寻找另外11把金壶。结果他一无所获，穷困潦倒，最后客死他乡。

老农在临终时把儿女叫到跟前，对他们说：我把一把金壶藏在咱们家屋檐下了，把它挖出来，够你们用一辈子……

许多人在谋划自己的人生时，往往因好高骛远而忽视了自己所拥有的，结果只落得个两手空空。如果时机来时牢牢地把握住，珍惜并机智地运用自己所拥有的，那就找到了人生的成功。

也许有人会说，成功哪是那么容易得到的，南先生便借《逍遥游》中的鲲鹏告诉我们一个道理，人生的某个时刻，比如一个人年轻之时，或是修道还没有成功的时候，或是倒霉得没有办法的时候，必须“沉潜”在深水里，动都不要动；等到修到相当的程度，摇身一变，便能腾飞了。

机遇往往藏匿于万事万物之间。所谓“创造时机”，只不过是人们以自己的努力加上万分之一的外力，造成有利于自己的一刹那而已。这就需要人们既要沉潜修行，在适当的时候又要晓得“知几”，充分地利用自己的优势，成功才会来临。成与败是两重天，人们如果错过了登高的一刹那，下一步就可能是万丈深渊，再想重新抓住机遇难于上青天，那时连悔的机会都没有了。

第九章 做平常事，得异常福

——南怀瑾谈生活平常心

怀圣之人心做平常事

“圣人”是孟子为读书人提供的理想人格。孟子说：“圣人，百世之师也。”“规矩，方圆之至也。圣人，人伦之至也。”圣人对于士人有何意义呢？孟子说：圣人可至，“人人皆可为尧舜”。也就是说圣人是可以做到的，只要努力地去做，任何凡人都能成为圣人。这需要有坚定而执著的信仰，需要一颗胸怀苍生百姓的心，要有大智慧、大慈悲，即使经大磨难、大困苦也志向不改。

世上绝大部分人都是凡人，为生计终日奔波劳苦，一刻不得闲。凡人在众人的唾沫中游弋，寻找栖息之地，妥善藏身，以求安身立命；圣人则按自己亘古不变的法则去实践对自我的塑造，奋斗至最后一刻。正如南怀瑾先生所说，凡夫就是在现实的人生中，只为自己的目的而谋取功名富贵的人。那些不为自己一己之私利，舍生取义，只为世人谋国谋天下者，便是圣人。圣人其实就是脱俗的凡人，他们心中没有自己，只有大众与国家。

《贾谊集》中记载了这样一则故事：

楚惠王吃酸菜时，突然发现菜中有一条蚂蟥，他没有声张，不动声色地吞了下去，结果肚子痛得不能吃饭。令尹前来问候，关心地问道：“大王怎么得了这种病？”楚惠王说：“我吃酸菜时见到一条蚂蟥，心想，如果把这事张扬出去，如果追究他们的责任，就应该诛杀他们，这样，太宰、监食的人按法律都将处死，我于心不忍啊！所以，我只好把蚂蟥悄无声息地吞咽下去。”令尹深深地施了一礼，祝贺道：“我听说上天是铁面无私、六亲不认的，只是辅佐有德行的人。大王您大仁大德，正是上天保佑的人啊！这点小病是不会伤害您的。”当晚，楚惠王胃里的蚂蟥真的出来了，他也不用再忍受疼痛之苦了。

古语云：“人生一善念，善虽未为，而吉神已随之。”意思是说一个人只要心存爱心，即使还没有去付诸实践，吉祥之神就已在陪伴着他了。为使他人免受灾难而不惜自己忍受痛苦的人，怎么会得不到上天的眷佑呢？爱人者，人恒爱之；敬人者，人恒敬之。

楚惠王行的就是圣人之道，为救庖厨、太宰、监食的生命，甘冒自己生命之险。对于很多位高权重的人来说，做到这一点真是难上加难。所以世上圣人屈指可数，却有着如繁星般遍布于世间的凡人。

“高山仰止，景行行止，虽不能至，心向往之。”我们可以不是圣人，可以不是伟人，也可以不是英雄，但我们的心灵要与他们等高。心如圣者，即使行为不能企及，但已足够令自己身处无上、无敌的境界，即使遇到再烦乱的事情，也能平和地善待，做到度己度人。

1944年冬天，德国纳粹终于被苏军打败了，数以百万计的德国兵成了俘虏。在莫斯科的大街上，每天都有一队队的德国战俘面容憔悴地走过。这时，所有的马路都挤满了人。苏军士兵和警察警戒在战俘和围观者之间。围观者大部分是妇女，她们每一个人都是战争的受害者，她们的父亲，或者是兄弟、或者是儿子，都死在战争中，她们每一个人都和德国人有着一笔血债。因此，当俘虏们出现时，她们那平时勤劳的双手都攥成了拳头，眼中充满仇恨。士兵和警察们竭力地阻挡着她们，害怕她们控制不住自己的冲动。

这时，令人意想不到的事情发生了：

一位满脸皱纹的妇女，穿着一双战争年代破旧的长筒靴，走到一个警察身边，希望警察能让她接近俘虏。警察同意了这个老妇人的请求。她到了俘虏身边，从怀里掏出一个用印花方巾包裹的东西。里面是一块黑面包，她不好意思地把这块黑面包塞到了一个疲惫不堪的、眼神中透着绝望的俘虏的衣袋里。然后她转向身后那些充满仇恨的同胞们，平和而慈祥地说：“当这些人手持武器出现在战场上时，他们是敌人。可当被解除了武装出现在街道上时，他们就和我们一样，都只是有父母和子女的普通人。”老妇人说完这些，就静静地离开了。空气在那一瞬间似乎凝住了。不一会儿，很多妇女便拥向俘虏，把面包、香烟等各种东西塞给他们。

这位老妇人所做的事虽然不属心忧天下、情系苍生的大事业，但她的做法也足以称为圣贤之举。毕竟事关天下的大事并不多，倒是这些看似微不足道的小事却关系着个人幸福与社会和谐。我们由此可以悟出一个道理，圣人并不是独一无二、与生俱来的，他们也是凡人经过不断的努力修行而来；一个人虽不能成为孔孟一样的圣人，但只要拥有圣人的情怀做平常的事，人人皆可称圣。回归到普通生活当中，仇恨、怨怼、忧伤、忌妒种种情绪总会围绕在我们的身边，叨扰着我们的心灵。如果能把心打开，进入圣人大度能容天下事的境界，那么什么烦恼就都没了，功名利禄、得得失失也都可以淡然处之，生活中还有什么坎儿过不去呢？

由高明归于平凡

南怀瑾先生说，庄子借用庖丁的嘴，讲出了自己修养造诣的境界和处世的方法原则。庖丁说，当我到了一般的杀牛匠那里去看时，看到杀牛匠的小心紧张与严谨的准备，自己便“怵然为戒”，顿生警觉，仿佛看到自己的榜样。庖丁的技术那么高明，可是在看技术一般的人杀牛时，并没有看不起别人。一个人不要认为自己学问好、本事大、技术高，做人处世就心高气傲，而要像庖丁那么小心、谨慎。俄国大文豪列夫·托尔斯泰在谈到人对自己的评价时，把人比作一个分数。他说：“一个人就好像一个分数，他的实际才能好比分子，而他对自己的估价好比分母。分母越大，分数的值就越小。”

庖丁说，虽然自己技术很高明，但操刀的动作很慢、很小心、很仔细。“哗”的一声，牛的四肢都解开了，牛身像泥巴一样散在地上。这个时候，我也累了，像一般杀牛匠那样把刀一丢，躺在地上，也像一团泥巴。休息一阵，我的精气神又来了，提刀而立，英姿飒爽，站在高台上四面一看，觉得自己是个英雄，感到踌躇满志，把刀好好地擦拭收好。这就是人生，我们大家都有这样的经验，当把一件事情做成功了之后，就会越想越觉得自己是英雄，在当时却痛苦得很，“善刀而藏之”是通常做事的结尾。

庖丁杀牛的技术已经到了出神入化的境界，他的做法为我们提供了一个做人的标杆。一个人虽然学问到了最高的境界，但是还要以最平凡的人的心境去做自己的事情。

庖丁的故事有许多值得我们思考的地方。

有位资深的医生与自己的得力助手——一位年轻医生分开接诊。一段时间之后，专家发现点名挂号让年轻医生看病的患者的比例明显增加。专家心想：“为什么大家不找我看病？难道他们以为我的医术不高明吗？我刚刚得到一项由医学会颁发的‘杰出成就奖’，登在报纸的版面也很大，很多人都看得到啊！”原来，年轻医生的经验虽然不够丰富，但因为他有自知之明，所以问诊时非常仔细，慢慢地研究推敲，跟病人的沟通较多，也较深入，且为人亲切、客气，还常给病人加油打气，说“不用担心啦！回去多喝开水，睡眠要充足，很快就会好起来的”等类似的心灵鼓励的话，让他开出的药方具有事半功倍的效果。

回过来看看专家这边，情况正好相反。资深、经验丰富的他接诊速度很快，往往患者无须开口多说，他就知道病症在哪里，他的表情显得很严肃，仿佛对病人的痛苦缺少同情心。虽然他在整个接诊的过程中很专业、很认真，却让患者产生“漫不经心、草草了事”的误会。

其实，这也正是庖丁提及的问题，很多具有专业素养的人士很容易遇到类似的问题。其实并不是他们故意要摆出盛气凌人的姿态，但却因为他们高高在上，令人仰之弥高，产生遥不可及的距离感。要知道，越成熟的麦穗越会弯腰。当然，越是弯腰的才越成熟。

最后，南先生进一步告诉我们：一个人的一生，由最绚烂而归于平淡，由极高明而归于平凡，这才是真正的成就。庄子在这里告诉我们一个人生的道理，即儒家、道家讲的“极高明而道中庸”。的确，对于人生来说，由高明归于平凡是最难做到的，因为人们往往迷失在表面的繁华与成就中，迷失了自我，忘记了过程中的谨慎与艰辛。

一位著名的教授曾在某高校作过一次精彩的演讲。教授拿出两杯水，一杯黄色的，一杯白色的，故作神秘地对学生说：“待一会儿，你们从这两杯水中选择其中的一杯尝一下，不管是什么味道，先不要说出来，等实验完毕后我再向大家解释。”随后他便先问甲、乙两位同学想喝哪杯水，甲、乙二人都说要黄色的那杯。接着他又去问丙、丁两位同学，丙、丁二人也同样要尝试黄色的那杯。就这样，总共有200多个同学做了尝试，其中只有1/3的同学选择了白色的那杯。

之后，教授问同学们："黄色的那杯是什么水？"2/3的同学伸出舌头回答："是黄连水。""你们为什么想要尝这一杯呢？"教授接着问道。那些同学回答："因为它看起来像果汁。"教授笑了笑，接着又问尝过白色杯里水的同学，这些同学大声答道："是蜂蜜。""你们为什么选择尝白色的这杯呢？""因为掺杂了色素的水虽然好喝、好看，但是并不能解渴呀！"这些喝过蜂蜜的同学笑着答道。

听完了同学们的回答，教授笑了笑，说道："绝大多数的同学选择了很苦的黄连水，因为它看起来像果汁；只有极少数的同学尝到了蜂蜜，这是为什么呢？其实，在我看来，人生的过程也就是选择两杯不同颜色的水，大多数人都会选择有颜色的好看的那杯，只有少数人选择不太起眼的、不招人喜欢的、很平常的那杯。要知道，浮华过后的朴素才是甘甜。"

由高明归向平凡，是从内心开始的，越是伟大的人，越对自己不以为意。一个人越高明，越谨慎，越是一副平凡的样子，越是内涵丰富、包罗万象。

快乐无忧，做个弥勒

人生真正的福报难寻难觅，所以古人总是于墨迹笔端流露出可望而不可即的叹惋。淡泊名利的陶渊明有"久在樊笼里，复得反自然"的慨叹，豪放不羁的李太白也有"世间行乐亦如此，古来万事东流水"的遗憾。

这种难得的福缘，能将人从丝竹乱耳、案牍劳形的世俗中解救出来。那么这种福报到底是什么呢？

在《金刚经说什么》中，南先生对此作了回答——清静无为。心中既无烦恼也无悲，无得也无失，没有光荣也没有侮辱，既没有反也没有正，心中永远是非常平静的，这就是福报——清福。

老人总是说：年轻时打拼，老了一定要享清福。南怀瑾说，清福每个人都有，我们每一个人都有清闲的时候，可是有的人一天到晚无事，闲在家里却很不自在！他们会掉眼泪，好像自己被社会上的人忘掉了，又怕被人家看不起。他们心想，没有一个人递名片来看自己，都没有人发个请帖来，也没有人打个电话问候，于是自己觉得好悲哀……他们有清福不会享！学佛的人要先能明了这一点。世界上许多人的心理都是把不实在的东西当成实在，真的清净来了，他们也不会去享受。学佛真到了空性，自性的清静无为，大智慧的成就，才算是真福报。真福报那么难求吗？其实非常容易！可是人真的到了有这个福报的时候反而不要了，都是自找烦恼。

学佛的目的就在于求得内心的清静，如果一个人认为清静是一种难耐的寂寞，那么这个人非但永远学不成佛，他还会庸人自扰，会因内心的嘈杂越来越大而更感痛苦。暇满之身就是健康有闲，可是世界上的人有清闲不肯享受，有好的身体却要去消耗掉，而且真正清闲暇满了，他们自己反而悲哀起来。这就是佛所说的智慧的众生颠倒吧！

著名的禅师赵州和尚主持寺院，见到新来的僧人问：“你来过这里吗？”僧人答：“来过！”赵州和尚便对他说：“吃茶去！”他又问另一个前来的僧人：“你来过这里吗？”僧人答：“没有。”赵州和尚也对他说：“吃茶去！”

在一旁的院主觉得奇怪，便问：“怎么来过的叫他去吃茶，没有来过的也叫他去吃茶呢？”赵州和尚就叫“院主”，院主答应了一声。赵州和尚就对他说：“走，吃茶去！”

生活就是这么简单，修行佛法也不要想得太多，一切处于无可、无不可的快乐无忧的境界，就像“吃茶去”那么亲切自然。

什么是佛？快乐无忧就是佛，即使他的条件很艰苦，在他的眼中也没有任何值得哀叹的。快乐无忧是因为物质条件的丰厚吗？显然不是。一个人的心中充满了快乐，那么忧愁、痛苦就永远不会在他的身上出现。一切过去了就是清净，过去心不可得，现在心不可得，未来心不可得。不生法相，应无所住而生其心，就这么简单。

于是有人心存疑惑，在南怀瑾先生的一次演讲上提出疑问：“您在《金刚经说什么》中讲过，人生最大的福气是清福。不晓得您现在是否这样认为？”

南先生微笑不答。

如果一个人始终在追求奢华的生活，那么欲望就会蚕食他的性灵，烦恼就会时时刻刻在他身边徘徊，他哪里还是清福呢？

清福要自然而然，不要为它的形式所烦恼，心中无得也无失，平平静静，恬淡舒适，这就是清福。弥勒终日侧身而卧，不为凡人给他少上一炷香而烦恼，不为身上落下一片残花败叶而悲伤，终日笑容满面，自然而然，多好！

超然物外，敢用真心换此生

做起任何事情都顺风顺水，一气呵成，那种游刃有余的感觉往往让人心旷神怡。庖丁正是此道中高手，一把刀用了19年还像刚刚出炉的刀一样新。然而，当一个人从来不曾经历"庖丁解牛"这种爽利的感觉，他的心情往往会低落异常。几乎每个人刚走上社会时都是满怀希望与抱负，然而一些人在遭受多次挫折，经历艰难困苦之后，原本质朴的心变了：爽直的人变得吞吞吐吐、心灵歪曲、抱负丧失，最后连人生的斗志都消泯无踪，开始任由命运的摆布。这种心态是错误的。

南怀瑾先生认为，社会与环境虽然影响一个人，但并不完全左右一个人，决定一个人。每一个人都要有独立的修养，可以不受外界环境影响，即使饱受挫折，也应该永远保持一颗光明磊落、纯洁质朴的心，这才是做人的最高修养。著名作家沈从文是一个在个人修养上臻至很高境界的人，有人戏称他是没有学历却有学问的学者。

少年的沈从文怀着梦想来到北京闯荡，他一边在北大做旁听生，一边阅读大量的书籍，并与许多大师结识，不断地成长。后来，他带着一身泥土气闯入十里洋场的上海，时间不长，即以一手灵气飘逸的散文震惊文坛。1928年，时年26岁的沈从文被当时任中国公学校长的胡适聘为该校讲师。在此之前，他虽然已经以行云流水般的文笔赢得了大批读者，在文坛享有很高的声誉，但给大学生讲课却是头一回。尽管他认真地备课，却在走上讲台看到台下黑压压的学生时心里不免发虚。

面对台下满堂坐着的莘莘学子，沈从文竟整整待了10分钟，一句话也说不出。后来开始讲课了，由于心里紧张，他只顾低着头念讲稿，事先设计在中间插讲的内容全都忘得一干二净。结果，原先准备的一堂课，10分钟就念完了。

接下来的几十分钟怎么打发？他心慌意乱，冷汗顺着脊背直淌。这样的尴尬场面，他以前可从来没有经历过。

后来，沈从文没有用天南地北的瞎扯来硬撑“面子”，而是老老实实地拿起粉笔在黑板上写道：“今天是我第一次上课，人很多，我害怕了！”于是，这老实可爱的坦言“害怕”引起全堂一阵善意的笑声……

胡适深知沈从文的学识、潜力和为人，在听说这次讲课的经过后，不仅没有批评，反而不失幽默地说：“沈从文的第一次上课成功了！”后来，一位当时听过这堂课的学生在文章中写道：“沈先生的坦率赤诚令人钦佩，这是有生以来听过的最有意义的一堂课。”

此后，沈从文曾先后在西南联大师范学院和北大任教。正因为不是“科班”出身，他不墨守成规，而代之以别开生面的言传身教的文学教育，获得了成功。而他那“成功”的第一课则在学生之中不断地流传，成为他率直人生的真实写照。

沈从文的做法正应和了南怀瑾先生的观点。莎士比亚曾经说过，老老实实最能打动人心。一句“我害怕了”，袒露了一代文学巨匠的质朴内心。面对失败不敷衍、不做作、不逃避，能老实可爱地袒露内心的人，当然会得到别人的谅解。

质朴是这个世界的原始本色，没有一点功利色彩。就像花儿的绽放、树枝的摇曳、风儿的低鸣、蟋蟀的轻唱，它们听凭内心的召唤，是本性使然，没有特别的理由。其实生命本该就是这样，不用给自己过多的理由去做一些事情，也不要因为做一些事情而找各种理由，就是顺其自然，按照自己内心的方向前行便可以了。

曾有一位吟游诗人，他一生都住在旅馆里，他不断地从一个地方旅行到另一个地方。他的一生都是在路上、在各种交通工具和旅馆中度过的。当然，这并不是因为他没有能力为自己买一座房子，而是他选择了这种生存方式。后来，鉴于他为文化艺术所作的贡献以及他年老体衰，政府决定免费为他提供住宅，但他还是拒绝了，理由是他不愿意为房子之类的麻烦事情耗费精力。就这样，这位特立独行的行吟诗人继续在旅馆和路途中度过余生。他死后，朋友为他整理遗物时发现，他的遗产仅是一个简单的行囊，行囊里是供写作用的纸笔和简单的衣物；而在精神财富方面，他给世界留下了10卷优美的诗歌和随笔等作品。

这位诗人的生活是简单而富有意义的。他的人生是一种去繁就简的人生，没有太多不必要的干扰，没有太多欲望的压迫，有的只是一种简单而又纯粹的生活。南怀瑾先生曾言，人的一生难免会有许多欲望和追求，如追求真理，追求理想的生活，追求刻骨铭心的爱情，追求金钱，追求名誉和地位。有追求就会有收获，我们会在不知不觉中拥有很多，有些是我们必需的，而有些却是完全用不着的。那些用不着的东西，除了满足我们的虚荣心外，还会将我们的心灵弄得烦躁不安。就好像带着背包去旅行，装的东西越多，自己的脚步就会越沉重。所以，与其让自己在疲惫与痛苦中前行，还不如放下各种各样的包袱，超然于物外，做最简单的自己，一切都发乎于心地去生活、做事。如此一来，生命也会变得更加轻松、更加精彩，最起码对自己来说是如此。

生活在世事纷扰的世界里，尔虞我诈让我们多了一些虚伪，钩心斗角让我们多了一些狡诈，世态炎凉让我们多了一些冷漠。所以南先生说，人之所以苍老是由于受一切外界环境和自己情绪变化的影响，而保持一颗质朴的心，可以让生命永远保持健康和青春，让自己回归于自然，回归于生活的原始本色吧！

以出世的心做入世的事

现实生活中，人们总是牵挂得太多，太在意得失，所以情绪起伏变化。被负面人性牵着鼻子走的人，不可能活出洒脱的境界。爱默生曾解释过什么是成功："笑口常开；赢得智者的尊重和孩子的热爱；获得评论家真诚的赞赏，并容忍假朋友的出卖；欣赏美的事物，发掘别人的优点；留给世界一些美好，无论是一个健康的孩子，一个小园地或一个获得改善的社会现状都可以；知道至少一人因你的存在而过得更快乐自在，这就是成功。"以出世的心做入世的事，不让世俗功利蒙蔽我们的心灵，淡然面对得失，坦然接受成败，我们才能超脱物我，找到生命的真谛。

有个匪徒跟踪一个珠宝商人来到大山里，一路上他总是没有机会下手。到了大山里，四周没有一个人，匪徒终于找到了下手的好机会，他拦住了珠宝商人的去路。面对劫匪，商人第一个反应就是立即逃跑。于是，一个拼命地逃跑，另一个穷追不舍。走投无路的商人钻进了一个山洞里，匪徒也跟了进去。在山洞里，匪徒抓住了商人，不但抢了他的珠宝，连商人准备在夜间照明用的火把也抢去了。那个匪徒还算没有丧心病狂，他抢劫了财物，没有伤害商人的性命。

之后，两个人各自寻找山洞的出口。山洞里黑极了，没有一丝光亮。匪徒庆幸自己把商人的火把抢来了，要不然到死也走不出这个纵横交错的山洞。他将火把点燃，借着火把的亮光在洞中行走。火把为他的行走带来了方便，他能看清脚下的石块，能看清周围的石壁，因而他不会碰壁，不会被石块绊倒。但是他始终没有走出这个山洞，最后饿死在里面。

商人失去了火把，心想着自己将要永远留在这个山洞里了，但是他又不甘心，就在黑暗中摸索着前进。他的头不时碰在坚硬的石壁上，身体不时被石块绊倒，跌得鼻青脸肿。过了很长一段时间，他终于看到从远处传来的一丝光亮，那正是山洞的出口。正是因为置身于一片黑暗之中，所以他能看见那一丝细微的光亮。他便迎着那缕微光摸索爬行，最终逃离了山洞。

在黑暗中摸索的人最终走出了黑暗的山洞，有火把照明的人却永远留在黑暗的山洞中，这并不奇怪，世间有很多事情都遵循这样的道理。我们总想得到而不愿失去，却不懂得，有时失去会让我们得到更多想要得到的东西，甚至包括生命。

有时候，人们就像故事中的那个匪徒，为了心中的贪念，做出违背天理良心的事情，最终反而陷入人生的困境。以出世之精神做入世之事业，以恬淡的心境面对万事万物，反而能够“无心插柳柳成荫”。

不能承受生命之轻

老子说，“重为轻根，静为躁君，是以君子终日行不离辎重，虽有荣观，燕处超然。奈何万乘之主，而以身轻天下，轻则失根，躁则失君。”这句话的意思是，厚重是轻率的根本，静定是躁动的主宰。因此君子终日行走，不离开满载行李的车辆，虽然有美食胜景吸引着他，却能安然处之，因其有备无患，所以行走自如、泰然自若。令人无奈的是一国的君主却以轻率躁动去治天下。要懂得轻率就会失去根本，急躁就会丧失主导。

“重为轻根”的“重”字，可以作为厚重沉静的意义来解释，重是轻的根源，静是躁的主宰。“君子终日行不离辎重”，并非简单地指旅途之中一定要有所承重，而是要学习大地负重载物的精神。大地负载，生生不已，终日运行不息而毫无怨言，也不向万物索取任何代价。生而为人，应效法大地，拥有为众生挑负起一切苦难的心愿，不可一日失去负重致远的责任心。南怀瑾先生语重心长地说，这便是“君子终日行不离辎重”的本意。

有人说，老鹰能飞到金字塔顶，如有可能，蜗牛也能到达金字塔顶。鹰矫健、敏捷、锐利；蜗牛弱小、迟钝、笨拙。鹰有一对有力的翅膀，蜗牛背着一个厚重的壳。与鹰不同，蜗牛到达金字塔顶，主观上是靠它永不停息的执著精神，客观上则应归功于它厚厚的壳。蜗牛的壳，非常坚硬，它是蜗牛的保护器官。据说，有一次，一个人看见蜗牛顶着厚重的壳艰难地爬行，就好心地替它把壳去掉，让它轻装上阵，结果，蜗牛很快就死了。正是这看上去又笨又重的壳，让小小的蜗牛得以不停地攀登，最终到达金字塔顶。有时，有所背负，反而能够走得更远。

志在圣贤的人们，始终戒慎畏惧，有所承载，内心随时随地存在着济世救人的责任感，而沉重的责任感正是他不躁进、不畏惧的保护壳，他们以之游刃有余地做到功在天下、万民载德，继而得到荣光无限的美誉。

道家老子的哲学，便看透了“重为轻根，静为躁君”和“祸者福之所倚，福者祸之所伏”这种正反博弈演变的自然法则，所以提出“虽有荣观，燕处超然”的告诫。

虽然处在“荣观”之中，仍然恬淡虚无，不改本来的素朴；虽然燕然安处在荣华富贵之中，依然超然物外，不以功名富贵而累其心。南先生常说，能做到这样才是英雄本色，才是真正的风流人物。因为大英雄的行为往往不是出人意表，而是再自然不过，就好像一个绝顶聪明的人外表非常笨拙一样。保持平凡质朴，还原本色，才是真正的人。然而能够到此境界的人却非常少，大多数人总以草芥轻身而失天下。

有两个空布袋想站起来，便一同去请教上帝。上帝对它们说，站起来有两种方法，一种是自己的肚里有东西；另一种是让别人看上你，一手把你提起来。一个空布袋选择了第一种方法，高高兴兴地往袋里装东西，等袋里的东西快装满时，袋子稳稳当当地站了起来。另一个空布袋想，往袋里装东西，多辛苦，还不如等人把自己提起来，于是它舒舒服服地躺了下来，等着有人看上它。它等啊等啊，终于有一个人在它身边停了下来。那人弯下腰，用手把空布袋提起来。空布袋兴奋极了，心想，我终于可以轻轻松松地站起来了。那人见布袋里什么东西也没有，便随手把它扔了。

“轻则失根，躁则失君。”如果一个人不知修身涵养的重要，犯了不知自重的错误，不择手段地攫取眼前的功利，那么他不但会轻易失去自己所拥有的，同时还会戕杀了自己。这就是触犯了“轻则失根，躁则失君”的大忌。

人的生命价值，在于其身存于尘世，能够志在天下，建功立业。正是因为这样，有了能够施展作为的身体的存在，人就更应该戒慎恐惧，不可飘飘忽忽，不可毫无定力，如此才可燕然自处而游心于物欲以外。

普通人虽然不求谋天下大众之利，不求立大功大业，但仍需要淡看自己，像南先生所说的那样，不要迷于绚烂，不要过分地执著，只有平淡才是真英雄，古今中外，天下最成功的人都是老实人。

第十章 跳出名利场，大舍处有大得

——南怀瑾谈妄念平衡感

看破名利的陷阱

在世人间流传着这样一句话："天下熙熙，皆为利来；天下攘攘，皆为利往。"南先生指出，"有之以为利，无之以为用"是世人运用的一条办事原则，就是可以善于用物，但绝不可被物所用，以免在与现实外物的博弈中输得一塌糊涂。从古至今，又有几人能够脱离利益、外物的束缚，能利用现实而不为现实所用呢?

庄子说："不为轩冕肆志，不为穷约趋俗，其乐彼与此同，故无忧而已矣。"大意是，不追求荣华富贵的人，不因为高官厚禄而喜不自禁，不因为前途无望、穷困贫乏而随波逐流、趋炎附势，在荣辱面前都一样达观，他也就无所谓忧愁。所以，庄子主张"至誉无誉"。也就是说，在他看来最大的荣誉就是没有荣誉，最大的名利就是忘记名利。壁立千仞，无欲则刚。一个人只有把荣誉、名利等外物看得很淡、很轻，才能不被名利等外物所束缚，才能远离现实生活中的各种陷阱。

一条小鱼问阅历丰富的大鱼道："妈妈，我的朋友告诉我，钓钩上东西是最美的，可就是有一点儿危险，要怎样才能尝到这种美味而又保证安全呢？"

"亲爱的孩子，"大鱼说，"这两者是不能并存的，最安全的办法就是绝对不去吃它。"

"可他们说，那是最便宜的，因为它不需要任何代价。"小鱼一脸艳羡。

"这可就完全错了，"大鱼说，"最便宜的很可能恰好是最贵的，因为它希图别人付出的代价是整个生命。你知道吗，它里面裹着一只钓钩！"

"要判断里面有没有钓钩，必须掌握什么原则呢？"小鱼又问。

"那原则其实你都已经说了，"大鱼说，"一种东西，味道最鲜美，价格又最便宜，似乎不用付出任何代价，那么，钓钩很可能就藏在里面。"

在现实生活中，任何东西都是有代价的。钓钩是垂涎鱼饵者所要付出的代价。被名利所蛊惑的心，往往要付出跳下陷阱的代价。乾隆皇帝下江南时，来到江苏镇江的金山寺，看到山脚下大江东去，百舸争流，不禁兴致大发，随口问道记和尚："你在这里住了几十年，可知道每天来来往往多少船？"高僧回答："我只看到两只船，一只争名，一只夺利。"人世的丛林中伏设了不少名利的陷阱，有时候，一个人为了名利，往往不顾一切地跳入陷阱，结果名利反而离他而去。

有一位高僧，是一座大寺庙的住持，因年事已高，心中思考着找接班人。

一日，他将两个得意弟子叫到面前，这两个弟子一个叫慧明，一个叫尘元。高僧对他们说："你们俩谁能凭自己的力量，从寺院后面悬崖的下面攀爬上来，谁就是我的接班人。"

慧明和尘元一同来到悬崖下。那真是一面令人望而生畏的悬崖，崖壁极其险峻、陡峭。身体健壮的慧明，信心百倍地开始攀爬。但是不一会儿他就从上面滑了下来。慧明爬起来重新开始，尽管他这一次小心翼翼，但还是从悬崖上面滚落到原地。慧明稍稍休息后又开始攀爬，尽管摔得鼻青脸肿，他也绝不放弃……

让人感到遗憾的是，慧明屡爬屡摔，最后一次他拼尽全身之力，爬到一半时，因气力已尽，又无处歇息，重重地摔到一块大石头上，当场昏了过去。高僧不得不让几个僧人用绳索将他救了回去。

接着轮到尘元了，他一开始也和慧明一样，竭尽全力地向崖顶攀爬，结果也屡爬屡摔。尘元紧握绳索站在一块山石上面，他打算再试一次，但是当他不经意地向下看了一眼以后，突然放下了用来攀上崖顶的绳索。然后他整了整衣衫，拍了拍身上的泥土，扭头向着山下走去。旁观的众僧都十分不解，难道尘元就这么轻易地放弃了？大家对此议论纷纷。只有高僧默然无语地看着尘元的去向。

尘元到了山下，沿着一条小溪流顺水而上，穿过树林，越过山谷…… 最后没费什么力气就到达了崖顶。

当尘元重新站到高僧面前时，众人还以为高僧会痛骂他贪生怕死、胆小怯弱，甚至会将他逐出寺门。谁知高僧却微笑着宣布将尘元定为新一任住持。众僧皆面面相觑，不知其所以然。

尘元向其他人解释："寺后悬崖乃是人力不能攀登上去的。但是只要于山腰处低头看，便可见一条上山之路。师父经常对我们说‘明者因境而变，智者随情而行’，就是教导我们要知伸缩退变啊！”

高僧满意地点了点头说：“若为名利所诱，心中则只有面前的悬崖绝壁。天不设牢，而人自在心中建牢。在名利牢笼之内，徒劳苦争，轻者苦恼伤心，重者伤身损肢，极重者粉身碎骨。”然后，高僧将衣钵锡杖传交给了尘元，并语重心长地对大家说：“攀爬悬崖，意在勘验你们的心境，能不入名利牢笼，心中无碍，顺天而行者，便是我中意之人。”

一个人面对名利的诱惑仍能保持一颗清醒的头脑，不能攀爬便放弃，这是一种智慧。能做到这一点时，他就能对客观的、外在的出身、家世、钱财、生死、容貌都看得很淡泊，就能够达到精神超然、洒脱的境界。

慧忠禅师曾经对众弟子说：“青藤攀附树枝，爬上了寒松顶；白云疏淡洁白，出没于天空之中。世间万物本来清闲，只是人们自己在喧闹忙碌。”世间的人在忙些什么呢？其实不外乎“名”、“利”两个字。万物清闲，人又何必为了争名夺利而使自己不得清闲呢？摆脱名利等外物的束缚，才能体会“闲看庭前花开花落，漫随天外云卷云舒”的惬意。

抛却妄念，给心灵减负

《论语》有这样一段对白：“子曰：‘吾未见刚者。’或对曰：‘申枨。’子曰：‘枨也欲，焉得刚？’”意思是，孔子说，我始终没有看见过一个刚强的人。有一个人说，申枨不是很刚强吗？孔子说，申枨这个人有欲望，怎么能称得上刚强呢？一个人有欲望是刚强不起来的，碰到他所喜好的，他就非投降不可。人要到“无欲”才会刚强。

所以真正刚强的人是没有欲望的。南先生曾送给学生一副对联，上联是佛家的思想，下联是儒家的思想：“有求皆苦，无欲则刚。”如果一个人说什么都不求，只想成圣人、成佛、成仙，其实这也是有所求，有需求就会有痛苦。人到无求品自高，要到没有欲望才能真正刚强，才能真正做一个大气的人，屹立于天地之间。

拉尔夫是一位国际著名的登山家，他曾经在没有携带氧气设备的情况下，成功地征服了多座高峰，其中包括世界第二高峰——乔戈里峰。其实，许多登山高手都以不带氧气瓶而登上乔戈里峰为第一目标。但是，几乎所有的登山好手来到海拔6500米处就无法继续前进了，因为这里的空气非常稀薄，几乎令人感到窒息。因此，对登山者来说，想靠自己的体力和意志，独立地征服8611米的乔戈里峰，确实是一个极为严峻的考验。

然而，拉尔夫却突破障碍做到了，他在事后举行的记者招待会上，说出了这一段历险的过程。拉尔夫说，在突破海拔6500米的登山过程中，最大的障碍是心里各种翻腾的欲念。在攀爬的过程中，任何一个小小的杂念，都会让人松懈意念，转而渴望呼吸氧气，慢慢地让人失去冲劲与动力，而“缺氧”的念头也会开始产生，最终让人放弃征服的意志，不得不接受失败。

拉尔夫说：“想要登上峰顶，首先，你必须学会清除杂念，脑子里杂念越少，你所需氧气的量就越少；你的欲念越多，你对氧气的需求便会越多。所以，在空气极度稀薄的情况下，想要登上顶峰，你就必须排除一切欲望和杂念！”排除一切欲望和杂念，保持身心安定、清净、祥和；身心清净，没有欲望和杂念的干扰，能量的消耗就会降到最低限度。

《庄子·内篇·德充符第五》讲到，“道与之貌，天与之形，无以好恶内伤其身。”以南怀瑾先生的观点来看，庄子此句话的意思是，生命活着要顺其自然，要不增不减，抛却心中的妄情、妄想，保持一片清明境界，这才是上天指给我们的“道”。这个道就是本性，人活得很自然，一天到晚头脑清清楚楚，不要加上后天的人情世故。如果加上后天的人情世故，就会有喜怒哀乐，就会使身体内部受伤害，就会生病，难得长寿。

其实，我们的人生就像一场漫长的旅行，当行囊过于沉重时，注定不会走得快。我们总是让生命承载太多的负荷，这个舍不得丢掉，那个也舍不得丢掉，最终被压弯了腰。事实上，只有卸下身上的包袱，才可能让我们走得更快。

人的欲望就像个无底洞，任万千金银也难以填满。欲望是需要控制的。人具有适当的欲望是一件好事，因为欲望是追求目标与得以前进的动力；但如果给自己的心填充过多的欲望，只会加重前行的负担。许多人虽然明知贪得越多，附加在心上的负担也就越重，却仍然根除不了人的劣根性。对于真正享受生活的人来说，任何不需要的东西都是多余的。适当地放下是一种洒脱，也是参透人性后的一种平和。背负太多的欲望，总是为金钱、名利奔波劳碌，整天忧心忡忡，又怎么能快乐呢？只有放下那些过于沉重的东西，才能得到心灵的放松。

其实，一个人真正所需的十分有限，许多附加的东西只是徒增无谓的负担而已，真正需要的是从内心爱自己。有人曾打了这样一个比喻：“我们所累积的东西，就好像是阿米巴变形虫分裂的过程一样，不停地制造、繁殖，从不曾间断过。”而那些不断膨胀的物品、工作、责任、人际交往、家务占据了人们全部的空间和时间，许多人每天忙着应付这些事情，累得喘不过气来，甚至连吃饭、喝水、睡觉的时间都没有，也没有足够的空间活着。

拼命用“加法”追求满足欲望的结果，就把一个人逼到生活失调，精神濒临错乱的地步。这时候，人们就应该运用“减法”了！这就好像一个人参加一趟旅行，带了太多的行李上路，在尚未到达目的地之前就已经筋疲力尽。唯一可行的方法就是为自己减轻压力，扔掉多余的行李。

著名的心理大师荣格曾这样形容：“一个人步入中年，就等于是走到‘人生的下午’，这时既可以回顾过去，又可以展望未来。在下午的时候，就应该回头检查早上出发时所带的东西究竟还合不合用，有些东西是不是该丢弃了。理由很简单，因为我们不能照着上午的计划来过下午的人生。早晨美好的事物，到了傍晚可能显得微不足道；早晨的真理，到了傍晚可能已经变成谎言。”

或许你过去已成功地走过早晨，但是，当你用同样的方式走到下午时，却发现生命变得不堪重负、坎坷难行，这就是该丢东西的时候了。

旁观者清，当局者迷。对于人性的弱点，每个人都有足够的了解，而一旦置身其中选择取舍时往往就不是那么一回事了。这不是“不识庐山真面目”，而是“只缘身在此山中”，这也是人性的一种悲哀。人们在人生中该收手时就收手，切莫让得到变成另外意义上的失去。合理地放弃一些东西吧，因为只有这样我们才能得到更珍贵的东西!

满足一个人的欲望，就使世界上少了一个天使。抛去心中的“贪念”，才能够使人于利不趋、于色不近、于失不馁、于得不骄，进入宁静致远的人生境界。

放下手中的小算盘

在这个世界上谁是最患得患失的人？这个问题很难回答，但是也很好回答。为什么这样说呢？说这很难回答，是因为世界上的人从古到今那实在是太多了，没有人能一一说清楚谁是最患得患失的人。说它好回答，是因为谁最过分地在乎目标，谁就是最患得患失的人。

南怀瑾先生说过，为人做事应似“风过竹林，雁过长空”，“事来则应，过去不留”。为人处世就当洒脱，而不是唯唯诺诺、患得患失。古往今来，成大事者一般都是宠辱不惊、当机立断，而患得患失的人终究干不成什么大事。

从前有一位神射手，名叫后羿。他练就了百步穿杨的好本领，立射、跪射、骑射样样精通，而且箭箭都射中靶心，几乎从来没有失过手。人们争相称赞他高超的射技，对他非常敬佩。

夏王从左右的嘴里听说了这位神射手的本领，也目睹过后羿的表演，十分欣赏他的功夫。夏王想把后羿召入宫中来，单独给他一个人演习一番，好尽情领略他那炉火纯青的射技。

有一天，夏王命人把后羿找来，带他到御花园里，找了个开阔地带，叫人拿来一块一尺见方、靶心直径大约一寸的兽皮箭靶，用手指着说：“今天请先生来，是想请你展示一下你精湛的本领。这个箭靶就是你的目标。为了使这次表演不至于因为没有彩头而沉闷乏味，我来给你定个赏罚规则：如果射中了的话，我就赏赐给你黄金万两；如果射不中，那就要削减你一千户的封地。现在请先生开始吧？”

后羿听了夏王的话，一言不发，面色变得凝重起来。他慢慢地走到离箭靶一百步的地方，脚步显得很沉重。然后，后羿取出一支箭搭上弓弦，摆好姿势，拉开弓开始瞄准。

想到自己这一箭出去可能发生的结果，一向镇定的后羿呼吸变得急促起来，拉弓的手也微微地发抖，瞄了几次都没有把箭射出去。后羿终于下定决心松开了弦，箭应声而出，"啪"的一声钉在离靶心足有几寸远的地方。后羿脸色一下子白了，他再次拉弓搭箭，精神却更加不集中了，射出的箭也偏得更加离谱。

后羿收拾弓箭，勉强赔笑向夏王告辞，悻悻地离开了王宫。夏王在失望的同时掩饰不住心头的疑惑，问手下道："这个神箭手平时射起箭来百发百中，为什么今天跟他定下了赏罚规则，他就大失水准了呢？"

手下解释说："后羿平日射箭，不过是一般练习，在一颗平常心之下，他的射箭技术自然可以正常发挥。可是今天他射箭的成绩直接关系到他的切身利益，叫他怎能静下心来充分施展技术呢？看来一个人只有真正把赏罚置之度外，才能成为当之无愧的神箭手啊！"

后羿的表演爆冷门的原因，就是他太在乎是否能射中，因为这关系到他的土地是否会被削减。患得患失会使一个人在做事时分神，最终精力都被浪费在无用的胡思乱想上了，怎么会成功呢？

患得患失的人常常都是完美主义者，因为他们不允许事情做得比他们想象的差，所以常常是想把每个细节都做得很完美，结果却忽略了最本质的东西。

有一位农夫欲上山去砍树，却忽然想到脚上的草鞋很陈旧了，于是匆匆忙忙地搓绳打草鞋。他忙完草鞋又检查斧锯，发现斧子太钝、锯子已锈，于是决定重新购买斧子和锯子。后来他又嫌新斧子的材质不好……等到他万事俱备准备出发时，大雪已经封山。于是农夫就抱怨自己的运气不好。

其实这个农夫的问题不在于运气的好坏，而是在于他太关注细节了。他没有分清楚主次，患得患失，只顾着在细节上斤斤计较。

患得患失是人的精神枷锁，是附在人身上的阴影，是浮躁的一个重要表现形式。

患得患失、过分地计较自己的利益，将会成为我们获得成功的障碍。我们应当从后羿身上吸取教训，在面临任何情况时都尽量保持平常心。

生活中往往有这样一些人，做什么事情之前都要反复考虑，做完之后又放心不下，对方方面面都考虑得尽量周到；稍有不妥，就担心把事情办砸，担心别人对自己的看法，并且极其注重个人的得失。他们被笼罩在患得患失的阴影之中，心被得失扰得没有一分安宁。

这种患得患失的人，倘若你给他10两银子，他会想象你肯定得了10两金子；单位发工资，他会把工资表翻个底朝天，生怕谁多拿了半分钱；领导开日常的工作会，他会费尽心机去打听，看谁又要被提拔了；同事们聚会若少了他，他会猜想肯定是避开他在搞什么鬼名堂。这种人整天神经兮兮的，心中充满疑虑、惴惴不安，生活中当然不会有轻松与愉快。

功成身退任自如

天上月圆月缺，地上花开花谢，海中潮涨潮落，四季暑往寒来。社会也与这变化中的万物一样，难以永恒。就像登上山顶看完壮丽的日出就要下山一样，人们在壮志已酬之时，也就是含蓄收敛、急流勇退的时候了。

所有能够“功遂、身退、天道”的风流人物，是南先生一直深感佩服的。南先生在《功成身退数风流》一文中说，“功遂，身退，天之道”的几字真言，在一般人眼中总觉得消极的意味太浓。然而，这只是大家忘记观察自然界的“天之道”的原因。仔细地看天道，日月经天，昼出夜没，暑往寒来，都是自然的“功遂，身退”的正常现象。植物界的草木花果，都是默默无言地完成自己的使命，然后悄然地消逝；动物界的一代交替一代，谁又能不自然而然地退出生命的行列呢？如果有，那是人类的心不死，不肯罢休，妄图占有。然而妄想违反自然，何其可悲！

功成身退乃天之道，入世时心怀天下，出世时不留一念，这才是正确的处世态度。许多人虽然身在世外，却心不肯走，往往自惹烦恼和祸患。南先生就列举了汉代张良的身世。张良屡建功勋，不敢居功，只自谦退封为“留侯”，结果全身而退，免遭吕后的毒害。有了种种的历史教训，后来很多人都学乖了。例如东晋的抱朴子葛洪和南朝齐梁之际的陶弘景。葛洪早早抽身，自求出任“勾漏令”，以宦途当做隐遁的门面，暗暗地修炼着自己的仙道，得以善终。而陶弘景更是及早地在名冠“神武门”，每天优哉游哉地在山中玩乐，做了个地道的“山中宰相”，满足自己精神上的追求。梁武帝时期的韦睿也是这样做的。

韦睿是汉丞相韦贤的后裔，后来跟随梁武帝萧衍，屡次升迁至侯爵。梁武帝北伐时期，韦睿奉命统部北伐，他虽身体奇弱，却用兵如神，屡建奇功，敌人对他畏惧万分。一次，前方军情告急，梁武帝派遣亲信曹景宗与他会师。韦睿对曹景宗执礼甚谨，每每有军事上的胜利，均让景宗去领功，自己则从不争功。在与曹景宗赌博的时候，韦睿也故意输给他，好不引起景宗对他的忌恨。

梁武帝知道韦睿厉害，所以一般不委以重任，对他始终心存顾忌。好在韦睿自知苟活乱世需要圆融的手段，退隐山林不是上策，积极进取、争名逐利也不是上策，所以即便成功仍自行谦退，以免猜忌。所以，韦睿平平安安地活到了79岁而善终。他在遗嘱上要求薄葬，不要陪葬品。在他死后，梁武帝总算被他的诚信感动了，来到他的坟前痛哭流涕，为他完成了最后的挽歌。南怀瑾先生说，韦睿演了一幕非常完美的“功遂、身退、天之道”剧目。

悉数中国古代许多的名士，南先生认为他们当中的睿智者大都走了功成身退一途。关于“功遂、身退、天之道”的论述，虽然是道家的老子提出来，唐代以后的儒家学者们也不服此种观点，但后世的可全身而退的知识分子几乎都在做此类的事情。

也许生活中有许多华丽舞台在等待你走上去，但这些舞台未必总是美好，尽如人意，也许它就是暴露你弱点的场合，让你在不知不觉间掉入陷阱。就好比秦代的李斯，当他贵为秦相时，“持而盈”，“揣而锐”，最后却以悲剧告终。临刑之时，他对其子说：“吾欲与若复牵黄犬，出上蔡东门，逐狡兔，岂可得乎？”他临死才翻然醒悟，渴望带着孩子过着牵狗逐兔的返璞归真生活，在平淡中找寻幸福，但却悔之晚矣。

在名利途中，往往是进一步容易，退一步很难。成功有时易得，安然退身却成难事。只有少数人看透功名实质，重视过程，淡看结果，终能悠然反航；大多数人沉溺于名利的旋涡，越陷越深，何其可悲！

入世容易出世难

《庄子·内篇·大宗师第六》中说："邴邴乎其似喜乎，崔乎其不得已乎；滀乎进我色也，与乎止我德也；厉乎其似世也，謷乎其未可制也；连乎其似好闭也，悗乎忘其言也。"

南怀瑾先生认为，这段话写了"真人"为人处世之道。

"真人"对于人生是乐观的，虽然站在最高的位置，也有很高的成就，但不是为欲望驱使去做的，是为了天下"不得已而为之"。因此，南先生说，"真人"虽然对社会贡献了一切，他的态度却是自已的所做所为是理所当然的，不需要别人感恩戴德。"与乎止我德也"，同你共同做事，到了相当的程度就停止，不必再做下去，在合适的时机便全身而退。

入世容易出世难。许多人因为没有"真人"的态度，从而陷入富贵名利中，最终落得个"飞鸟尽，良弓藏"的境遇。华丽落幕，在历史的舞台上全身而退的人，范蠡算是成功的一个，虽然他的"入世"不一定是心怀天下"不得已而为之"，但"出世"的确做到了适可而止。

范蠡在青年时和宛令文种入越，深得越王重用，先任上大夫，后为重要谋臣，文种为相。越王兵败，文种守国，范蠡随勾践入吴为质。三年中，范蠡为勾践备受屈辱，他忠心耿耿，出谋划策，使勾践化险为夷，获释返回。范蠡与文种同心协力为越国共谋良策，亲自训练兵将，促进越国强盛。越王"卧薪尝胆"，经过20余年的苦心奋斗，把国家建设强盛起来，灭了吴国，吴王夫差自杀。越国报了会稽之耻，成了中原霸主。范蠡被拜为上将军。范蠡以为大名之下难以久居，且知道勾践为人，只能与共患难，难与同安乐，因此向越王"辞呈"，勾践不允。范蠡即携带重宝乘舟浮海入齐，一去不复返。

"真人"处世，看透一切，无欲无求，施与是理所当然，放弃是时机所至，越是不为名利驱使，越能从容地应对一切。“厉乎其似世乎”，说他处世的态度很庄严、很庄重，一切做法作为很严厉。“似世乎”，说他不是为自己，是为了世俗的需要而这样做。“謷乎其未可制也”，傲慢到别人完全看不出傲慢，其实也是特别的谦虚。“天子不能臣，诸侯不能友”，特立独行，不属于哪一个范围。真人为人处世表面上看起来很固执，其实是已经完全了解了世界与人生，“悗乎忘其言也”，他无心著书立说，别人也能感受到他的“忘言之道”。

有一位得道的高僧，总是穿得整整齐齐地出门，拿着医疗箱，到最脏乱贫困的地方，为那里的病人洗脓、换药，然后脏兮兮地回山门。他总是亲自去化缘。但是左手化来的钱，右手就救助可怜人。他很少待在禅院，禅院也不曾扩建。他的信众越来越多，大家跟着他上山、下海，去最偏远的山村和渔港。高僧说：“我的师父在世的时候，曾教导我什么叫‘完美’，其实，完美就是追求这个世界完美；师父也告诉我什么是‘洁癖’，洁癖就是帮助每个不洁的人，使他洁净；师父还点化我，什么是‘化缘’，化缘就是使人们手牵手，彼此帮助，使众生结善缘。至于什么是禅院，禅院不见得要在山林间，而应该在人间。南北西东，皆是我弘法的所在；天地之间，就是我的禅院。”

人们总要在现实中有所作为，真正的隐者能有几人？在社会这个大的各种场合中，走进容易脱身难。只要完成生活赋予我们的使命，在适当的时机退出去，也不失为真人之举。

淡对荣辱，坐看祥云

孟子一生不得意，他的思想不被当世的君主接受，还受到各种中伤。但他为人豁达地说："行或使之，止或尼之，行止非人所能也。"意思是说，我的思想如果可行，那么自然就会被推行；如果行不通，我自己也会见势而止。而行得通、行不通，则不是由人们的意志决定的。

南怀瑾先生认为，孟子的这句话正体现了他的人格魅力，即"达则兼济天下，穷则独善其身"的精神，得到机会，就去救天下，救国家，救社会；得不到机会，那就自己修身养性，宠辱不惊，一切处之泰然。

南怀瑾先生说，人须能用物而不为物用，不为物累，若能利物，则能成为无为之大用。人生在世，或得意，或失意，宠辱境界的根本症结，皆是因为有身。宠，是得意的总表相；辱，是失意的总代号。当一个人在成名、成功的时候，若非平素具有淡泊名利的真修养，便会欣喜若狂，喜极而泣，自然会有震惊的心态，甚至会得意忘形。

古今中外，无论是官场、商场，抑或情场，都仿佛人生的剧场，将得意与失意、荣宠与羞辱看得一清二楚。南怀瑾先生用三国时期诸葛亮的一句名言鞭策我们："势利之交，难以经远。士之相知，温不增华，寒不改弃，贯四时而不衰，历坦险而益固。"说的是因势利结交的友谊很难保持久远。真正的君子之交，要得意失意皆不忘形，宠辱不惊，经历长期的考验和艰难险阻，会更加稳固。

"宠辱不惊"这个词来源于一个真实的历史故事。

唐代有一个人名叫卢承庆，字子余，为考功员外郎，专司官吏考绩，因他秉事公正，行事尽责，所以他广受赞誉。一次，有个官员发生了粮船翻沉的事故，应受到惩罚，于是他给这个官员评定了个"中下"的评语，并通知了本人。那位受到惩处的官员听说后，没有提出意见，也没有任何疑惧的表情。卢员外郎继而一想："粮船翻沉，不是他个人的责任，也不是他个人能力可以挽救的，评为'中下'可能不合适。"于是就改为"中中"等级，并且通知了本人。那位官员依然没有发表意见，既不说一句虚伪的感激的话，也没有什么激动的神色。卢员外郎见他这般，非常赞赏，脱口说道："好，宠辱不惊，难得难得！"于是又把他的考绩改为"中上"等级。

但是，随着现代社会追求效率的快速生活节奏，我们渐渐地失去了对待名利的优雅。那种如诗般恬静的岁月对现代人来讲已成为最大的奢侈和批判的对象，内心的声音便被这种繁忙与喧嚣淹没了。物的欲望在慢慢地吞噬人的性灵和光彩。我们留给自己的内心空间被压榨到最小，我们狭隘到已没有"风物长宜放眼量"的胸怀和眼光。但是有一个老铁匠却是例外。

街上有一位老铁匠，由于早已没人需要打制铁器，现在他改卖铁锅、斧头和拴小狗的链子。他的经营方式非常古老和传统。人坐在门内，货物摆在门外，不吆喝，不还价，晚上也不收摊。你无论什么时候从这儿经过，都会看到他在竹椅上躺着，手里是一个半导体，身旁是一把紫砂壶。他的生意也没有好坏之说，每天的收入恰好够他吃饭、喝茶。他老了，已不再需要多余的东西，因此他非常满足。

一天，一个文物商从老街上经过，偶然看到老铁匠身旁的那把紫砂壶，因为那把壶古朴雅致，紫黑如墨，有清代制壶名家戴振公的风格。他走过去，顺手端起那把壶。壶嘴内有一记印章，果然是戴振公的。商人惊喜不已，他端着那把壶，想以10万元的价格买下它。当他说出这个数字时，老铁匠先是一惊，后又拒绝了，因为这把壶是他爷爷留下的，他们祖孙三代打铁时都喝这把壶里的水，他们的汗也都来自这把壶。壶虽没卖，但商人走后，老铁匠有生以来第一次失眠了。这把壶他用了近60年，并且一直以为是把普普通通的壶，现在竟有人要以10万元的价格买下它，他转不过神儿来。

过去他躺在椅子上喝水，都是闭着眼睛把壶放在小桌上，现在他总要坐起来再看一眼，这让他非常不舒服。特别让他不能容忍的是，当人们知道他有一把价值连城的茶壶后，蜂拥而至，有的问还有没有其他的宝贝，有的开始向他借钱，更有甚者，晚上敲他的门。他的生活被彻底地打乱了，他不知该怎样处置这把壶。当那位商人带着20万元现金第二次登门的时候，老铁匠再也坐不住了。他招来左右店铺的人和前后的邻居，拿起一把斧头，当众把那把紫砂壶砸了个粉碎。现在，老铁匠还在卖铁锅、斧头和拴小狗的链子，据说他已经102岁了。

漠视身外之物，老铁匠宁可砸了紫砂壶，也要保持生活的宁静。也许那把壶会给他带来财富，带来荣耀，但是那些都不是他内心想要的，他只想拥有一种平淡宁静的人生。所以，有没有那把壶又有什么关系呢？

《菜根谭》里说："宠辱不惊，闲看庭前花开花落；去留无意，漫随天外云卷云舒。"为人做官能视宠辱如花开花落般平常，才能"不惊"；视职位去留如云卷云舒般自然，才能"无意"。"闲看庭前"大有"躲进小楼成一统，管他冬夏与春秋"之意；"漫随天外"则显示了目光高远，不似小人一般浅见的博大情怀，一句"云卷云舒"又隐含了"大丈夫能屈能伸"的崇高境界。所以，南怀瑾先生借古人的一句话，说明了他的人生观点：对事对物，对功名利禄，失之不忧，得之不喜，正是"淡泊以明志，宁静以致远"。

从来圣贤皆寂寞，真名士者自风流。只有做到了宠辱不惊、去留无意，方能心态平和、怡然自得，方能达观进取、笑看风云。

身困名利场，跳入容易抽身难

人总是有"名利"情结，一脚踏入名利场，往往就失去了方向。名利二字，既能使人扶摇九天揽月，俯瞰宇宙小，也可以让人"上穷碧落下黄泉"，过奈何桥，爬刀山、趟油锅。世人都晓得淡泊名利是君子雅士的风采，然而想从名利旋涡中抽身又谈何容易？

庄子喻世，善假于物，他最善做各种各样的比喻或者借名人的口来讲人生之理。庄子曾以孔子的口吻说出了一句人生的名言："德荡乎名，知出乎争。名也者，相轧也；知也者，争之器也。二者凶器，非所以尽行也。"意思是说，德行在名利前荡然无存，人类的知识来源于争斗的结果。人为了求名会不择手段；人的知识技巧成为斗争的工具，最终不过是为名所困。名、利真是杀人不见血的最大的凶器。

南先生说，千百年来，读书人为了金榜题名而发奋苦读，大多并非为了真正地得到学问，这就是争斗心理的开始。人类的历史，尤其是中国数千年来每个朝代更迭，在皇帝面前党派意见的纷争都是因“名、利”而引发的。所以南先生才说，名与利本来就是权势的必要工具。名利是因，权势是果。权与势，是人性中占有欲和支配欲的扩展，虽是贤者也在所难免。司马迁所说的“君子疾没世而名不称焉”，真是不变的至理名言。

“德荡乎名。”一个人的道德修养为什么沦丧，只是因为名利心的驱使。“知出乎争”，知识越多的人，越是提出相左的意见，因为他有利益的偏向。走进历史，结合人生来看，不要看读书人受的教育多，其实他们的学问越高，他们的意见就越多，有时候越难办。越是有知识的人，越要争名争利，顽固不化。所以古人说，普通没有受过教育的人，常常为欲望而吵架，欲望满足了就不吵了；知识分子则不单单是为欲望，即使欲望满足了也要吵，也有意见之争，所以发生“党祸”。人们难免犯“德荡乎名，知出乎争”的毛病，这便是名利心在作祟，名利心的含义极为丰富，如知名度、成就、名誉、观念，甚至因名利产生的权欲，均包含在内。

从前，卫国有一群演戏的艺人，因为遇上饥荒，便到他乡卖艺求生。他们在路上经过一座山，据说这座山里有许多恶鬼，还有吃人的罗刹。夜里山中风大天冷，大家燃起篝火，在篝火旁边睡了。半夜里，有一个人感觉寒冷，就起来穿上演戏用的罗刹服，对着篝火坐着。一个同伴从睡梦中醒来，突然看见篝火旁边坐着一个罗刹，顾不上仔细看清楚，爬起来就跑。这一下惊动了所有的伙伴，大家一起拼命奔逃起来。那个穿着罗刹服的人一惊，也跟着大家狂奔。前面逃跑的人以为罗刹要来害人，更加恐惧惊慌，不顾一切地拼命逃生，有的跳进河沟里，有的摔伤胳膊跌伤腿，狼狈至极。到了天亮，大伙才看清楚后面追的原来是同伴。

有时候，扰乱我们心神的并不是现实中的东西，而是藏在心中的“罗刹”。

名利就如同“罗刹”一般，始终诱惑着人。人们明知道它是可怕的，却又忍不住去注意它。当人们注意它时，才发现它有多么可怕，但人们已经无法摆脱它了。所以南先生屡次感慨，“名利本为浮世重，古今能有几人抛”，除非真的“跳出三界外，不在五行中”。不过，能不为名利所累的人几乎没有。

也许有人会说，欲望是可爱的动力，人类如果没有欲望的支配，世界就不会进步和发展，人们的生活也将变得死气沉沉，当人们都无所追求的时候，地球也就会渐渐地沉寂和消亡。因此，名与利的是非真难说清楚。

道家、佛家都讲，人最高的道德是把“名心”、“利心”抹平，这个境界很难达到。庄子提出了一个解决方法，即“一以己为马，一以己为牛”。他的方法颇为有趣，人家说我是牛，很好，说我是马，也好，说我什么都行，我总是毁誉不惊、得失不计，任时人以牛马称呼我。或许有人认为，此乃失名誉之心，任对方毁誉会使人的人格有所改变吗？绝对不会，能否降低或抬高自己的人格，一切全凭自己的心意而定。

话虽如此，可是人们依然难以摆脱各种欲望。南先生由衷地说，人类总是很矛盾的，在道理上都是要求别人做到无私无欲，符合圣人的标准；在行为上自己总难免在私欲中打转，还都有另一套理由来为自己辩解。南先生这番话真是独到而精辟，的确把人的本性说了出来。说到这里，不由得让人想起一个小的故事。

两只蛙同住在水塘，夏天池里的水被骄阳晒干，蛙便寻找有水的地方居住。

“哈！水井！我们跳进去吧，这里可供我们居住和吃食呢！”一只蛙说。

“哼！现在住进去当然很好，问题是将来怎么出来呢？”另一只蛙说。

是啊，现实中的名利场，跳入容易抽身难。就连南先生都坦言，他也很喜欢钱，富贵功名也很喜欢，可是他从来不苟取，不乱拿。事实上，人生的道理越说反而变得越复杂，不如踏踏实实做事，规规矩矩做人，得功名便得功名，不得也无所谓，这才是最现实且可行的办法。

在舍得之间选择最佳人生路

南怀瑾先生说："九德"中有一德叫"扰而毅"，即头脑灵活而有毅力。但是现实生活中多半人难以做到这点，往往是头脑灵活却没有毅力，或者是有毅力却不灵活。前一种人灵活有余，做小事成功的不少，但是难成大事情。后一种人由于不太会变通，有毅力也难成大事。

有一天，某地下了一场非常大的雨，洪水开始淹没全村。一位神父在教堂里祈祷，眼看洪水已经淹到他跪着的膝盖了。这时，一个救生员驾着舢板来到教堂，跟神父说："神父，快！赶快上来！不然洪水会把你淹死的！"神父说："不！我要守着我的教堂。我深信上帝会救我的，我有上帝与我同在！"

过了不久，洪水已经淹过神父的胸口了，神父只好勉强站在祭坛上。这时，又一个警察开着快艇过来，跟神父说："神父，快上来！不然你真的会被洪水淹死的！"神父说："不！我要守着我的教堂。我相信上帝一定会来救我，你还是先去救别人好了！"

又过了一会儿，洪水已经把整个教堂淹没了，神父只好紧紧地抓着教堂顶端的十字架。一架直升机缓缓地飞过来，丢下绳梯之后，飞行员大叫："神父，快！快上来！这是最后的机会了，我们不想看到洪水把你淹死！"

神父还是意志坚定地说："不！我要守着我的教堂！上帝会来救我的！你赶快先去救别人，上帝会与我同在的！"

神父刚说完，洪水滚滚而来，固执的神父终于被淹死了。神父终于见到了上帝，于是很生气地跟上帝说："你说你会与我同在，为什么不去救我的命？"上帝说："我第一次让一个救生员驾舢板去救，你不上来，我以为你嫌船小。我第二次就叫一个警察开一个快艇过去，结果你还是不上来。于是我就派直升机去了，结果你还是没有上来。"

这个死板的神父笃信上帝，很有毅力，连生命都可以拿来做赌注，其实他并不知道上帝是什么样子，他误认为上帝会施展法术直接把他从教堂里救走。如果他不那么盲目、固执，而是跟着救生员或者警察离开，他就得救了。总之，他不懂得变通。

人不仅要学会变通，还要懂得选择，懂得“舍得”的智慧。有首诗说：“手把青秧插满田，低头便见水中天，心底清净方为道，退步原来是向前。”有时不切实际地一味执著，是一种愚昧与无知。因为人生有时需要变通，需要以退为进、以守为攻，有时候前进就是退步，退步反而是进步，这也就是为什么人们常说放弃是一种智慧的原因。一个东西不值得坚持，为什么不放弃呢?

可是能够真正放下的人不多。西方有句谚语：你有所选择，同时你就有所失去。这在西方经济学上叫做机会成本，你因为选择而放弃的那些东西，就是你的机会成本。这是客观存在的，是一种交换。可是很多人就是想鱼和熊掌兼得，想同时看到硬币的正反面。

有个成功的商界女士在她的文章里写道：“几年之前，悔恨放弃了美好世界的一切，只为了追求与他的爱情。几年之后，悔恨放弃了一个好男人，为的是追求自己的成就。可是现在自己站在办公室的落地窗前又如何？两者之间真的不能兼得吗？”既然选择了，那你就必然会放弃你权衡过的应该放弃的东西，那为什么还要后悔呢？我们不用后悔，我们能做的就是放弃我们所应该放弃的，然后追求我们想得到的，不用后悔。

舍得这两个字是分不开的，有舍才有得。你作出了决定就别反悔，因为生命的列车是不等人的。在你做决定的同时，实际上你就在失去。你唯一能够做的，就是想清楚你所选择的是不是真的比你放弃的更重要。很多人后悔，不是因为现在的状况不如以前，而是因为当时选择的时候，他们根本没有想清楚将来的状况。

在同一个时间段内，你在外面疯狂地忙碌着挣钱，你陪父母的时间就得减少；你去游山玩水，你就放弃了工作挣钱的机会；你去思考你为什么会后悔，实际上此时已经为你下一次后悔埋下了伏笔。上一次选择的方向往往会决定下一次选择的方向。如果发现方向错了，为什么不迅速收住，做你认为正确的呢？当局者迷，旁观者清。我们很多时候应该聆听别人的意见，以选择最优的方案。否则就像那个神父一样，失去自在的世界，那就很可悲了。

选择是人一生的状态，重要的是要尽可能地选择适合自己的。如果你发现方向错了，就应该马上停下来，不能再继续了。如果你选择了不适合的，却一直坚持，那结果就只能是南辕北辙，坚持得越久失败得越惨。为人处世就是这样，扰而毅，缺一则废。

苦寻得不到，放下即得来

春秋时期，孔子的弟子子夏到莒父做宰辅，问孔子如何施行政策。孔子笑说："无欲速，无见小利；欲速则不达，见小利则大事不成。"南先生解释：孔子告诉子夏：为政的原则就是要有远大的眼光，不要急功近利，不要想很快就能作出成果，也不要为一些小利益花费太多的心力，要顾全整体大局。"欲速则不达"是至理名言。

如果做事情一味主观地求急图快，违背客观规律，那么事情就很可能向相反的方向发展。如果每个人做事都能摆脱急于求成的心理，而是步步为营，那么达到目的就应该是顺理成章的。

有一个小孩子很喜欢研究生物，他想知道蛹是如何破茧成蝶的。有一次，他在草丛中玩耍时看见一只蛹，便带回了家，日日观察。几天以后，蛹出现了一条裂痕，里面的蝴蝶开始挣扎，想抓破蛹壳飞出来。艰辛的过程达数小时之久。蝴蝶在蛹里拼命地挣扎。小孩看着有些不忍，便随手拿起剪刀将蛹剪开，蝴蝶破蛹而出。但没想到，蝴蝶挣脱以后，因为翅膀不够有力，变得很臃肿，根本飞不起来，之后便痛苦地死去。

破茧成蝶的过程原本就是非常痛苦与艰辛的，但只有付出这种辛劳才能换来日后的翩翩起舞。外力的帮助违背了自然规律，让爱变成害，最终令蝴蝶悲惨地死去。把自然界中这一微小的现象放大至人生，意义深远。

急于求成的人时常会"欲速则不达"，放眼社会，大多数人虽然知道这个道理，但却总是背道而驰。历史上很多的名人是在犯过此类错误之后才懂得成功的真谛的。

宋朝的朱夫子是个绝顶聪明之人，他十五六岁就开始研究禅学，然而到了中年之时才感觉到速成不是良方，只有经过一番苦功方有所成。他有一句箴言对“欲速则不达”作了一番精彩的诠释：“宁详毋略，宁近毋远，宁下毋高，宁拙毋巧。”

急于求成的人往往性格浮躁，做一件事情总恨不能马上做好。追求效率原本没错，然而，一旦过分地追求效率便会丧失做事的目的性，最终一无所成。因为急功近利必定造成目光短浅，只看到眼前的利益，盲从世俗、胸无大志、心胸狭窄，认为好吃、好穿、好玩乐就是好。为了吃穿玩乐，有的人就变得不择手段，不顾廉耻，成天绞尽脑汁地投机取巧，什么人格、尊严、德行、操守、灵魂，通通抛到九霄云外。这样的人终日大汗淋漓、忙忙碌碌、辛辛苦苦，最后一无所获，无从享受。我们可以观察生活中的每一位成功者，都不是通过以上的途径来完成的。作家因为急于求成而写不出好作品，艺术家因为急于求成而忽视了艺术的内涵，运动员因为急于求成会有违规行为。为求得一时的痛快，以长远的痛苦作为代价，或许暂时得了名利，但其后往往是期望越大，失望也越大。过度失望会让人觉得活着真累，毫无幸福可言。

南先生力诫急于求成，希望世人学会等待。因为只有知道如何等待的人才具有深沉的耐力和宽广的胸怀。人们行事绝不要过分仓促，也不要受情绪左右。能制己者方能制人。在机会到达之前，明智的踌躇不定可使成功更加靠近。

1910年，28岁的他只是一个从耶鲁大学中途辍学的木材商人。有一天，他在观看了一场飞行表演后突发奇想：为什么不把飞机改造成经济实用的交通工具呢？自此，他对飞机产生了浓厚的兴趣，并不断地研究飞机的构造。因为那时飞机只处于启蒙时期，驾乘飞机只是少数人用以娱乐、运动的一种昂贵消费，所以当时科学界对他提出的“发展航空事业”嗤之以鼻。但他并未就此放弃，而是开始了十几年如一日的飞机制造。

20世纪20年代，他觉得替美国邮政运送邮件将会是一桩赚钱的生意，于是决定参加“芝加哥——旧金山邮件路线”的投标。为了赢得投标，他把运输价格压得非常低，反而引起了专家们的怀疑。他们认为他的公司必定倒闭，甚至邮政当局也怀疑他能否撑得下去，要求他交纳保证金才肯签约。但他非常自信，他对公司研制的飞机重量进行严格要求。不出所料，他的邮件运送业务开始获利，很快，他从运送邮件发展到载运乘客。

第二次世界大战结束后，航空工业空前萎靡，他的公司也停产了。为谋生计，他不得不转为制作家具，但仍想方设法供养着公司的几个重要骨干，以保证飞机研发计划能继续进行。他身边传来各种各样的声音，大部分人认为他太狂热，不切实际，但他坚信航空业终究会柳暗花明，他说：“我可以预见未来……”

他就是这样特立独行、我行我素。今天，这个自以为是的人所创立的飞机制造公司成为全世界最大的商用飞机制造公司之一。他便是闻名全球的波音飞机制造公司的创始人——威廉·波音。

要想比别人看得远，我们就要比别人有耐心些；要想比别人走得远，我们就要比别人想得远些。一个想掌控未来的人，就应该像威廉·波音一样不急于求成，在不断失败中学会等待。否则，就会陷入不尽的困惑中，想不开、走不出，不仅会减缓成功的速度，也容易多走弯路，甚至会遭遇险情。

俗话说得好：“只要给我时间，我一个顶两个。”命运对有耐心等待的人给予双倍的奖赏，获取难得之物的最好方法就是对它们带来的折磨不屑一顾。我们对它苦苦寻觅却不见踪影，说不定把它放下之后它却转瞬即来。

第十一章　后知后觉者，先觉幸福

——南怀瑾谈心理能量

屈是一种气度，伸是一种魄力

有一个人在社会上总是不得志，有人向他推荐一位得道大师。

他找到大师，倾吐了自己的烦恼。大师沉思了一会儿，默默地舀起一瓢水，说："这水是什么形状？"这人摇头："水哪有形状呢？"

大师不答，只是把水倒入一只杯子。这人恍然省悟，道："我知道了，水的形状像杯子。"

大师无语，轻轻地拿起花瓶，把水倒入其中。这人又道："哦，难道说水的形状像花瓶？"

大师摇头，轻轻地提起花瓶，把水倒入一个盛满花土的盆中。水很快就渗入土中，消失不见了。这人陷入了沉思。这时，大师俯身抓起一把泥土，叹道："看，水就是这么消逝了，这就是人的一生。"

这人沉思良久，忽然站起来，高兴地说："我知道了，您是想通过水告诉我，社会就像一个个有规则的容器，人应该像水一样，在什么容器之中就像什么形状。而且，人还极有可能在一个有规则的容器中消失，就像水一样，消失得迅速、突然，而这一切都无法改变。"

这人说完，眼睛急切地盯着大师，希望得到大师的肯定。

"是这样。"大师微笑着说："又不是这样！"说毕，大师出门，这人随后。在屋檐下，大师伏下身，用手在青石板的台阶上摸了一会儿，然后停住。这人把手指伸向大师手指所触之地，那里有一个浅浅的凹陷处。

大师说："下雨天，雨水就从屋檐落下。你看，这个凹处就是雨水落下的结果。"

此人于是大彻大悟："我明白了，人可能被装入有规则的容器里，但又可以像这小小的雨滴一样改变坚硬的青石板，直到把容器破坏。"

大师点头："对，这个浅窝儿会变成一个深洞。"

人生当如水，无常形常式，却包容万物，无往不利。能屈能伸，乃智者的人生。

这与南怀瑾先生所坚持的人生哲学不谋而合。南怀瑾先生认为，人在遇到不测风云时，能站起来就站起来，站不起来就得见机行事，即要能屈能伸，不可撞得头破血流，让自己难有东山再起之日。只有进退皆宜，能屈能伸，人生之路才会越走越宽。

一个人为人处世如果能够参透屈伸之道，则会进退得宜、刚柔并济，无往不胜。能屈能伸，屈是积聚能量，伸是释放能量。屈是伸的准备，伸是屈的目的。屈是手段，伸是目的。屈是充实自己，伸是展示自己。屈是圆通，是高超的处世技巧；伸为圆满，是美妙的做人境界。屈是柔，伸是刚。无论是个人还是国家，都需要具备屈伸的智慧。

一次，滕文公面临强大的齐国将在邻国薛筑城时，心里非常恐慌，于是请教孟子应该怎么做。孟子回答说："昔者大王居邠，狄人侵之，去之岐山之下居焉。非择而取之，不得已也。苟为善，后世子孙必有王者矣。君子创业垂统，为可继业。若夫成功，则天也。君如彼何哉！强为善而已矣。"孟子举出了周朝先祖的例子，即周太王为避狄人的侵犯，体恤百姓，到岐山避难。意在劝谏滕文公面临强敌，不要与敌人争强斗胜，而是自己努力为善，巩固内部，然后自立图强。

孟子在这里提出了使国家保存下来的最实用的办法，就是能屈能伸之道。项羽当年率兵反秦，称王称霸，真是英雄豪气盖云天，而他在败北之际却选择了自刎，空留一曲"力拔山兮气盖世，时不利兮骓不逝。骓不逝兮可奈何？虞兮虞兮奈若何"的悲歌。如果项羽能够回到江东，也许江东子弟还会跟随他重争天下，其结局也就不会如此悲惨。因此，一个人在该示弱时就应当示弱，万不可因一时之意气葬送自己的一生。

为此，南怀瑾先生告诉我们说，大丈夫要能屈能伸。能屈难，能伸也不容易。勾践灭吴的故事是众所周知的。勾践被吴国打败，困于会稽山上，他遇到了人生道路上的一个最艰难困苦的时期。他选择了蛰伏，卧薪尝胆，"10年生聚，10年教训"，励精图治，终于一举灭吴。这正是勾践能屈亦能伸的结果。

屈是一种气度，伸是一种魄力。处逆境当屈则屈，这是大丈夫的作为。当屈不屈，意气行事，那是莽夫的行为，很容易折断。处顺境乘势应时，该伸则伸，这是伟丈夫。当伸不伸，一蹶不振，优柔寡断，那就是无能。伸后能屈，需要大智；屈后能伸，需要大勇。屈有多种，并非都是胯下之辱；伸亦多样，并不一定叱咤风云。屈中有伸，伸时念屈；屈伸有度，刚柔相济。

做人就要学会能屈能伸，无论是在生活中还是在工作上都是如此。要学会做水一样的人，很好地适应这个社会，既可以和别人在一起共事，也可以一个人独立地做工；既可以被别人捧到天上，也能忍受别人的责骂，在不断屈伸中慢慢地成长，完善自己的价值观和人生观。做人若能达到屈伸自如的境地，那么世界上就再也没有困难和挫折、厄运和耻辱，它们全都在屈伸的转换中化作奋起的力量，帮助人们去赢取前方更大的成功。

“装糊涂”很难

我们知道，“愚不可及”是一个贬义词，是说一个人蠢到家了。如果谁不小心被套上了这个词，那么这个人必定是愚蠢至极。事实上，愚不可及有时却是一种非常高明的处世之道。

宁武子是春秋时代卫国有名的大夫，他经历了卫文公、卫成公两个完全不同的朝代，安然做了两朝元老。在国家政治上了正轨时，他的智慧、能力发挥得淋漓尽致；当社会、政治一切都非常混乱，情况险恶时，他还在朝参政，但却表现得愚蠢鲁钝，好像什么都很无知。但从历史上看他并不笨，对于当时的政权、社会，在局外人无形之中看不清的情形下，他仍在努力地挽救，表面上好像碌碌无能，实际却是有所作为。所以孔子给他下了一个结论：“宁武子，邦有道则知，邦无道则愚。其知可及也，其愚不可及也。”意思是说：宁武子这个人，当国家有道时，他就显得很聪明；当国家无道时，他就装傻，他的那种聪明别人可以做到，他的那种装傻别人就做不到了。

南先生结合宁武子的故事和孔子的话，得出了“大智若愚”与“难得糊涂”的结论。聪明难得，糊涂更加难得。人活在世上，谁不愿意聪明自信，大展宏图呢？谁不愿意春风得意，成为万人瞩目的对象呢？但有时一个人太突出，反而容易成为众矢之的。所以在必要时，一个人需要隐匿锋芒，要学会揣着明白装糊涂。

其实，从某个角度看，糊涂是一种心态，是一种做人的智慧。既然世上许多事都不容易分清对错，或者说根本没有搞清楚的必要，那么还是装糊涂比较明智。

其实难得糊涂的人实际上是再清醒不过了，他之所以要“糊涂”，是因为将世上的一些事情看得太明白、太清楚、太透彻，因为有某种难以言表的原因不得不糊涂起来。生活中，人们在该装糊涂时不妨就糊涂一把。

历史上，有糊涂者，也不缺聪明者，但那些不识时务的聪明者的后果往往是“聪明反被聪明误”，给后人留下了血的教训。“机关算尽太聪明，反误了卿卿性命”，这话出自《红楼梦》，说的是为人过于精明的王熙凤，她精于算计，处事八面玲珑，最后的结局却是丢掉了性命。《红楼梦》第46回有这样的情节：

邢夫人把凤姐叫来，悄悄地对凤姐说：“叫你来不为别的，有一件为难的事，老爷托我，我不得主意，先和你商议：老爷因看上了老太太屋里的鸳鸯，要她在房里，叫我和老太太过去。我想这倒是常有的事，就怕老太太不给。你可有法子办这件事吗？”

王熙凤万万没想到，婆婆将这样一件尴尬事推到自己面前。一方面婆婆交办的事不好推托，另一方面鸳鸯是贾母最信任的大丫头，如果插手此事，肯定会得罪贾母，更了不得。凤姐想了想，决意采取精明的态度，避免介入这件尴尬事。她对邢夫人笑着说：“依我说，就别碰这个钉子去。老太太离了鸳鸯，饭也吃不下去，哪里舍得了……太太别恼；我是不敢去的……老爷如今上了年纪，行事不免有点儿悖晦，太太劝劝才是。比不得年轻，做这些事无碍。如今兄弟、侄儿、儿子、孙子一大群，还这么闹起来，怎么见人呢？”

王熙凤企图用这些话打消邢夫人帮贾赦占有鸳鸯的念头。但是，禀性愚弱、只知奉承贾赦以自保的邢夫人不识相，王熙凤劝她别去碰钉子，她却先让王熙凤碰了钉子。邢夫人道：“大家子三房四妾的也多，偏咱们就使不得？我劝了也未必依……我叫了你来，个过商议商议，你先派了一篇的不是！也有叫你去的理？自然是我说去。你倒说我不劝！你不是不知道老爷那性子！劝不成，先和我闹起来。”

王熙凤知道再劝下去，婆婆就会对自己有看法，马上见风使舵：“太太这话说得极是。我能活多大，知道什么轻重？想来父母跟前，别说一个丫头，就是这么大的一个活宝贝，不给老爷给谁……我先去哄着老太太，等太太过去了，我搭讪着走开，打屋子里的人我也带开，太太好和老太太说，给了更好，不给也没妨碍，众人也不能知道。”

王熙凤这番话表面上是为邢夫人出谋划策，实际上是在给自己预留后路，让邢夫人自己去碰钉子。邢夫人见她这般说，便又欢喜起来，说道：“正是这个话了。你先过去，另露一点风声，我吃了晚饭就过来。”果然事到临头，王熙凤以换衣服为借口脱离了“是非之地”，自己巧妙地躲开了。

邢夫人先与贾母说了一会儿闲话，然后到鸳鸯的卧房向鸳鸯摊牌，结果碰了一鼻子灰。鸳鸯最后哭闹着来到贾母面前，表示了誓死不离贾母的决心。此时的贾母果然不出所料，气得浑身打战，把在场的人不分青红皂白地臭骂了一顿：“我统共剩了这么一个可靠的人，他们还要来算计！”“外头孝顺，暗地里盘算我！剩了这个毛丫头，见我待她好了，你们自然气不过，弄开了她，好摆弄我！”王熙凤也在现场，贾母责怪她几句，她便用早已想好的几句中听的话哄得贾母没了脾气。后来，邢夫人被贾母数落得满脸通红，浑身感觉不自在。

如果就事论事，王熙凤这件事做得很漂亮，既没有得罪邢夫人，更没有得罪贾母，在无形当中化解了一场可能出现的大风波。但是，王熙凤的悲剧在于她时时处处都这样精明，让上上下下、里里外外的人都知道她是个很精明的人，这不但让她自己活得很累，还让大家都对她产生了疑惧乃至反感，更是四面树敌，真可谓聪明反被聪明误，“机关算尽，反误了卿卿性命”。

中国古代的道家和儒家都主张“大智若愚”，而且要“守愚”。其实在“若愚”的背后，隐含的是真正的大智慧、大聪明。聪明难，明白之后再糊涂更难，装糊涂更是难上加难。

在吃亏后得福

南怀瑾先生认为不与人争，处处忍让，表面上看是吃亏了，但事情总有因果，处处体现“舍”的心，日积月累，就会积累无量的福德。所以说吃亏是福。

实际上一个人没有无缘无故的得到，也没有无缘无故的失去。吃亏是福，生活中吃点亏算什么！吃亏有时能换来难得的和平与安全，有时能换来心理的平和与安稳。在吃亏后，我们可以重新调整我们的生命，并使它放射出绚丽的光芒。

杨玢是宋朝的一位尚书，年纪大了退休在家，无忧无虑地安度晚年。他家的住宅宽敞、舒适，家族人丁兴旺。有一天，他在书桌旁正要拿起《庄子》来读，他的几个侄子跑进来，大声说：“不好了，我们家的旧宅被邻居侵占了一大半，不能饶他！”

杨玢听后，问：“不要急，慢慢说。他们家侵占了我们家的旧宅地？”“是的。”侄子们回答。

杨玢又问：“他们家的宅子大？还是我们家的宅子大？”侄子们不知其意，说：“当然是我们家的宅子大。”

杨玢又问：“他们占些旧宅地，于我们有何影响？”侄子们说，“没有什么大的影响。虽无影响，但他们不讲理，就不应该放过他们！”杨玢笑了。

过了一会儿，杨玢指着窗外落叶，问他们：“那树叶长在树上时，那枝条是属于它的，秋天树叶枯黄了落在地上，这时树叶怎么想？”他们不明白含义。杨玢便干脆地说：“我这么大岁数，总有一天要死的，你们也有老的一天，也有要死的一天。争那一点点宅地对你们有什么用？”他们总算明白了杨玢讲的道理，说：“我们原本要告他们，连状子都写好了。”

侄子呈上状子，杨玢看后，拿起笔在状子上写了四句话：“四邻侵我我从伊，毕竟须思未有时。试上含光殿基望，秋风衰草正离离。”

写罢，他再次对侄子们说：“我的意思是在私利上要看透一些，遇事都要退一步，不必斤斤计较。”

人生之所以多烦恼，皆因遇事不肯让他人一步，其实，这是很愚蠢的做法。

做人应当“忍让”，宁可自己受些委屈或吃点亏，也不要为小事而与对方争个脸红脖子粗，甚至打得头破血流。

清代时，当朝宰相张英与一位姓叶的侍郎都是安徽桐城人，两家毗邻而居。两家都要起房造屋，为争地皮，发生了争执。张老夫人便修书北京，要张英出面干预。这位宰相立即做诗劝导：“千里修书只为墙，让他三尺又何妨？万里长城今犹在，不见当年秦始皇。”张老夫人见书明理，立即把院墙主动退后三尺。叶家见此深感惭愧，也把院墙让后三尺。这样就让出了一条六尺巷。

杨尚书和张宰相都是了不起的大人物，他们能取得那么高的地位，想必与他们为人处世有莫大的关系。一个人为人处世要能忍让，真的会退一步海阔天空。我们不要计较一时的得失，要把名利得失看得淡些。这样，我们就会发现这个世界其实很美好，没有让人头痛的纷争，因为所有的纷争到了我们这里都被我们的容忍化解了。

唐代两位名叫“寒山”与“拾得”的智者的对话从某种意义上来说对我们很有启发：

一日，寒山对拾得说：“今有人侮我、笑我、藐视我、毁我、伤我、嫌恶恨我、诡谲欺我，则奈何？”拾得曰：“子但忍受之，依他、让他、敬他、避他、苦苦耐他、不要理他。且过几年，你再看他。”

那个欺侮寒山、高傲不可一世的人结局可想而知，而我们也一定可以想象得出寒山、拾得胜利的微笑——尽管这可能是一种超脱圆滑者的微笑，不过，它的确会给我们的生活带来一些好处。

所以，如果我们知道福祸常常是并行不悖的，懂得福尽则祸亦至、祸退则福亦来的道理，那么，我们就真的应该采取“愚”、“让”、“怯”、“谦”的态度来避祸趋福。所以“吃亏是福”不失为人生一种特殊的处世哲学，“吃亏是福”也是一种生活的艺术。

“吃亏”大多是指物质上的损失，倘使一个人能用外在的吃亏换来心灵的平和与宁静，那无疑将获得人生的幸福。有位哲人曾写下下面这段令人拍案叫绝的文字，它的确是对“吃亏是福”的最好的诠释。

人，其实是一个很有趣的平衡系统。当你的付出超过你的回报时，你一定取得了某种心理优势；反之，当你的获得超过了你付出的劳动，甚至不劳而获时，便会陷入某种心理劣势。很多人拾金不昧，绝不是因为跟钱有仇，而是因为不愿意被一时的贪欲搞坏了长久的心情。有时，你是用物质上的不合算换取精神上的超额快乐。也有时，你看似占了金钱便宜，却同时在不知不觉中透支了精神的快乐。所以先哲强调吃亏是福，就是这样一个道理。现实生活中，很多人以低调的姿态做着各种各样的善事，在不同的程度上，他们就是我们常说的“贤人”。

要明哲保身就要抱残守缺

南怀瑾先生说明哲保身是一个为官者的生存之道，它和老子《道德经》提倡的阴柔哲学相吻合。那么明哲保身的法宝到底是什么呢？一言以蔽之：抱残守缺。

从历史上看，仕途还是太险恶，一个人要是在官场能做到公正廉明，那么对百姓而言是好事，可是他周围的官员可不一定领他的情，说他好。在历史上为官的做到为公，实际上他本身就是条“鲶鱼”，而另外的一群不为公，甚至只谋私的人就是一群“沙丁鱼”，他们数量很多。鲶鱼和沙丁鱼是不相容的。为公的官员一加进来，那些为私的官员就都紧张了，于是排挤他，用各种手段找碴儿，抱成团与之对抗，使得双方的关系很紧张。因此，一般人在为官生涯中总是要兼顾八方，权衡利弊，只有这样才能战战兢兢地保全自己。尽管这样还是危机四伏，很多人在不经意间就成为官场斗争的牺牲品。

有句话说“木秀于林，风必摧之”，树大招风，就是因为它太显眼了。

春秋时期，郑庄公准备伐许。战前，他先在国都组织比赛，挑选先锋官。将领们一听露脸立功的机会来了，都跃跃欲试，准备一显身手。

将领们在首先进行的击剑格斗中都使出了浑身本领，争先恐后。经过轮番比试，选出了6个人参加下一轮射箭比赛。在射箭项目上，取胜的6名将领各射3箭，以射中靶心者为胜。最后颍考叔与公孙子都打了个平手。

可先锋官只有一位，所以，他们俩还得进行一次比赛。于是，庄公派人拉出一辆战车来，说：“你们二人站在100步以外，同时来抢这部战车。谁抢到手，谁就是先锋官。”公孙子都轻蔑地看了颍考叔一眼，哪知跑了一半时，公孙子都不小心，脚下一滑，跌了个跟头。等他爬起来时，颍考叔已抢车在手。公孙子都当然不服气，于是提了长戟就来夺车。颍考叔一看，拉起车来飞步跑去。庄公忙派人阻止，宣布颍考叔为先锋官。公孙子都因此对颍考叔怀恨在心。

战争开始了，颍考叔果然不负庄公所望，在进攻许国都城时，手举大旗率先从云梯冲上许都城头。眼看颍考叔就要大功告成，公孙子都记起前事，竟抽出箭来搭在弓上，瞄准城头上的颍考叔射去，一箭把没有防备的颍考叔射死了。

所谓“花要半开，酒要半醉”，鲜花在吐蕊盛开、娇艳欲滴的时候，不是立即被人采摘而去，也就是衰败的开始。颍考叔正是因为锋芒毕露、精明过头，才落得个惨死的下场。能担任先锋官建功立业固然圆满，但是就此丧生却不如抱残守缺。

很多人在官场能如鱼得水，其实就是因为他们深知道“抱残守缺”的道理。抱残守缺不是说故步自封、停滞不前，而是说要恰到好处、点到为止。所谓“残缺”是相对于人们心里希望得到的全部而言的，自己所得为残，自给自足为缺。

三国时曹魏阵营有两个著名谋士，一是杨修，一是荀攸。杨修自恃才高，处处点明曹操的心事，经常搞得曹操下不了台，曹操“虽嬉笑，心甚恶之”，终于借一个惑乱军心的罪名把他杀了。而荀攸则完全是另一种结局。他在朝20余年，能够从容自如地处理政治旋涡中上下左右的复杂关系，在极其残酷的人事倾轧中，始终保持地位稳定，立于不败之地。荀攸是如何处世安身的呢？曹操说他“外愚内智，外怯内勇，外弱内强，不伐善，无施劳，智可及，愚不可及，虽颜子、宁武不能过也”。这说的是什么意思呢？就是说他虽智慧过人、奋勇当先、不屈不挠，但他对曹操、对同僚却不露锋芒、不争高下，表现总是很谦卑、文弱、愚钝。

因为荀攸内心有个度，他知道怎么样做恰到好处，知道怎么样守住自己的“残缺”，结果20多年深受曹操宠信。

清朝的曾国藩在为官方面也做得很好。他恪守“清静无为”的老庄思想。他常表示，于名利之外，须存退让之心。太平天国末期，他的这种思想愈加强烈，一种兔死狗烹的危机感时常萦绕在他的心头。他意识到了自己的残缺，而且懂得只有退让才能保住自己的实力。所以在天京攻陷之后，曾国藩立即遣散湘军，坚定了长期抱残守缺的信念，不准备再叱咤风云了。对于他来说，更多的战功并不意味着荣誉，恰恰相反，可能意味着功高盖主，因而引起朝廷猜忌。曾国藩做事的度掌握得很好，很高明。

我们今天处在激烈竞争的社会里，虽然相信周围的人是友好的，但是这并不是说不存在坏人，很多时候别人会落井下石，令人防不胜防。知道抱残守缺，懂得守住自己的一亩三分地，能够清楚“残缺”的范围，能够掌握做事情的火候，对我们来说是很有用的。

两点之间最近的距离是曲线吗

尧舜传位，很值得品评，南怀瑾先生认为尧子丹朱不肖，尧发明围棋来训练他的儿子，以便让儿子的思维更缜密，结果一无所获。于是尧放弃了传位于子的念头，将自己的帝位传给了舜。后来历史学家认为帝尧真是高明，他传位于舜，是政治上最高尚的道德，同时也是保全自己后代子孙的最高明的办法。南怀瑾先生推测，如果当时由丹朱即位称帝的话，也许他作威作福，变得非常坏、非常残暴，那么尧的后代子孙也可能会不能善终了。尧把天下传给了舜，反而保全了他的后代，这便是“曲则全”的道理。实际上我们中国人做事历来讲究方法。我们再来看看小白做事的方法。

公元前686年，公孙无知反叛，杀死齐襄公，自立为君。一个月后，公孙无知被大臣设计刺死。国不可一日无主。于是，齐国的大臣派人迎接流亡鲁国的公子纠回国继位，鲁庄公亲自率兵护送。效忠公子纠的管仲预计：流亡在莒国的公子小白也可能回齐国争位，为了防止公子小白回到齐国继位，管仲亲自率30辆兵车去拦截公子小白。在过即墨15多公里的地方，管仲所带的一队人马与公子小白相遇。争斗中，管仲弯弓搭箭，向公子小白射箭，只见小白大叫一声，口吐鲜血，扑倒在车上。此时，管仲才拨转马头，带一行人优哉游哉地护送公子纠回齐国即位。殊不知，当他们到达齐国的边界时，公子小白已抢先一步即了王位，成了齐国国君齐桓公。管仲和公子纠大为惊惑。原来，管仲的那一箭并没有射中小白，而是射到小白的带钩上，小白趁势咬破舌尖，喷血倒下装死，蒙骗了管仲。然后，公子小白抄近道急奔回国，经谋士鲍叔牙说服了齐国众大臣，登上了王位。

公子小白利用这种佯装的办法成为一国之君。相对于这些大事大人物，在小人中把随机应变、机灵办事运用得最活络的要数大太监李莲英了。他的得宠并不是偶然的，也不是没有道理的。

慈禧爱看京戏，常以小恩小惠赏赐艺人一点儿东西。一次，她看完著名演员杨小楼的戏后，把他召到眼前，指着满桌子的糕点说：“这一些赐给你，带回去吧！”

杨小楼叩头谢恩，他不想要糕点，便壮着胆子说：“叩谢老佛爷，这些尊贵之物，奴才不敢领，请……另外恩赐点……”

“要什么！”慈禧心情高兴，并未发怒。

杨小楼又叩头说：“老佛爷洪福齐天，不知可否赐个字给奴才。”

慈禧听了，一时高兴，便让太监捧来笔墨纸砚。慈禧举笔一挥，就写了一个“福”字。

站在一旁的小王爷看了慈禧写的字，悄悄地说：“福字是‘示’字旁、不是‘衣’字旁的。”杨小楼一看这字写错了，若拿回去必遭人议论，岂不是有欺君之罪；若是不拿回去也不好，慈禧一怒就要自己的命。要也不是，不要也不是，他一时急得直冒冷汗。

气氛一下子紧张起来，慈禧太后也觉得挺不好意思，既不想让杨小楼拿去错字，又不好意思再要过来。

旁边的李莲英脑子一动，笑呵呵地说："老佛爷之福，比世上任何人都要多出一'点'呀！"杨小楼一听，脑筋转过弯来，连忙叩首道："老佛爷福多，这万人之上之福，奴才怎么敢领呢！"慈禧正为下不了台而发愁，听这么一说，急忙顺水推舟，笑着说："好吧，隔天再赐你吧！"就这样，李莲英为二人解脱了窘境。

李莲英的机智在于借题应变，将错就错。这种圆场技术不仅需要智慧，也是与脑子机灵、嘴巴活络分不开的。慈禧常夸"小李子"会办事，看来并非虚言。

人活一世，生存环境不断变迁，各种事情接踵而来，墨守成规、只认死理是无论如何都行不通的。讲究"曲"，并不是要我们奴颜屈膝，而是要我们在处理事情的时候要变通，要想办法保全自己，要在关键时刻能灵机一动，这是一种本事。过于耿直的人有时候不被人们接受，就是因为他忽略了一些人性化为人处世的方法。事实上，很多时候人是情绪化的，并不是完全理智的。即使是忠言，但是逆耳，许多人就是不爱听。因此人们做事说话讲究策略是很必要的。

变通在职场上也特别重要。你的上司，或者你的同事，说不定就是你的对头。但是剑拔弩张对彼此都不利，不如做事情讲点儿技巧，那样于你于他都是一件好事。这并不是什么圆滑。如果你个性耿直，不愿意变通，那么多少应该讲点儿技巧，作简单的换位思考，你就会发现自己所坚持的其实没有多大的必要。

克制也是一种生存之道

南怀瑾先生在讲到学佛的时候说："我恭劝大家，学佛修道要严于律己、恕以责人，对自己要求严格。其实道德是要恕以责人，别人有错要包容，尽量宽恕别人，原谅别人。”有的人讲道德，往往只是以道德标准去要求别人，而不是要求自己。南怀瑾先生强调得最多的就是克制，他说孔子一生也提倡克制，所谓“克己复礼”，就是对自己的行为要严格地限制，克制诸多不利的情绪。其实生活中难免会出现一些引起人们激动、愤怒、悲伤等情绪的事情，人们把它们直接宣泄出来，可率真，也可粗俗。但是更多时候，我们提倡克制，因为克制能够让人更加沉稳和理智，有时候甚至会散发出巨大的人格魅力。

在美国新奥尔良的中心广场上，矗立着一座美丽的大理石雕像，雕像上写着这样几个字：“玛格丽特雕像，新奥尔良。”

它的来历是这样的：在黄热病疯狂蔓延时，玛格丽特的父母被疾病夺去了生命，她成了一个孤儿。她非常贫穷，没有文化，除了会写自己的名字外几乎什么也不会写。她在年纪不大时就嫁了人，但不久她的丈夫死去了，她唯一的孩子也死去了。

于是她就到女子孤儿收容所去谋生。她和修女们一起从早到晚地忙碌不停，将整个生命都投入到了照料孤儿的工作中。当一家新的漂亮的收容所建造成以后，玛格丽特和修女们从原先的艰苦条件下解脱了出来。玛格丽特非常努力地工作着，将节省下来的每一分钱都用来帮助孤儿，因为她已经把这些孤儿当成自己的亲生孩子。

后来，玛格丽特还在这个城市开了一家属于自己的乳品面包店。这个城市的每个人都认识她，他们还资助她购买了运奶的小车和烤面包炉。而她自己从来就没有一件丝绸衣服，也没有戴过一双羊皮手套。她的努力后来得到了回报——她离开人世后，为表达对一个美丽的、无私的人的感激之情，这座城市就为这位孤儿的朋友和保护者建造了一座美丽的纪念雕像。

查尔斯·金斯利说：“让每个人都全身心地投入到应该做的事情中去，而不是做别的不应该做的事情。不久，他们的脑门就将印上某种标记，那也有可能是一种殉道者的印记，以显示他们所有勇敢坚毅的品质，也将显示其难能可贵的自我克制，显示其伟大的理想或无尽的悲痛。”玛格丽特遭遇了很大的不幸，她完全有理由埋怨度日。但是她却能坚强地站起来，以让人肃然起敬的毅力克制着由于苦难和不幸带来的情绪冲击，完全做到了无怨无悔地奉献自己的一生。

其实，自我克制也很简单。当你置身于狂热的球迷之中，面对赛场的风云突变，不跟着起哄，不吹口哨，不扔汽水瓶，这就是一种克制；在民主生活会上，面对种种意见、批评，甚至无中生有的责难，你眼不瞪、眉不皱，功过任人评说，有则改之、无则加勉，这就是一种克制；在家庭里，你面对妻子、丈夫的小题大做、喋喋不休，却一点儿不发脾气，仍然笑容可掬地端盘洗碗，查看孩子的加减乘除，这份理解和忍耐就是一种克制；别人踩了你的脚，你竟对那人宽容地一笑，你申报高级职称再次落空，依然不闹情绪，埋头工作；你深爱的女友或男友弃你而去，你却说“天涯何处无芳草”，抹一把泪，然后又热情地投入火热的工作和美好的生活……所有这些都是克制，它体现了人的优秀的品质和良好的道德修养。

生活中总有诸多的失意、落寞，看不惯的人和事实在太多太多，遭人误解，被人诽谤，甚至被别人耍弄也是常有之事。对此，那种动不动就骂娘，或以牙还牙、以拳相向，或自暴自弃，实在是不明智之举。做人就应当学会心存坦然、宽容，意寄旷达、宁静，情系深沉、真挚。这是做人的一种境界，也是学会克制的前提。

我们提倡自我克制，是因为它闪耀着理智之光。仁人志士即使渴死饿死，也不会去饮盗泉之水、吃嗟来之食。朱自清不就是宁肯饿死也不吃美国的救济粮吗？这份宁死不屈的克制表现了一个人多么高尚的节操啊！学会克制，就能够构筑起一道抵挡人欲物欲的长堤，顺利地通过物质的、金钱的、美色的一个个充满诱惑的陷阱，让我们的路越走越宽广，越走越光亮。

自我克制也是一种生存之道。俗语说“和气能生财”、“忍一忍百气消”，正是此理。面对别人的误解、谣言，甚至是恶意的中伤，如果你暴跳如雷，那就正中他人下怀。这样做不仅解决不了问题，你还会有“此地无银三百两”之嫌，至少背上“没有修养、缺乏风度”的恶名。为人不克制，会使误会加深，造成人际关系紧张，做事情很难。自我克制能避免冤冤相报，能使大事化小、小事化无，使阴谋破产，使误解冰消雪融。

克制体现出一个人的成熟美。一个成人如果不懂得自我克制，往往会被人看得轻浅、无知，就会被认为经受不住痛苦、挫折和失败。这样的人又怎能挑起重担，干出一番大事业呢？

提倡自我克制，并非叫人一味地无原则地忍让畏缩，更不是提倡夹着尾巴做人。当别人挑衅你做人的尊严时，你应当义不容辞地加以维护；面对毫无原则的人和事，你应当毫不留情地坚决地拒绝和抵制。

多一份克制，少一份冲动，你会觉得天宽海阔，游刃有余。学会自我克制会使你的生活之树常青、事业之树常青。

人的生活并非是一种无奈，而是可以由自身主观努力去把握和调控的。人生的“态度”决定人生的质量。心态决定人的命运，心态却是我们唯一能够完全掌握的东西。

无心插柳的境界

南宋夏元鼎写过这么一句诗：“踏破铁鞋无觅处，得来全不费工夫。”我们现在经常用它来比喻急需的东西费了很大的力气找不到，却在无意中得到了。其实生活中的很多事情也是这样，有心栽花花不发，但是无心插柳柳成荫。南怀瑾先生在解释“毋意，毋必，毋固，毋我”时说，所谓“毋必”，就是不要求每一件事必然要做到怎样的结果，天下事没有一个是“必然”的，自己希望要做到怎样，而事实往往未必像自己想象的那样。实际生活总是在变化中，很多事情虽然不尽如人意，但是有些也可能是超乎想象的。

梁启超是一位大学问家，他写文章速度奇快，写得极好，感情奔放。他是蒋百里的老师，但是实际的关系却是亦师亦友。有一次，他们一起出游欧洲。回国后，蒋百里百感交集、思绪万千，信笔挥洒，不久就写成一书，名曰《欧洲复兴时代史》。他想请他的老师梁启超帮他写个序言。梁启超欣然允诺。梁回家后正要下笔，忽然觉得草草写个序言，不足以把这本书的好处说完，不如他自己写的历史事例拿来，一一作为旁证。于是他就下笔写序言。结果发现一发不可收拾，越写越多。

“序言”写完了，给蒋百里过目。蒋百里一看这“序言”写得太长了，只好退回去。梁启超没有办法，只好自己取个书名出版了，这本书就是著名的《清代学术概论》。而且更有意思的是梁启超反倒让蒋百里为他的新书写序。

蒋百里也觉得很有趣，于是写下下面一段话，其中说“方震编《欧洲文艺复兴史》，既竣，乃征序于新会；而新会之序，量与原书埒，乃别为《清学概论》，而复征序于震……”

这段话的意思是蒋百里（小名方震）编写完《欧洲文艺复兴史》后，请梁启超为他作序言；当梁启超写完之后，蒋百里发现序言居然和他写的原著一样长，于是梁启超拿回去直接另立题目为《清代学术概论》，反过来让蒋百里给写序。故事到这里还没有完，后来梁启超将《清代学术概论》扩展为300多万字的大长篇，改名为《中国近三百年学术史》。这故事中可见梁启超的才气真的是纵横古今、气象万千。而他能写成《中国近三百年学术史》，却是偶然作序引起，是无心而兴趣大作，所谓无心插柳柳成荫了。

无心之举换来有形的回报，其道理就是人们不太关注，反而更加清静，他们的状态就会发挥到最好，得来全不费工夫。生活中的很多事情都是这样。正如南怀瑾先生解释老子时所说的那样，天地之所以能长久的原因是其“不自生”，也就是老子所说的“以其无私成其私”。

古往今来，我们论及的成功者，无一不是这种哲学的实践者。金庸笔下的大侠郭靖可谓名播遐迩，他能得到那么多人崇敬，配得上大侠二字，全靠他“为国为民，侠之大者”的思想支撑，全靠他为襄阳百姓拼死守城的壮举支撑。倘若仅仅是为了一己私利，他不会将生死置之度外。正是他那种心怀百姓的侠者风范，他才得以威名远扬。这难道不算以无私成全其私的好例子吗?

北宋范仲淹在他撰写的千古传诵的《岳阳楼记》写道：不以物喜，不以己悲，情感不轻易地随景而迁；升官发财之日，不会得意忘形；遭厄受穷之时，也不致愁眉不展；身居高职能为民解忧；一旦流离江湖依旧心系万民；在位也忧，离职也忧。如果问：似这般无日不忧，几时才是一乐？那就是“先天下之忧而忧，后天下之乐而乐”！这两句话高度概括了范仲淹一生所追求的人生目标和他忧国忧民的思想。

从青年时代开始，范仲淹就立志做一个有益于天下的人。为官数十载，他在朝廷犯颜直谏，不怕因此获罪。他发动了庆历新政，这一政治改革触及北宋的政治、经济、军事制度的各个方面，虽然由于守旧势力的反对，改革失败，但范仲淹主持的这次新政却开创了北宋士大夫议政的风气，传播了改革思想，成为王安石熙宁变法的前奏。

他在地方上任官，每到一地都是兴修水利、培养人才、保土安民，政绩斐然，真正做到了为官一任，造福一方。在生活上，他治家严谨，十分俭朴，平时居家不吃两样荤菜，妻子儿女的衣食只求温饱，一直到晚年，他都没建造一座像样的宅子，然而他喜欢将自己的钱财送给别人，待人亲热敦厚，乐于义助他人。当时的贤士，很多是在他的指导、推荐、提拔下成长起来的。即使是乡野和街巷的平民百姓，都非常尊重他。在他离任时，百姓总是拦住传旨使臣的路，要求朝廷让范仲淹继续留任。

范仲淹死后，朝野上下一致哀痛，甚至西夏甘、凉等地的各少数民族人民，都成百成千地聚众举哀，连日斋戒。凡是他任过职的地方，老百姓纷纷为他建祠画像，来到祠堂痛哭哀悼。

许多大公无私之人牺牲自身的利益，他们为此得到广大民众的爱戴和怀念。世间的许多事情都如此，当你刻意追逐功名时，它就像蝴蝶一样振翅飞远；而当你为了社会，为了他人，专心致力于公益事业时，那意外的收获已在悄悄地问候你。

王国维在《人间词话》中说，成大事业大学问者必经历三种境界：第一境界是“昨夜西风凋碧树。独上高楼，望尽天涯路”；第二境界是“衣带渐宽终不悔，为伊消得人憔悴”；第三境界是“众里寻他千百度，蓦然回首，那人正在，灯火阑珊处”。确实如此，很多美好的境界都是在蓦然一回首之间。正所谓“铁鞋踏破无觅处，得来全不费工夫”！南怀瑾先生曾说不必强求结果，那是因为结果蕴涵于平日的努力当中，等我们踏破铁鞋，一切就会豁然开朗。让我们多重视“义”，少注意“利”吧！

趋进退止，方圆自若

“方圆”是由老庄的道学中得来，与儒学的“中庸”之道有异曲同工的妙处。南先生常说，学问是不分家的，儒、道、佛迟早会趋于联合而形成一个大文化。

道家、儒家均讲方圆与中庸都需要深浅有度，太过圆滑便是狡猾厚黑。庄子曰："然则我内直而外曲，成而上比。"这句话是庄子的应世良方，意思是内心保持真心、真情，崇尚道义，但行为上却顺从圆润。内刚外柔，所谓"举世誉之而不加劝，举世非之而不加沮。定乎内外之分，辨乎荣辱之境。"

庄子虽然讲方圆，但他的方圆却有尺度，并不是毫无原则地任人摆布。比如与一个人在一起，可以跟他很亲近，但是自己的内心有一定原则，随和而不随便，这才是处世待人的最好方法。

南怀瑾先生说，内方、外圆，人们都很难做到，即便做到了也要注意一个更重要的原则：不能过于深沉，要恰到好处。"和不欲出"，自己内在心地要光明磊落，保持端正和平，但外表不能显露。

事实上，外圆内方并非老于世故、老谋深算者的处世哲学。圆，是为了减少阻力，是方法；方，是立世之本，是实质。船头不是方形而是尖形或圆形是为了劈波斩浪，更快地驶向彼岸。人生也像大海，处处有风浪，时时有阻力。是与所有的阻力进行正面较量，拼个你死我活，还是积极地排除万难，去争取最后的胜利？生活是这样告诉我们的：事事计较、处处摩擦者，即使壮志凌云、聪明绝顶，也往往落得壮志未酬泪满襟的结果。

老庄的理想道德是自然，是天地，是天圆地方。孔子的理想道德是中庸，是适度，是不偏不倚。外圆内方、深浅有度是一门微妙的、高超的处世艺术，使人们在正义和生活的天平上保持着微妙的平衡。

精通方圆之道的不只有郭子仪等辈，南先生还提到了冯道这个人。此人身处唐末五代时期，当时皇帝换来换去，国家动乱，政权更迭。每当一个朝代发生变动，冯道都会被请去辅政，他成了官场的不倒翁，直到73岁才去世，简直是个奇迹。南先生说，他由个人人生的经验和读史的体会得出了结论，冯道绝不是个简单的人物。如果在太平时代，冯道能够在政坛不倒或许并不稀奇，但在乱世中不倒就是本事。南先生由衷地赞叹："可以想见此人至少做到不贪污，使人家无法攻击他；而且在其他的品格行为方面也一定是炉火纯青，以至于无懈可击。"

冯道一生，曾事四姓、相六帝，在时事变乱的80余年中始终不倒，令人称奇。首先，此人品格行为炉火纯青，无懈可击，清廉、严肃、淳厚、宽宏；其次，深谙方圆处世之道，深浅有度、中正平和、大智若愚。冯道曾写诗云：

“莫为危时便怆神，前程往往有期因。须知海岳归明主，未必乾坤陷吉人。道德几时曾去世，舟车何处不通津。但教方寸无诸恶，狼虎丛中也立身。”言辞中尽显其戒骄戒慎、游刃有余之态。

冯道的处世风格的确如庄子所言一般。所以庄子才说，修道修至不着痕迹，内在方直而外面曲成，慢慢地向形而上的道上走，慢慢地升华，这样就是所谓为人处世的“外圆内方”，外面圆融，内在方直。不过，南先生常感叹时人不去学冯道，即使学也学不来，因为缺乏冯道的修养。冯道甚至可以包容和感化自己的敌人，试问又能有几人有此涵养？

真正的“方圆”之人是大智慧与大宽容的结合体，既有勇猛斗士的威力，又有沉静蕴慧的平和。真正的“方圆”之人能对大喜悦和大悲哀泰然不惊。真正的“方圆”之人行动时干练、迅速，不为感情所左右；退避时，能审时度势、全身而退，而且能抓住最佳机会东山再起。真正的“方圆”之人没有失败，只有沉默，那是面对挫折与逆境时积蓄力量的沉思。

古人道：“处治世宜方，处乱世宜圆，处叔季之世当方圆并用；待善人宜宽，待恶人宜严，待庸众之人当宽严互存。”处在太平盛世，待人接物应严正刚直；处天下纷争的乱世，待人接物应随机应变、圆滑老练；处在国家行将衰亡的末世，待人接物要方圆并济、交相使用。对待善良的人，态度应当宽厚；对待邪恶的人，态度应当严厉；对待一般平民百姓，态度应当宽厚和严厉并用。

如能做到以上所说的圆通又不失原则，既不过于锋芒毕露，又不软弱可欺，能够在纷繁复杂的人际关系中周旋纵横，那么这个人可以说就是完人，可以所向披靡。或许大多数人都感到如此做很难。于是南先生给了一个好办法：为人处世要善于巧妙地用曲线，便事事大吉了。说话办事别让自己太直接，说话婉转一点儿，办事柔软一点儿，“运用之妙，存乎一心”。

第十二章 幸福无关贫富，金钱不应成为罪过

——南怀瑾谈财富知足感

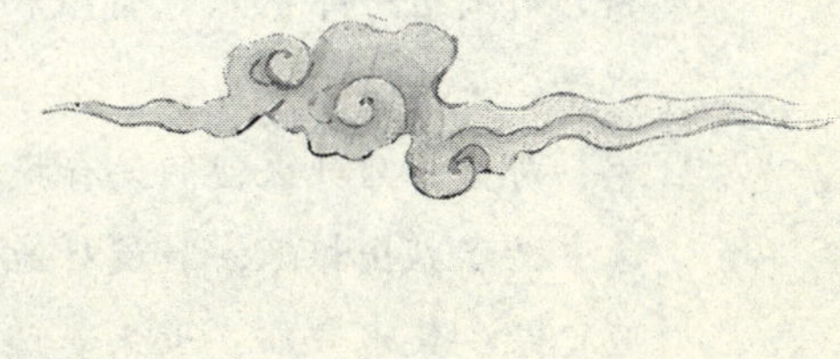

浮云掠过，富贵何意

《论语》中有这样一段经常被后人传颂的话：“不义而富且贵，于我如浮云。”意思是说用不义的手段获得的富贵名利，对于我来说，不过如天边的浮云，任它飘远无所憾。

南先生认为这段话是《论语》中最具文采、最优美的一段话，它形象地描绘出孔子的价值观与人生观。事实上，每个人的一生皆各有各的乐法，并不需要一味地依靠物质，依靠虚伪的荣耀。通过不合理地、非法地手段做到富贵至极其实是非常可耻的事。孔子认为，这种富贵对他来说等于浮云一样聚散不定，似乎拿到了，其实很可能转瞬间即消失。看清了这一点，人们就不会受物质环境、虚荣的惑乱，就可以建立自己的独立人格。

美国曾在1980年通过了《新难民法案》，使得居住在纽约水牛城收容所的500名难民成为美国的合法公民。这些偷渡者大多来自贫困国家，他们希望来美国实现自己的幸福梦。新法案颁布25周年时，该法案的受益者们搞了一次集会，他们承认自从成了美国公民，自己的生活有了空前的改善，但是，幸福的梦想远远没有实现。

一位社会学教授闻知此事，便展开了调查。首先他对那批难民的身份进行了一次全面的核实，发现这500人有一些共同点，即贫穷艰苦的经历和对金钱强烈的渴望。这批偷渡者由于都有着强烈的发财梦，来到美国后，经过20余年拼搏，有将近一半的人靠冒险和吃苦的精神让自己的生活达到了美国中产阶级的水平。

那么，为什么他们没有找到梦寐以求的幸福呢？

为了找出根源，教授对他们一一进行调查。下面是他对其中的3位所作的调查记录：某水产商，初来美国时，在迈阿密的水产一条街做黄鱼生意，现已由原来的一间店铺发展为连锁店。20年来，为了挤垮竞争对手，他从未休息过一天，更未出外度过一天假。某房产开发商，1995年之前，在12个市镇拥有房产开发权，因逃税被判一年零六个月监禁，被剥夺开发权，罚款7300万美元，现从事涂料进出口业务。某中介商，来美国后一直从事海地、多米尼加、波多黎各等国的劳务输出工作，本家族60%的人通过他在美国打工或暂住，现和他一起居住的亲属有十几人。

教授的调查报告历数了每个人的生活状态。这份报告被交到美国国务院之后，迅速被移交到移民部。没过多久，原纽约水牛城收容所的500名难民每人收到一个小册子，小册子的封面上写着：一个穷人成为富人之后，如果不及时地修正贫穷时所养成的贪婪心理，就别指望能跨入幸福的境界。

不久，美国《加勒比海报》报道一则消息，一位来自加勒比海地区的富翁卖掉公司，打算去过俭朴的生活。第二天，教授收到美国移民局的一封信：这批难民中已有一人找到了富裕后的幸福。

幸福其实很简单，不一定非要过奢华的日子，只要简简单单的就好。如果一个人终日围着“利”旋转，便会在“富贵”的诱惑中迷失自我，就会忘记应坚守的“义”，忘记应持守的“品”，忘记自己独立的精神人格，就会终日吃美食、喝美酒，沉湎于灯红酒绿的生活。长此以往，他的心里就会充满难以拂拭的尘埃，生活变得越来越无趣，除了吃喝玩乐似乎已经没有什么事情可做，他便开始追求刺激，一步步地滑向“不义”的深渊。这样的生活并不是人们想要的，人们期待的是毫无心灵负担的幸福。此种幸福该如何获得呢？这便是“放下”二字。“放下”不是叫你倾家荡产，也不是叫你自讨苦吃，而是你有钱便去做些力所能及的善事，无钱便独善其身。

在《格言》里就有这样一篇文章：

他今年76岁，和妻子居住在美国旧金山的一套一居室的出租屋里。他从来没有穿过名牌衣服，眼镜还是多年前从街头杂货店里买来的，佩戴的手表是地摊上买的塑料手表。他不爱美食，最喜欢的是价格低廉的烤奶酪和西红柿三明治。他没有自己的小汽车，外出通常都是乘坐公交车，他用的公文包是个布袋。如果你和他一起到小酒馆喝上一杯啤酒，他一定会仔细地核对账单。

你一定奇怪，一个贫穷而吝啬的美国老头有什么好说的？那么让我们看看他76岁以前都做了哪些事。

他曾为康奈尔大学捐了5.88亿美元，为加州大学捐了1.25亿美元，为斯坦福大学捐了6000万美元。他曾投入10亿美元，改造和新建了爱尔兰的7所大学和北爱尔兰的两所大学。他曾设立“微笑行动”慈善基金，为发展中国家的腭裂儿童做手术提供医疗费用。他曾为控制非洲的瘟疫投入巨额资金……迄今为止，他已经捐出40亿美元。他就是对己吝啬、待人大方，喜欢挣钱却不喜欢拥有钱的查克·费尼。

这么多年，他为人低调，行善一直隐姓埋名，捐款全部匿名，就连他亲自创立的高达80亿美元的“大西洋慈善基金会”，也拒绝以自己的名字命名。

目前，查克·费尼还有两个愿望：一个是2016年前捐出剩下的40亿美元；另一个是为富豪们树立一个榜样——“在享受生活的同时作出馈赠”。据说，比尔·盖茨和沃伦·巴菲特深受他的影响并已付诸行动。

媒体追问查克·费尼，为何非要把钱捐得一干二净？他的回答很简单，因为“裹尸布上没有口袋”。

“裹尸布上没有口袋”的意义，是指他可以毫无牵挂，生不带来、死不带去地离开人世。口袋能装什么呢？只是名和利罢了，没有口袋就等于丢掉了名利，死也死得身轻如燕，灵魂也能安稳地飞升。正如杜甫诗中所写：“丹青不知老将尽，富贵于我如浮云。”老之将至，富贵不过是美丽的浮云，飘来飘去，飘到自己的头上不会有多么欢喜，没有飘到自己的头上也不会伤心。它来来去去，你只是看着自己，不必太在意。

幸福，只需要一点儿知足、达观

生活在林中的小鸟只要有一根立足的树枝，它便会觉得整个天地都属于自己；口渴的田鼠只要饮到河中的一点点水，而不奢求一个粮仓。这便是“知足常乐”。南怀瑾先生讲，小人物有小人物的境界，只要自己觉得满足就可以了，没有必要再去贪求其他多余的东西。

每个人所拥有的身外之物，无论是有形的还是无形的，没有一样真正属于自己。那些身外之物不过是暂时寄存于你，有的让你暂时使用，有的让你暂时保管而已，到了最后，物归何主都未可知。南先生常言，智者会把这些财富通通视为身外之物。如果过分地索求，那就只能成为人生的一种负担，而它带给人的只有痛苦和对幸福快乐的无从把握。

知足常乐是一种对待事物的心情。《大学》中说："止于至善"，是说人应该懂得如何努力达到最理想的境地，懂得自己该处于什么位置。这便是知足常乐之意，在知前乐后当中透析自我、定位自我、放松自我。人们因为知足，所以不至于迷失方向，不会去追求不切实际的事物而把自己弄得心力交瘁。

庄子在《逍遥游》里曾提到的蟪蛄和朝菌等小小的动植物，它们存于世上的时间非常短暂，与世间种种长命百岁的物种根本不能相提并论。面对渺小而微弱的生命体，许多人会产生怜悯之情，但南先生却觉得它们非常幸福。他说，那些小生命即使活了几秒也觉得自己活了一辈子，因为它们有它们的快乐。人生也是如此，每个人都有每个人的活法，感受的境界也是各自不同，最重要的是能感受到各自生命中的快乐就行。

生命虽然不能永恒，但到达一定时候，它已经充满幸福感，如果奢求更多，反而会不幸福。相反，"止于至善"，到达了你感觉已经不错的时候，便认真地去享受它的乐趣。

一个富翁到海边的小渔村度假。傍晚，他来到海边散步，看见一个渔民满载而归。富翁与渔民闲聊了起来，看着他捕的鱼，问他为什么不再多捕一些。

"这些鱼已经足够我一家人生活所需。"渔民回答。"那么你一天剩下那么多时间都在干什么？"富翁问。渔民满足地说："我每天回来后跟孩子们玩一玩，黄昏时晃到村子里喝点儿小酒，跟哥们儿玩玩吉他。我的日子过得充实又忙碌呢！"

富翁不以为然，帮他出主意："我可以帮你出个主意。你每天多花一些时间去捕鱼，到时候你就有钱去买条大一点的船。然后你可以捕更多的鱼，再买更多渔船，拥有一个船队。到时候你就不必把鱼卖给鱼贩子，而是直接卖给加工厂。接着你自己开一家罐头工厂，离开这个小渔村，搬到洛杉矶，最后到纽约去经营你那不断扩充的企业。"

"这要花多少时间呢？"渔民问。

"15～20年。"富翁回答。

“然后呢？”渔民继续问。

富翁大笑着说：“然后你就可以在家当富翁啦！时机一到，你就可以宣布股票上市，把你公司的股份卖给投资大众。到时候你就发啦！你可以几亿元几亿元地赚大钱！”

“然后呢？”渔民笑着问。

富翁说：“到那个时候你就可以退休啦！你可以搬到海边的小渔村去住，每天出海随便捕几条鱼，跟孩子们玩一玩，黄昏时晃到村子里喝点儿小酒，跟哥们儿玩玩吉他！”

渔夫一脸自得地说：“我现在不就达到这样的生活目标了吗？”

人们兜兜转转，忙于奔命，最后却往往回到了原来，发现期待的生活与曾经已经过上的生活并没有区别，不禁充满了失望。其实大多时候人们不必为不顺心的事情感到沮丧，因为毕竟每个人都有自己的生活方式，或许如今的生活很简单，但是它既然存在，就一定会有它的乐趣，只不过人们没有感受到而已。南先生常说生命各有各的乐，就在于生命体对各自的生活感受到一种简单的满足。

人来到这个世界后，一开始是无忧无虑的，因为需求的东西少，负担少，所以得到的快乐也就多。随着自己想要得到的东西不断地增加，要求不断地提高，各种各样的负担和烦恼也由此而生，除了苦苦挣扎得到想要得到的一切之外，再也没有时间去想自己是不是过得快乐。到了最后终于明白了这个问题时，生命的守护神已经开始远离，等待自身的是身体的衰落、灭亡。为何不在衰落之前就对欲望和奢求适可而止呢？

快乐纯粹是由人们的内心发生的，它并不取决于外界的事物，而是取决于人们的观念、思想与态度。这种观念、思想和态度常来自于人们的知足感。在那些用平凡色彩渲染的人生里，宁静和温馨的生活对于风雨兼程的人们来说是心灵的避风港口。如何获得宁静、温馨？唯有“知足常乐”四字，它会使人生多份从容和达观，帮助人们选择属于自己的乐趣。不过，南先生在希望世人找到快乐时，一点儿也不希望“知足常乐”成为人们不思进取的借口。

世上难有真正的圆满

《庄子·内篇·人间世第四》中写道："凡事若小若大，寡不道以欢成。事若不成，则必有人道之患；事若成，则必有阴阳之患。若成若不成而后无患者，唯有德者能之。"

叶公子高对老师说，您平常告诉我，大凡做人做事，国家大事乃至朋友之间的个人小事，很少有一件事情的成功永远是高兴的、圆满的。南怀瑾先生说，这就是佛学说的道理：娑婆世界，万事都有缺陷，没有一个是圆满的。人在世间做人做事之难，也在于任何事都很少有真正的圆满。

有时候，一时的丰功伟绩，从历史的角度看却恰恰相反。乾陵有一块"无字碑"，也称丰碑，是为武则天立的一块巨大的无字石碑。据说，"无字碑"是按武则天本人的临终遗言而立的，其意无非是功过是非由后人评说。武则天辉煌一时，临终前在经历了被逼退位之后，便预见到她身后将面临无休止的荣辱毁誉。所以做人做事，不管成功也好，失败也好，能做到没有后患，只有道德高的人才能够做到，普通人不容易做到。

世上难有真正的圆满，偶尔一时的缺陷与失落，或许是命运的转折。

从前有个国王，他有七个女儿，七位公主各有1000支用来整理她们头发的扣针，每一支都是镶有钻石且非常纤细的银针，扣在梳好的头发上就好像闪亮的银河上缀满了星星。有一天早晨，大公主梳头的时候，发现银针只有999支，有一支不见了，她困惑烦恼不已。她自私地打开二公主的针箱悄悄地取出一支针。二公主也因为少了一支银针而从三公主那里偷了一支。于是，三公主偷了四公主的，四公主偷了五公主的，五公主偷了六公主的，六公主又偷了七公主的，最后被连累的是七公主。

正好第二天国王有贵宾要从远方来。七公主因为少了一支银针，剩下的一把长发无法扣住，她焦急地跟侍女在找银针。她甚至说："假如有人找到我的银针，我就嫁给他。”第二天，从远方来的贵宾——一位王子，手里拿着一支银针，他说：“淘气的小鸟在我狩猎的帽子里筑了巢，我发现里面有一支雕有贵城花纹的发针，是不是其中一位公主的？”六位公主都焦急地吵闹起来，说那一支银针是自己失落的，可是她们的头发都用1000支银针梳得像银河一样美丽。“啊！那是我掉的银针！”躲在屋里的七公主急忙跑出来说。可是王子非但没有还七公主银针，还出神地吻了她。七公主未梳理的长发滴溜溜地垂到脚跟闪着光……

在人生的旅途中，每个人都会经历许多不尽如人意之事。拥有1000支银针的公主，并不能保证比失落了银针的公主拥有更好的命运。偶然的失落与命运的错失本来是具有悲剧色彩的，但是因为命运之手的指点，结局反而会更加圆满。如果懂得了圆满的相对性，对生命的波折和情爱的变迁也就能泰然处之了。

人活在世，每个人都在争取一个圆满的人生。然而，自古至今，海内海外，一个百分之百圆满的人生是没有的，其实不完满的人生才是真正的人生。

做穷人更要讲格调

孔子周游列国到了卫国，卫灵公向他请教军事作战的事，他说自己不懂。孔子希望卫灵公不要发动战争，因为他反对侵略的战争，不行仁义之事的军队也不是仁义之师。孔子离开卫国，到了陈国，结果粮食没了。孔子带着一大批学生困于陈蔡之间是历史上很有名的一段故事。当时众多弟子都生病了。子路一看同学们都倒下了，他很不高兴。子路非常耿直，他带着一脸的怨气去见孔子，对孔子抱怨起来：“老师，你天天跟我们讲仁义道德，有什么用啊？现在同学们都病倒了，还要讲仁义道德吗？做君子要这样受穷吗？”孔子听完教训子路说：“君子如果受穷能够安贫乐道；小人如果受穷，那他什么事情都能干得出来！一个人连贫穷都受不了，还做什么君子？”

按照孔子的意思，今天很多人受不了穷苦的生活，那真是够不上一个君子。不过，能做到儒家思想中的君子确实不易，一般人不是轻轻松松就能做一个君子的。因此，我们做穷人更要讲格调。很多人可以过富贵的日子，但是要他们过几天穷日子他们就叫苦不迭。在孔子的眼里，这样的人连做穷人的资格都没有！

一个人如果真能耐得住贫穷而没有怨言，那是很高的人生境界，这样的修养很不容易养成。我们经常看见的都是贫苦的人怨天尤人，到处抱怨自己命运不好，或者抱怨自己没有机会、没有后台。其实，抱有这样想法的人还真不少，但是如果真给他一个机会，他未必有能力挑得起来！但是君子就不同了，陶渊明不为五斗米折腰，他辞官后自己种菜，他虽然自力更生，却不能“丰衣足食”，也和曹雪芹过的日子差不多，是“举家食粥酒常奢”。就是这样艰苦的生活也没有改变陶渊明的信念与气节，这就是他被人们称为君子的道理。这就是君子固穷，君子就算受穷也都有格调。所以陶渊明才能写出“采菊东篱下，悠然见南山”那么美丽的诗句。我们不得不折服于他的人格魅力。

孔子的孙子子思在孔子死了之后就过着隐居的生活。子贡在卫国做官，后来坐着豪华的马车，穿着华丽的衣服来看望子思。他原本是要来帮助子思的。子思出来见他的时候穿的衣服很破旧。子贡看子思这个样子就问：“子思啊，你是不是病了？”子思回答子贡说：“我听说一个人没有钱叫贫，但不叫病。如果学了仁义道德而不去做那才叫病。”子贡听了以后很惭愧，赶快就走了，司马迁在《史记》中说子贡后来一辈子都在为自己当时的话而感到耻辱。子思的话有点儿像庄子所说的意思，没有钱叫贫穷，但是并没有潦倒，这就是君了的气节。 个人如果真的到了这样的修养境界，那是真的了不起。

鼹鼠的幸福哲学

《庄子·内篇·逍遥游第一》中说："鹪鹩巢于深林，不过一枝；偃鼠饮河，不过满腹。"

小鸟生活在森林里，它只要求有一根给它立足的树枝就很高兴，就会非常自在；口渴的田鼠去河边喝水，它只要求喝一点点水就满足了。列夫·托尔斯泰说：欲望越小，人生就越幸福。他给身边的人讲了一个发人深省的小故事：有一个人想得到一块土地，地主就对他说："你清早从这里往远处跑，跑一段就插个旗杆。只要你在太阳落山前赶回来，插上旗杆的地都归你。"那人就不要命地跑，跑到太阳偏西了还不知足。太阳落山前，他总算跑回来了，但已精疲力竭，摔个跟头就再没起来。于是有人挖了个坑，就地埋了他。牧师在给这个人做祈祷的时候说："一个人要多少土地呢？就这么大。"

知足常乐是一种对待事物的心情。《大学》说："止于至善"，是说人应该懂得如何知足常乐、知前乐后，也是透析自我、定位自我、放松自我。只有知足常乐才不至于迷失方向，才不会心有余而力不足，把自己弄得心力交瘁。

皮克是地球上最快乐的叫花子。

"我为什么不快乐呢？我每天都能讨到填饱肚子的食物，有时甚至还能讨到一截香肠；我每天还有这座破庙可以挡风遮雨；我不为其他的人做工，我是自己的上帝。我为什么不快乐呢！"皮克这样回答那些羡慕他的人。

可是有一天，皮克脸上快乐的笑容突然消失了。那是因为皮克在回破庙的路上捡到一袋金币，准确地说是99块金币。

捡到金币的那个晚上，皮克是最快乐的了。"我可以不做叫花子了，我有了99块金币！这够我吃一辈子啊！99块，哈！我得再数数。"皮克怕这是一个梦，他不敢睡觉。直到第二天太阳出来时，他才相信这是真的。

第二天，皮克很晚也没有走出破庙，他要把这99块金币藏好，这真的需要费一番工夫。“这钱不能花，我得攒着。我要是拥有100块金币就好了。我要有100块金币！”从来没有什么理想的皮克现在开始有了理想。他还需要一块金币，这对一个叫花子来说绝对是一个非常远大的理想。

晌午皮克才出去讨饭。不！他开始讨钱，一美分一美分地讨。中午他很饿，他只讨了一点儿剩饭。下午，他很早就“收工”了，他得用更多的时间守着他的金币。

“还差97美分。”晚上，他反复地数着他的金币，他忘记了饥饿。一连几天，皮克都这样度过。这样过日子的皮克就再也没有吃饱过，同时也再没有快乐过。

讨饭越来越难。原因是别人只愿给剩饭而不愿给钱，还因为皮克用来讨饭的时间越来越少了。当然也因为他不快乐了，别人也不愿再施舍给他了。“皮克，你为什么不快乐了？”“咱是叫花子，快乐个啥！”

皮克越来越忧郁，越来越苦闷，也越来越瘦弱了。终于有一天，皮克病倒了。这一生病，皮克就几天没有起来。这几天里皮克就想着一件事：还差16美分就100块金币了。

“皮克，你难道没有收到我的金币？”突然，一个富商找到躺在破庙里生命垂危的皮克。

“什么？”皮克吃惊地问。

“皮克，是你的快乐救过我。三年前，我在一次买卖中赔尽了家产。我正准备自杀，见到了快乐的你，我明白了身无分文的人也能快乐地生活。后来，我东山再起了，赚了很多钱。那一次，我带着99块金币出来游玩，见到你，就把钱丢到了你要走的路上。可是你现在为什么还做叫花子呢？为什么不快乐呢？生了病为什么不拿钱去看医生呢？”

“我想拥有100块金币。还差16美分，就差16美分。”虚弱的皮可说。

富商从腰里取出一块金币给他。皮克接过钱，把钱装进袋子里，然后又全部倒出来，很细心地数——他终于有100块金币了，对了，还有84美分。皮克笑了，然后就昏倒了。

这时一个游僧路过这里，见到昏倒的皮克，向富商问明了情况，便说：“这下可完了！”

"怎么了？"富商问。

"因为他有了99块金币的时候，就会希望有100块金币。这就是每个人都不可避免的贪欲。贪欲赶走了他的快乐。你要救他，你得向他索回那99块金币，这样他或许有救。现在，你反倒满足了他的欲望，重病的他就失去了支撑下去的动力了。你开始时给他99块金币，你使世界上少了一个天使；你又给他一块金币，这就使世界上少了一个生命。"

富商试了试皮克的鼻子，皮克果然什么时候都不会快乐了。

"人心不足蛇吞象"，它形象地形象人的欲望是永远不知满足的。要想真正享受人生的乐趣，就需要一颗知足常乐的心。

"布衣蔬食，可乐终身"是一种知足常乐的典范。"宁静致远，淡泊明志"蕴涵着诸葛亮知足常乐的清高雅洁；"采菊东篱下，悠然见南山"尽显陶渊明知足常乐的悠然；沈复所言"老天待我至为厚矣"表达其知足常乐的真情实感。更多的时候，知足常乐融合在"平平淡淡才是真"的意境中。

知足是一种境界，知足的人总是微笑着面对生活，在知足的人眼里，世界上没有解决不了的问题，没有过不去的河，他们总会为自己寻找合适的道路，而绝不会庸人自扰。知足是一种大度，大"肚"能容天下事。在知足者的眼里，一切过分的纷争和索取都显得多余，在他们的天平上，没有比知足更容易求得心理的平衡。

知足是一种智慧的处事态度，常乐是一种超脱释然的情怀。这种在平凡中渲染的人生底色孕育着宁静与温馨，对于风雨兼程的人们来说是一个避风的港口。只要知足常乐，人生就会多一份从容，多一些达观。

知足常乐，做一只容易满足的"鼹鼠"，幸福生活从今天开始。

怀质朴心性，还生活原色

一个屠夫手起刀落，以一把利刃在牛肉和牛骨之间潇洒纵横，数分钟之内拆解一头巨牛，其手法得心应手，近乎绝妙。这便是《庄子》内所载的“庖丁解牛”。“庖丁解牛”诠释的是正是“游刃有余”之境界。一个屠夫之所以能够达到“刀无挂碍”，应该归功于他用心专一。自古功成名就的人，多是用心专一、目的明确，只为了一件事情而努力。然而如今，真正能做到丝毫不被外物影响的人已经很少。

南怀瑾先生认为，社会与环境是不足以影响人的。一个人误入歧途，不在于外物的影响，而在于他丢失了自身原本的灵性。他曾经举出《金刚经》里的一段故事，用以说明人是如何把自己给捆住的。

《金刚经·第二十品偈颂》里有佛偈讲道，雪窦禅师写过这样一首诗：

“一兔横身当古路，苍鹰一见便生擒。

可怜猎犬无灵性，只向枯桩境里寻。”

一只兔子横躺在一条路上。老鹰在空中一见，大路中间躺着一只兔子，便冲下来就把兔子叼走了。可怜的猎犬无灵性，打猎的时候，那条猎狗靠鼻子闻，跑来跑去，只到枯树根的空洞里找兔子。

南先生对这一佛偈解释说，雪窦禅师是禅宗的大师，他借诗讽刺世上一些学禅的人，这些人参公案，参话头，都像猎犬抓兔子一样，只向枯树洞里去寻找。有大智慧的人其实应该像老鹰一样，在空中翱翔，见到兔子就冲下去叼住，如此才能学到真正的“禅”。那些猎狗虽然勤快地拼命地跑啊转啊，结果是一个空啊！

南先生的意思是，一个学禅的人一定不要误入歧途在原地流连，不要让自己沉迷于某种错误的追求当中，而应跳到更高更远的地方，让自己的胸襟和眼光都放开。学禅如此，做人更应如此。人不可以局限于眼前此刻的快感和欲望，必须将自己的灵性释放出来。一个失去灵性的人，到死都只会浑浑噩噩。

那么，人的灵性由何而来？这就需要人们回归到质朴的心境当中，从本色里焕发人的灵性。

南先生在2004年的一次演讲时，一上台便微笑着说："诸位先生，今天我是被逼出来的……因为我年纪大了，出门不方便。可是今天要讲的题目，我到现在还不知道。我今年87岁了……我对自己平生的评价是八个字，'一无是处，一无所长'。这不是故意谦虚，是真的。"南先生坦率的发言令聆听的学子们非常敬佩。他是一个集儒、释、道三家精华于一身的人，却不以此倚老卖老。他直言自己的不安，实则他毫无惧怕，这就是人的本色。

其实，老一辈文化界的成功人物都有一个共同的特点，那就谦逊、质朴且务实。陈寅恪、胡适、冯友兰、季羡林……包括南先生在内，他们总是活得光明磊落，永远保持着一颗初心。他们听凭自然，或游刃有余，或逍遥自在，他们如同庖丁，然而比庖丁更加不为世物所打扰。

南先生常说，每一位佛都在放光，何以众生看不见？其实，当人们开悟真心向善，就与佛的光明相接。如果人们的内心被污染得厉害，自己的光明被遮盖住了，佛光想灌都灌不进来。所以有颗污染的心，念佛也没有用，只有一肚子的怨，如何见到光明？

人们的真心没有了，不是它真的不存在了，而是被人的虚妄遮蔽了。生活在纷扰的世界里，那些尔虞我诈让人们多了一份虚伪，钩心斗角让人们多了一些狡诈，世态炎凉让人们多了一些冷漠。世界因此而变得苍凉、无情和可笑。人们为什么要让自己活得那么累？还不如把自己回归于自然，回归生活的原始本色。

泰然自处不怨天，真心生活任天然

佛经中说："上天有好生之德。"南怀瑾先生调侃说，如果上天真的听到凡人口中说这句话，只会暗笑我辈的痴傻，正是"人类一思考，上帝就发笑"。

南先生在谈到老子的哲学观点时笑言：天地生万物，本是自然而生，自然而有。万物的生或死都是十分自然的一件事，天地既不认为生出万物是做了好事，也不认为死杀万物是做坏事。因为从另一个角度看，天地既生长了万类万物，同时也生了看来似乎相反的毒杀万类的万物。

两个小和尚为一件小事吵得不可开交，谁也不让谁。僵持了一段时间后，第一个小和尚怒气冲冲地去找师父评理。师父正在和一个小和尚讨论经文，听完他的叙述后，郑重其事地对他说："你是对的。"于是，第一个小和尚得意洋洋地跑回去宣扬。

第二个小和尚不服气，也跑去找师父评理。师父在听完他的叙述之后，也郑重其事地对他说："你是对的。"待第二个小和尚满心欢喜地离开后，一直站在一边的小和尚沉不住气了，他不解地问师父："师父，您平时不是教我们要诚实，不可说违背良心的谎话吗？可是，您刚才却对两位师兄都说他们是对的，这不是违背了您平日的教导了吗？"师父听完之后，不但一点儿都不生气，反而微笑着对他说："你是对的。"第三个小和尚恍然大悟，立刻拜谢师父的教诲。

看这则佛经故事，似乎可以引申出一个道理：其实在上天的眼中，万事万物无明确的对错之分，上天只是冷眼旁观世间的一切而已，它从不介入，任事物自然而然。

天地无心而平等地生发万物，万物亦无法自主地还归于天地。所以古语说："天地不仁，以万物为刍狗。"即天地并没有特意设定一个仁爱万物之心而生长万物，只是自然而生，自然而有，自然而灭。从天地的立场来看，一视同仁，万物与人类都不过是自然、偶然、暂时存在，最终将回归于自然的“刍狗”而已。

生命就是这样简单，荣是荣，枯是枯。面对自然的力量，人的愿望和希冀是多么渺小，任你怨天尤人，苍天仍是任你枯荣，它不偏不倚、无悲无喜。有人说，圣人就能做到像苍天一样，没有喜怒哀乐，对待万物一视同仁。然而南先生却感慨万千，即便是圣人、修道之人，都没有办法摆脱自私，他们抛弃一切去追求涅槃，虽说是利他人，然而也是在为自己而“唯利是图”，因为得道成仙也是为了“利”。

苍天厚土是没有“利心”可言的，因为天地万物的任何“利”都由它而来，回归它处，它又何必跟人计较。只是人们以人心自我的私识，认为天地有好生之德，或者对苍天不公发而出诅咒。倘若天地有知，定会大笑我辈痴儿痴女的痴言痴语。所以，我们还是应当谨记南先生的那些话，不怨天尤人，不沉迷功名利禄，实实在在地活着和做事，规规矩矩地做人，泰然地接受自然的赐予，回报自然以真心。

君子三乐，带你从人生苦短中成功突围

“君子有三乐，而王天下不与存焉。父母俱存，兄弟无故，一乐也；仰不愧于天，俯不怍于人，二乐也；得天下英才而教育之，三乐也。君子有三乐，而王天下不与存焉。”这是孟子所提出的君子三乐，南怀瑾先生对此甚是欣赏。君子之三乐，第一是父母俱存，兄弟没有什么变故，尽到了孝道和友爱；第二是胸襟光明磊落，没有做对不起人、对不起天地鬼神的事；第三是得到天下的英才并对他进行教育。

孟子认为这是生命中的三种快乐，以此可以突围人生之苦。“父母俱存，兄弟无故，一乐也。”父母兄弟，情深义重，乃人生的起点，天伦之乐，其乐融融，故此乐居三乐之首在情理之中。生我者父母，养我者父母，疼我者父母，念我者父母，儿行千里父母担忧！我们刚出生时，就如草木的嫩芽一样易于摧折，难以培养。父母时时刻刻怕那萌芽遭遇狂风骤雨，他们

用尽心力地保护那懵懂的心灵。

南怀瑾先生说，孩提的时候，我们没有力量，报不了父母的深恩；贫贱的时候，我们的财力有限，衣食尚且艰难，难报父母之恩；及至年纪长成，家富身贵，可以报恩的时候，偏偏父母不肯等待，正是“子欲养而亲不待”。纵使做到王侯帝主，提起那羽化之魂，也会慨叹，乐从何来？

与兄弟相处也是一种乐。兄弟本是同根所生，是一脉同气，有的人却为分财不均而争利，以致手足相残、情义断绝者，岂能无碍于良心？即使你做到极品高官，而兄弟却瓦灶绳床，乐又从何来？若能父母寿且安，双双俱在堂上，兄弟你敬我爱，和和美美，承欢父母膝前，身处富贵自有富贵处的欢乐，身处贫贱自有贫贱处的自在，这种天伦之乐即使是在陋巷也可以傲至尊，在豪门也可以傲神圣。所以说：“父母俱存，兄弟无故，一乐也。”

“仰不愧于天，俯不怍于人，二乐也。”这二乐之中，坦荡的是清白正直的人格。南怀瑾先生讲了《左传·襄公二十五年》记载的一个故事。

齐国的大臣崔抒弑杀其君齐庄公，齐太史乃秉笔直书：“崔抒弑其君。”崔抒一怒之下杀了齐太史。“其弟嗣书，而死者二人。其弟又书，乃舍之。”他的弟弟仍然如此写，崔抒又杀其弟。后来他的另一位弟弟继续写史书，仍然写“崔抒弑其君”，崔抒无奈，只好由他去了。故事还有一段插曲，“南史氏闻太史尽死，执简以往，闻即书矣，乃还”。即一个同样是写史书的人听说两位太史被杀，竟然拿着“崔抒弑其君”的书简，前去声援，在半路听说这件事情已被写入史册，才在中途返回。

我们今天看这则故事，仍然不免有一种热血沸腾的感觉，为了维护记史直书实录的传统，齐国的太史一个接一个地视死如归，用鲜血换来了史书上的真话，捍卫了伟大的直书实录的史学传统！齐国“太史简”体现了史家的正直人格，正是俯仰无愧于天地。

为此，南怀瑾先生告诫我们说，世间之事，当不问成败，只问是非，仰不愧于天，俯不怍于人，当得起“问心无愧”四个字。一个人的是非功过，绝非取决于片面，唯有尽心尽力，俯仰无愧，谦冲自牧，有为有守，其人格精神方能可大可久，千古流芳。否则就是短视近利，纵然他叱咤一时，仍会淹没于历史洪流之中，激不起任何涟漪。人生一世，不卑不亢，没有傲气却有傲骨，仰不愧于天，俯不怍于人，做人如此，夫复何求！

“得天下英才而教育之，三乐也。”这第三乐之中隐隐透出孟子欲揽天下入怀的理想和一点儿大丈夫的自负。南怀瑾先生说，我们不妨将其解读为：这是一份将自身德行推己及人的社会责任和社会关怀，这样的快乐是众乐之乐。孟子作为一位满腹经纶的学者、思想家，总是想让自己的思想发扬光大，惠及天下苍生，其唯一的途径就是“传道授业”，能得天下英才而育之，从而使自己的思想得以传播、发展，并最终使天下百姓获益。这是真君子的所为，岂不是人生一大乐事！

南怀瑾曾讲过这样的一个故事。

山西河津人王通，隋朝末年的著名学者，“初唐四杰”之一王勃的祖父，史书上称他为“名儒”。他自幼喜好读书，学习十分刻苦。据说他曾有6年时间不脱衣睡觉，困倦难耐时就躺一会儿，起来再学。后终学有所成，因怀才不遇，便返回家乡河东教授学生。当时慕名来他门下求教的弟子多至千人。唐朝初年的良相名臣房玄龄、魏征等人，都是王通的门生。他的学说在当时流传很广，名气很大，为此，后人给予他极高的评价。一些古书上还说，正是因为王通给魏征、房玄龄等唐朝初年的著名臣相讲学论道，才造就了唐王朝日后将近300年的大业。

王通这个儒家学者的柔弱手指，竟能演奏出大唐帝国的最强音。他真正体会了“得天下英才而教育之”这第三乐，并因之开辟一代盛世景象，名垂千古。是啊，英才皆由自己教化而出，桃李满天下，人生若此，岂有不乐之理？

尽享天伦，无愧于心，且与天下苍生同欢乐，孟子的“君子三乐”，从个人而天下，真是道尽人生最大乐事。人生不满百，求的就是快乐。快乐有很多种，而一个真正有修养的人绝不会局限于自身之乐，正所谓：独乐乐不如众乐乐。我为人人，人人为我，天下人快乐，我就会更快乐。

第十三章 8小时以内的职场幸福路线图

——南怀瑾谈职场安全感

李斯的“疯狂老鼠”——太现实的悲剧

南怀瑾先生在他的著作《论语别裁》中斥责李斯所信奉的学说不过是老鼠哲学而已。那什么是老鼠哲学呢？我们可以从《史记》里来看。

在《史记·李斯列传》卷首有这么一段话：“李斯者，楚上蔡人也。年少时，为郡小吏，见吏舍厕中鼠食不洁，近人犬，数惊恐之。斯入仓，观仓中鼠，食积粟，居大庑之下，不见人犬之忧。于是李斯乃叹曰：‘人之贤不肖譬如鼠矣，在所自处耳！’”

这段话说的是上蔡人李斯当小吏时，看见厕所中的老鼠又小又瘦，见到人就仓皇而逃，十分可怜；而仓库中的老鼠又肥又大，看见人来，不但不走避，反而跟人瞪眼。于是他悟出一个道理来：人之所以贤与不贤，就像老鼠一样，是由他所处的环境造成的。李斯说“在所自处耳”，南怀瑾先生说就是“有所依靠”。

南怀瑾先生所谓“依靠”，就是有本事、有靠山、有本钱的意思。李斯领悟到老鼠哲学之后，于是知道了“依靠”的好处。史书上说他因此而跟荀况学帝王之术，而且看到“六国皆弱，楚王又不足事”，就想去秦国谋职。可见当时他是很现实的。他辞别荀况时说：“处卑贱之位而计不为者，此禽鹿视肉，人面而能强行者耳。故诟莫大于卑贱，而悲莫甚于穷困。久处卑贱之位、困苦之地，非世而恶利，自托于无为，此非士之情也。”这话就是李斯对自己老鼠哲学最经典、最赤裸地表述，他的动机就是为了改变自己的处境，因为自己太卑贱和穷困了，所以他辞别荀况后就辅佐秦始皇去了。

从世俗的角度来讲，李斯一开始算是成功的，他生在乱世，出身一般，后来能位极人臣，确实不简单，他务实的精神和方法，在他仕途中起到了关键的作用。“故诟莫大于卑贱，而悲莫甚于穷困”，这话足以说明李斯是如何激励自己的，他将他自己悟出来的理念铭记在心，并且一步步地向着他所向往的地方前行。他从做小吏到被吕不韦任为郎，从郎到长史，到后来升至廷尉，直到最后担任丞相，真可谓平步青云。但是由于他走得太快，以致收不住脚步，他一生信奉老鼠哲学，却没有修到老鼠保身之道，终为赵高所害，被诛于咸阳。《史记》中关于他父子抱头痛哭那一节，读来尤其让人神伤。在父子俩临刑的时候，李斯对儿子说："此时要想和你牵黄犬出东门也不可能了。"父子相抱痛哭，其感伤之情令人叹息。

其实搞老鼠哲学，有其现实进步的一面，但是作为秦相，就不能一味地信奉老鼠哲学，把自己搞得鼠目寸光了。何以言之，让我们看看李斯做了些什么短视的事情。

一是杀害了他的同窗韩非。说起韩非，秦王是比较佩服的。《孤愤》和《五蠹》这样的文章，秦始皇的评价很高，说"太好了，如果我能见到此人，跟他交往，那真是死而无憾。"于是后来韩非到了秦国。关于灭六国的想法也可以理解为是韩非提的醒。只可惜韩非锋芒太露，我们没有见到他叱咤风云，就已经被老同学李斯进谗言害死了。我们可以设想一下，以韩非之才，加上李斯的务实，如果李斯有蔺相如一般的包容心和大局观，那么秦朝就不至于毁在宦官赵高手里，而是应该更强大。

二是建议焚书坑儒。传统上认为，治理国家必须要讲仁义道德，但历史上惨绝人寰的"焚书坑儒"恰恰就是由李斯首先提出的，他写了有名的《焚书议》，为秦始皇所接纳，于是全国范围内焚书活动大规模开展，把除秦记以外的书籍全部烧掉，造成了汉朝早期的文化荒芜。更为残忍的是，就因为李斯的馊主意，在秦始皇的操作下，460多名儒生全部被活埋在咸阳。这不能不说是李斯一生最缺乏远见的行为。

更让人大跌眼镜的是，李斯后来居然伙同赵高逼死公子扶苏立胡亥为帝。结果好景不长，赵高作乱，将秦氏杀得一干二净，李斯一家亦连坐而死。李斯聪明可位极人臣，最后竟落得如此下场，只是其境界不高而已。李斯为官只讲实惠，他信奉的学说境界太低了。

有人嘲笑五代的冯道，说他不知廉耻，为了荣华不断地易主；也有人说他"厚德稽古，宏才伟量，虽朝代迁贸，人无间言，屹若巨山，不可转也"。不管怎么说，一个人生逢乱世能活到那样，那是相当厉害了。如果冯道跟李斯一样只是讲老鼠哲学，那么五代十国的政治怕是很难玩转的。唐太宗说："以铜为镜，可以正衣冠；以古为镜，可以知兴替；以人为镜，可以明得失。"今天，我们看李斯的历史，意义就在于他用他的一生给我们上了一课：老鼠哲学，害人不浅。斯人已去，后人鉴之。

低调为人，高调做事

子曰："邦有道，危言，危行；邦无道，危行，言孙。"南怀瑾先生是这样解释的："孔子说，社会、国家上了轨道，要正言正行；遇到国家社会动乱的时候，自己的行为要端正，说话要谦虚，不然则会引火上身。"南怀瑾先生告诫我们说话、行事要小心，做人要低调。

南怀瑾先生总说他这一生"一无是处，一无所长"，实际上他是阅尽人间风光，他的低调很值得我们学习。

这种低调做人的哲学透射出一种朴素的平和与自然的情调，在出世与入世的平衡中，向我们提供了低调做人的积极启示。

可是低调归低调，在做事上却应该向高标准看齐。

张廷玉是清朝有名的重臣，雍正初晋大学士，后兼任军机大臣。张廷玉虽身居高官，却从不为子女们谋求私利。他秉承其父张英的教诲，要求子女们以"知足为诫"，其代子谦让一事即为突出的例子。

张廷玉的长子张若霭在经过乡试、会试之后，于雍正十一年三月参加了殿试。诸大臣阅卷后，将密封的试卷进呈雍正皇帝亲览定夺。雍正皇帝在阅至第五本时，立即被那端正的字体所吸引，再看策内论"公忠体国"一条，有"善则相劝，过则相规，无诈无虞，必诚必信，则同官一体也，内外亦一体也"数语，更使他精神为之一振。雍正皇帝认为此论言辞恳切，"颇得古大臣之风"，遂将此考生拔至一甲三名，即探花。后来拆开卷子，方知此人即大学士张廷玉之子张若霭。雍正皇帝十分欣慰，他说："大臣子弟能知忠君爱国之心，异日必能为国家抒诚宣力。大学士张廷玉立朝数十年，清忠和厚，始终不渝。张廷玉朝夕在朕左右，勤劳翊赞，时时以尧舜期朕，朕亦以皋、夔期之。张若霭秉承家教，兼之世德所钟，故能若此。"并指出，此事"非独家瑞，亦国之庆也”。为了让张廷玉尽快得到这个喜讯，雍正皇帝立即派人告知了张廷玉。

可是张廷玉却不这么认为，他要求面见雍正皇帝。获准进殿后，他恳切地向雍正皇帝表示，自己身为朝廷大臣，儿子又登一甲三名，实有不妥。没容张廷玉多讲，雍正皇帝即说："朕实出至公，非以大臣之子而有意甄拔。"张廷玉听罢，再三恳辞，他说："天下人才众多，三年大比，莫不望为鼎甲。臣蒙恩现居官府，而犬子张若霭登一甲三名，占寒士之先，于心实有不安，倘蒙皇恩，名列二甲，已为荣幸。"张廷玉是深知一、二甲的这一差别的，但是为了给儿子留个上进的机会，他还是提出了改为二甲的要求。雍正皇帝以为张廷玉只是一般的谦让，便对他说："伊家忠尽积德，有此佳子弟，中一鼎甲，亦人所共服，何必逊让？"张廷玉见雍正皇帝没有接受自己的意见，于是跪在皇帝面前，再次恳求："皇上至公，以臣子一日之长，蒙拔鼎甲，臣家已备沐恩荣。臣愿让与天下寒士，求皇上怜臣愚忠。若君恩祖德，佑庇臣子，留其福分，以为将来上进之阶，更为美事。"张廷玉"陈奏之时，情词恳至"，雍正皇帝"不得不勉从其请"，将张若霭改为二甲一名。不久，在张榜的同时，雍正皇帝为此事特颁谕旨，表彰张廷玉代子谦让的美德，并让普天下之士子共知之。

可喜的是其子张若霭十分理解父亲的做法，而且不负父亲的厚望，在学业上不断进取，后来在南书房、军机处任职时，尽职尽责，颇有其父之风。其父能秉低调做人之原则，而其子又深孚众望，能行高标之事，实在是皆大欢喜。一个人在现实社会环境中，最重要的就是要适应，保持谦虚与低调，同时知道积极主动地进取。

“螳臂挡车”的历史反思

《庄子·内篇·人间世第四》中说：“汝不知夫螳螂乎？怒其臂以当车辙，不知其不胜任也，是其才之美者也。戒之，慎之！积伐而美者以犯之，几矣！”

螳臂挡车，一直被人们认为自不量力。南怀瑾先生解读这一段话，他说螳螂勇气可嘉，但是需要注意做事的方法，并给我们举了一个生动的例子：

宋朝时，一个皇太后请老师教育太子。太子不用功，老师打了他的手心，太子因此不肯去读书。皇太后也很生老师的气，命太监带口信给老师：不管太子书读得好不好，都要当皇帝！老师让太监回复皇太后说：有学问做圣贤尧舜一样的皇帝，没有学问做桀纣亡国的皇帝。皇太后听了翻然醒悟，最后让太子去读书。

南先生说，做事讲究方法很重要，如果太子的老师不懂得变通，当面直谏，爱孙心切的皇太后正在气头上，恐怕很难接受他的一番大道理，那么，太子老师的结局只能与螳臂挡车的命运一样悲惨。

赵太后新掌权，秦国猛烈地进攻赵国。赵国向齐国求救。齐国说：“必须用长安君作为人质才出兵。”赵太后不同意，大臣极力劝谏。太后明确告诉左右：“有再说让长安君做人质的，我老婆子一定朝他的脸吐唾沫！”这就等于把话说绝了。大臣们谁也不敢再劝说了。

左师触龙说希望谒见太后。太后怒容满面地等待他，以为也是为劝说一事而来。触龙进来后慢步走向太后，到了跟前请罪说：“老臣脚有病，已经丧失了快跑的能力，好久没能来谒见了，虽然私下里原谅自己，可是怕太后玉体偶有欠安，所以很想来看看太后。”太后说：“我老婆子行动全靠手推车。”

触龙说："每天的饮食该不会减少吧？"太后说："就靠喝点粥罢了。"触龙说："老臣现在胃口很不好，就自己坚持着步行，每天走一两公里，稍微增进一点儿食欲，对身体也能有所调剂。"太后说："我老婆子可做不到。"太后的脸色稍微和缓些了。

触龙开始根本不谈长安君做人质的事，而且通过拉家常的办法，使太后缓解怒气，放松警惕，一步步打开交流的大门。等赵太后的态度稍微缓和后，触龙就对她说："老臣的劣子舒祺，年纪最小，不成才。臣子老了，偏偏爱怜他。希望能派他到侍卫队里凑个数，来保卫王宫。所以冒着死罪来禀告您。"

太后说："一定同意您的。年纪多大了？""15岁了。虽然还小，希望在老臣没死的时候先拜托给太后。"触龙说。

太后说："做父亲的也爱怜他的小儿子吗？"触龙说："比做母亲的更爱。"太后笑道："妇道人家特别喜爱小儿子。"触龙回答："老臣个人的看法，老太后爱女儿燕后，要胜过长安君。"

太后说："你错了，比不上对长安君爱得深。"触龙说："父母爱子女，就要为他们考虑得深远一点。老太后送燕后出嫁的时候，抱着她的脚为她哭泣，是想到可怜她要远去，也是够伤心的了。送走她以后，并不是不想念她，每逢祭祀一定为她祈祷，祈祷说：'一定别让她回来啊！'难道不是从长远考虑，希望她有了子孙可以代代相继在燕国为王吗？"

太后说："是这样。"触龙说："从现在往上数三世，到赵氏建立赵国的时候，赵国君主的子孙凡被封侯的，他们的后代还有能继承爵位的吗？"太后说："没有。"触龙说："不只是赵国，其他诸侯国的子孙有这种情况吗？"

太后说："我老婆子没听说过。"触龙说："这是他们近的灾祸及于自身，远的灾祸及于他们的子孙。难道是君王的子孙就一定不好吗？他们只是由于地位高人一等却没什么功绩，俸禄特别优厚却未尝有所操劳，而金玉珠宝却拥有很多。现在老太后给长安君以高位，把富裕肥沃的地方封给他，又赐予他大量的珍宝，却不曾想到让他对国家作出功绩。有朝一日太后百年了，长安君在赵国凭什么使自己安身立足呢？老臣认为老太后为长安君考虑得太短浅了，所以我认为您爱他不如爱燕后。"太后说："行啊。任凭你派遣他到什么地方去。"于是触龙为长安君配备了100辆马车，让他到齐国去做人质，于是齐国就出兵了。

触龙始终没有说动员让长安君去当人质的话，却以拉家常的方式实现了目的。这就是语言的技巧，一是巧妙地打开对话的大门，让对方愿意和自己交流；二是巧妙地接受和拒绝对方的意见，不论是接受或拒绝，对方都认为是通情达理的；三是巧妙地化解双方的分歧。说到底，这是触龙善于把握做事的技巧，巧妙地出击，达到了最终的目的。

如何使自己做事更成熟、更完善，是一个人必须经常思考的问题。做任何事情，只要掌握恰当的方法，就如同宝刀在手、胸有成竹，解决问题自然不在话下。如果一个人做事不讲究方法，光讲一堆大道理，或者只揣着一相情愿的想法，最终就只能落得像庄子所说的“螳臂挡车”一样可悲的下场。

暗箭不易躲，明枪更难防

中国几千年来奉行的儒家思想是以“仁义”为核心的。南怀瑾先生指出：仁义的确是一种好的德行，但是这种德行用久了，便会成为人们用来争权夺利的一种工具。

道家思想对仁义持批判的态度，其原因就在于此。道家并不是否定道德观念，而是从反面论证。老子说，因为道德颓废，才有礼仪之说。庄子也说：“圣人不死，大盗不止。”“仁义者，先王之蘧庐，可以一宿，不可以久处。”为何有如此一说？因为在春秋战国时代，各国诸侯的征伐口号大都是标榜仁义，而实际上并不是真的行仁义，只是利用仁义的美名，以达到争权夺利的目的。

以仁义为幌子而图谋自身利益的人，就是所谓的伪君子。与令人憎恨的小人形象颇有不同，小人行事，众人已知其邪，故能得而防患；然而伪君子者，其口蜜腹剑、满腹经纶，事事讲得条条有理，但其所作所为却违背良心，本以为他光明坦荡，却在不知不觉中坠其陷阱，受尽欺骗和侮辱。

王莽乃汉元帝皇后王政君之侄。幼年时父亲王曼去世，其兄很快也去世。王莽孝母尊嫂，生活俭朴，饱读诗书，结交贤士，声名远播。

王莽对其身居大司马之位的伯父王凤极为恭顺，因此王凤临死嘱咐王政君

照顾王莽。汉成帝时，公元前22年，王莽初任黄门郎，后升为射声校尉。王莽礼贤下士，清廉俭朴，常把自己的俸禄分给门客和穷人，甚至卖掉马车接济穷人，深受众人爱戴。其叔父王商上书愿把其封地的一部分让给王莽。

永始元年（前16年），王莽被封为新都侯、骑都尉、光禄大夫侍中。绥和元年（前8年），他继其三位伯、叔之后出任大司马，时年38岁。翌年，汉成帝薨。汉哀帝继位后，丁皇后的外戚得势，王莽退位隐居新野。其间，他的儿子杀死家奴，王莽逼其儿子自杀，得到世人好评。

公元5年，王莽毒死汉平帝，立年仅两岁的孺子婴为皇太子。太皇太后命王莽代天子朝政，称“假皇帝”或“摄皇帝”。从居摄二年（6年）翟义起兵反对王莽开始，不断有人借各种名目对王莽劝进称帝。初始元年（8年）王莽接受孺子婴禅让后称帝，改国号为新，改长安为常安，开中国历史上通过篡位做皇帝的先河。

后来王莽托古改制，进行改革，但由于贵族、豪强破坏，改制没有缓和社会矛盾，反使阶级矛盾激化。王莽又对边境少数民族政权发动战争，赋役繁重、横征暴敛、法令苛细，终于在公元17年爆发了全国性的农民大起义。公元23年，新王朝在赤眉、绿林等农民起义军的打击下崩溃，王莽也在绿林军攻入长安时被杀。

唐代诗人白居易的诗说得最精彩：“周公恐惧流言日，王莽谦恭下士时。向使当年身便死，一生真伪复谁知。”是啊，伪君子就是这样，表面满嘴道德，暗地里却任意妄为。

伪君子是阴谋家，说着言不由衷的谎话，干出欺世盗名的勾当。他们有蜜糖般的谎言，有冠冕堂皇的幌子以及儒雅的外表和夸张的表情，有着慢条斯理的言辞、文绉绉的腔调，甚至连举止都是有做派的。而小人就是小人，其虚伪的外表和真实的内心都是小人。小人是灵魂丑恶、自私、残忍和不择手段的，他们摆开了一个比世界上任何真正的战场都令人恐怖的方阵，使再勇猛的斗士都只能退避三舍。

提到伪君子和真小人，让人想到金庸的《笑傲江湖》，书中那个表面温、良、恭、俭、让的岳不群，就是个伪君子的典范，一部《葵花宝典》，便把他所有的伪装撕破，最后男不男、女不女，与之前的君子形象形成强烈反差，真是绝大的讽刺。

俗语说：宁做真小人，不做伪君子。其实伪君子与真小人都是十分可怕的。柏杨先生曾对两者有一精妙的论述："伪君子"有时被逼到墙角，他的良心还有萌芽可能，"真小人"则根本没有墙角。圣洁的理念可能使"伪君子"醒悟，却不可能使"真小人"醒悟。"伪君子"有所顾忌，所以才伪；而"真小人"反正挑明了我是无耻之徒，便无所不为、无恶不作。

伪君子令人放松警惕、心不设防，正是暗箭难防。而明枪也不易躲，明火执仗的真小人恶人恶语，无所顾忌，一招接一招，不一定哪招就致命。

做人须防真小人，也须防伪君子。

"中庸"——走平衡木

周作人在《生活之艺术》中说："生活之艺术在于禁欲与纵欲之调和。"他的意思是说生活中欢乐与节制二者并存，他们之间不是相反的，而是相辅相成的。这种说法其实就是"中庸"一词生活版的解释。譬如饮酒，干杯则不知酒味，泥醉则不如微醺，要小酌，取之中和。

"中庸"即中和的作用。孔子说，两方面有不同的意见，应该使它能够中和，各保留其对的一面，舍弃其不对的一面，才是"中庸之为德也，其至矣乎"！孔子同时感叹说："民鲜久矣。"南怀瑾先生亦慨叹一般的人很少能够善于运用中和之道，大家走的多半都是偏锋。

在很多学者看来，中国人生活的最高典型应属中庸的生活。林语堂先生在《谁最会享受人生》中深刻地剖析了中国人的生活模式，提出要摆脱过于烦恼的生活和太重大的责任，实行一种中庸式的、无忧无虑的生活哲学。林语堂先生说："我相信、主张无忧无虑和心地坦白的人生哲学，一定要叫我们摆脱过于烦恼的生活和太重大的责任。一个彻底的道家主义者理应隐居到山中，去竭力模仿樵夫和渔父的生活，无忧无虑、简单朴实，如樵夫一般去做青山之王，如渔父一般去做绿水之王。不过要叫我们完全逃避人类社会的那种哲学终究是拙劣的。此外，还有一种比这自然主义更伟大的哲学，就是人性主义的哲学。所以，中国最崇高的理想，就是一个不必逃避人类社会和人生，而本性仍能保持原有快乐的人。"

然而，理想毕竟是理想，更多时候我们的生活常常是走向两个极端：不是在劳累中死去，来不及享受清福；就是堕落到了一定程度，不思进取。一个以悲壮的方式告别本来可以给他慰藉的生活；而另一个则以一种可鄙的态度宣告对生活的对抗。走了两个极端，分别从幸福的左边和右边滑过，都没有得到真正的幸福。

还有个故事讲得就更可怕了。

五代时候有个小官名叫苏逢吉，他是一个残忍而且极端的小人。有一回他奉上面的命令去监狱释放犯人。但苏逢吉竟然认为犯人都该死，他不但没有释放，反而是把他管辖的监狱里的犯人都处死了。但是这么一个人居然后来还能当官，可见当时的社会风气极差。当时社会治安特别差，朝廷准备打击全国的强盗和盗贼，没有想到苏逢吉竟然给朝廷提意见，说应当把盗贼四代以内的人都处斩。结果皇帝也昏庸，二话不说就答应了。据说苏逢吉率人把当地17个村庄的百姓杀了个光。更惨无人道的是，卫州百姓不堪盗贼骚扰，自发入山抓捕盗贼，结果遇到了官兵。官兵把他们的筋挑断了扔在山里，使得山上惨号不绝，结果那些村民尽数死光。极端到这种样子，让人不寒而栗！

其实，在与人类生活问题有关的古今哲学中，至今还未发现有一种比中庸学说更中肯的真理。这种学说倡导一种介于两个极端之间的那一种有条不紊的生活。这种中庸精神，在动与静之间找到了一种完全的均衡。所以理想人物应属一半有名，一半无名；在懒惰中用功，在用功中偷懒；穷不至于穷到付不起房租，富也不必富到完全不做工；钢琴也会弹，可是不十分高明，只可弹给知己的朋友听听，而最大的用处还是给自己消遣；古玩也收藏一点，可是只够摆满屋子的壁橱；书也要读，可是不必用功；学识颇广博，可是不成为任何专家……总而言之，这种生活应当是人们最理想的生活。

事实上，中庸作为一种处理事情的法则，现在也被西方学术界认可，像博弈论实际上就可以认为是中庸的经济学数学表达。历史上的中庸往往会被认为是没有原则，是折中和平庸。实际上，中庸是一种平衡的艺术，它强调凡事都要有一个“度”，要平衡各种分力，平衡各种矛盾，让各种冲突控制在合适的范围内作用，而不是消灭和彻底纵容。值得欣慰的是“中庸之道”正在被文化界、企业界接受。

不管怎样，历史告诉我们：中庸确实是大智慧。

进退自如：职场为人的最高艺术

虎寺禅院中的学僧正在寺前的围墙上绘制一幅龙争虎斗的图画，图中龙在云端盘旋将下，虎踞山头，作势欲扑，虽然修改多次，却总认为其中动态不足。恰巧无心禅师从外面回来，学僧就请禅师评点一下。无心禅师看后道："龙和虎的外形都画得不错，但龙与虎的特性却不甚明了。龙在攻击之前，头必须向后退缩；虎要上扑时，头必然自然地向下压低。龙颈向后的屈度愈大，虎头愈贴近地面，他们也就能冲得更快、跳得更高。"学僧非常欢喜地说："老师真是一语破的，我不仅将龙头画得太向前，虎头也太高了，怪不得总觉得动态不足。"无心禅师借机说教道："为人处世、参禅修道的道理也是这样，做好退一步的准备之后，才能冲得更远，谦卑地反省之后才能爬得更高。"

这里，禅师给我们上了一堂重要的人生课，就是做人做事要懂得适时地低头和后退，为将来的奋起做好准备。

敢于低头、适时后退是成大事者的一种态度和智慧，他们在后退一步中潜心修炼，从而获得比咄咄逼人者更多成功的机会。低头并不是认输，后退也不是示弱，而是人生必备的一种能力。

适时低头不是自甘消沉，它有积极进取的内涵，能使人以退为进，赢得潜心发展的主动权，从面扬长避短，夺取成功。如果硬认死理、逞强好胜、盲目蛮干，一味地逞强、硬撑，只会给自己带来不必要的伤害甚至牺牲，最终输掉自己。只有做到审时度势、随机应变、刚柔相济，懂得后退，才能保护自己，使自己立于不败之地。

但事实上，有些人在取得了一些成绩以后，不知道收敛自己，居功自傲，最终给自己惹来杀身之祸。

三国时的许攸，本来是袁绍的部下，虽说是一名武将，却足智多谋。官渡之战时，他为袁绍出谋划策，可袁绍不听，他一怒之下投奔了曹操。曹操听说他来，没顾得上穿鞋，光着脚便出门迎接，鼓掌大笑道："足下远来，我的大事成了！"可见此时曹操对他很看重。

后来，在击败袁绍、占据冀州的战斗中，许攸又立了大功。许攸自恃有功，在曹操面前便开始不检点起来。有一次，他当着众人的面直呼曹操的小名说："阿瞒，要是没有我，你是得不到冀州的！"曹操在人前不好发作，只好强笑着说："是，是，你说得没错。"曹操心中已十分忌恨，许攸并没有察觉，还是那么信口开河。又一次，许攸随曹操进了邺城东门，他对身边的人自夸道："曹家要不是因为我，是不能从这个城门进进出出的！"曹操终于忍耐不住，借故将他杀掉。许攸作为一代谋臣，终成刀下的屈死鬼。

所以，不管一个人的功劳有多大，都不能心高气傲，没有规矩。一个人与人相处，总是要懂得把握分寸，适时低头，进退有道，以退为进，以谦为尚。正如南怀瑾先生告诉我们的那样，为人处世，当进则进，当退则退；当高则高，当低则低。

庄子说，进退自如方为人生境界，高低有时方显做人智慧。孔子讲做人要把握"进退存亡之机"。一个人无论是谋天下大事也好，还是做个人私事也罢，都要了解自己什么时候该进一步，什么时候该退一步，随时随地知道自处之道。这其实也是"以德为循"，即以道德准则来把握自己人生的方向和路径。

人们只有自知，进退自如，方能智慧地处世。你是谁？你在做什么？你要如何生活？你希望到达什么样的人生高度？这世界能够让任何知道自己要往何处的人通过。人生犹如一张地图，人们只有找到目前自己所在的准确位置并确定最终的目的地所在，才能描绘出一道清晰的生命轨迹。

人们面对人生的波澜，应做到"猝然临之而不惊，无故加之而不怒"。每个人都是被上帝咬过的苹果，只因上帝特别喜爱某些人的芬芳，所以才对他咬得特别重。生活给予每个人的都不会太少，只有淡然地面对生活的得失，才能做到进退自如。

南怀瑾先生在解释庄子的"以刑为体，以礼为翼，以知为时，以德为循"这句话时，告诫我们的是：人生如下棋，深谋远虑者胜；只有统筹整盘棋局，走好关键的棋，才能奠定人生的胜局。关键时刻的进或退、左或右、舍与得、是与非的选择，都将影响人生的格局。而要作出正确的抉择，不仅要靠生活的积累、生命的积淀，更要读懂经营人生的艺术，熟悉进退自如的自处之道。

不拘一格的取才之道

龚自珍在《己亥杂诗》中说："我劝天公重抖擞，不拘一格降人才。"他说的是，要振兴国家，就需要各式各样的人才。同样，在现代社会，一个社会组织、一个企业若想长盛不衰，也需要各式各样的人才。电影《天下无贼》中葛优饰演的黎叔说：21世纪什么最贵？人才。现在企业的竞争大都是人才之争，领导人取才之道的核心就是要不拘一格选人才。

孟子在齐国十分不得志，于是打算离开这里。在临走之际，他对齐宣王说："王无亲臣矣！"意思是：大王，你没有值得信任的臣子了，因为"昔者进贤，今日不知其亡也"。过去有人推荐人才给你，但是都不得重用，最后都悄悄地离开了。齐宣王于是问他如何取才。孟子回答他说："国君进贤，如不得已，将使卑逾尊，疏逾戚。"意思是说，如果你真要使用贤才的话，就不要拘泥于成规，应该越级提拔，使得人尽其才。

南怀瑾先生对中国历代的人才选拔进行分析，认为每一个朝代稳定之后，在人才选拔上都会出现世臣巨族门第之见，很难做到"拔识于稠人"，即很难从普通百姓中选才。因此无数人怀才不遇，国家的人力资源也遭受了重大损失。

自古英雄不问出处，只要是人才就可以为世所用。孟子说：舜从田野之中被任用，傅说从筑墙工作中被举用，胶鬲从贩卖鱼盐的工作中被举用，管夷吾从狱官手里释放后被举用为相，孙叔敖从海边被举荐进了朝廷，百里奚从市井中被举用登上了相位。如何才能选出有用的人才呢？这需要一双慧眼。这双慧眼怎样得来呢？下面这个故事提供了一个方法。

战国时期的魏文侯是一位礼贤下士的国君，一次，他想提拔一位相国，有两个合适的人选，他难以抉择。于是他找来谋士李克，对他说："有句谚语说'家贫思贤妻，国乱思良将'。现在我们魏国正处在'国乱'的状态，我迫切需要一位有本事又贤良的相国来辅助我。魏成子和翟璜这两个人都不错，我该怎样取舍？"

李克听后，并没有直接回答魏文侯的话，却说："大王，您下不了决心，是因为您平时对他们考察不够。"魏文侯急忙问："怎样考察？有何标准？"李克说："当然有，我认为考察一个人的标准应该是：一是看他平时亲近些什么人，从他亲近的人的品质可以看出他的为人；二是看他富裕了和什么人做朋友，如果富裕了就摒弃以前穷时结交的朋友，或者巴结富贵人，那此人就不可取；三是看他当官了推荐什么人，只有真心为您效力的人才会为您推荐天下最贤良的人；四是看他不做官了，不屑于做哪些事情，如果他不做官了，却还摆做官的架子，接受别人的馈赠，像当官时一样威风，那他就不是一个忠心的人；五是看他贫穷了，哪些钱他不屑于拿，如果他贫穷了就去拿讨来的钱或者偷窃来的钱，那他就不是一个贤德的人。只要您按照这五个标准去衡量他们，就可以作出决定了。"魏文侯听后点头称是。

李克出来后遇见了翟璜，翟璜问道："听说魏文侯找你商量谁做相国的事情，不知结果如何？"李克说："结果已定，魏成子为相国。"翟璜气不过，愤愤地说："我哪里不如魏成子？大王缺西河太守，我把西门豹推荐给他；大王要攻打中山这个地方，我就推荐了乐羊；大王的儿子没有师傅，我就推荐了屈侯鲋，结果是：西河大治，中山攻克，王世子品德日增。我为什么不能做相国呢？"李克说："你怎么能比得上魏成子呢？魏成子用自己的俸禄的90%来罗致人才，所以子夏、田子方、段干木三人都从国外应募而来。他把这三个人推荐给大王，大王以师礼相待。而你所推荐的人，不过是魏文侯的臣仆。你怎么能和魏成子相比呢？"翟璜沉默了一会儿，无奈地说："你是对的，我的确比不上魏成子。"果然，魏文侯让魏成子做了相国。

选拔人才需要大智慧、大眼光，要任人唯贤，不可任人唯亲。《红楼梦》中贾雨村的一句"玉在匣中求善价，钗于奁中待时飞"，道出了自古以来所有想一展自己抱负的人的心声。大文学家韩愈感叹道："世有伯乐，然后有千里马。千里马常有，而伯乐不常有。"确实，千里马是人才，而识得千里马的伯乐更是人才。

不拘一格地识才、选才、惜才、爱才、用才的领导就是伯乐。

用其所长，唯才所宜

南怀瑾先生认为：用人不可学非所用、用非所长，而是要知人善任、唯才所宜。管理学大师德鲁克说："人的长处才是一种真正的机会。"大凡高明的领导者无不深明此意：要以运用人的长处为机会，善于识察人的长处，并能用得恰到好处，这样就能不失时机地赢得事业的成功。这也正是众多管理者从古至今一直在学习、汲取并不断实践的用人之道。

孟尝君去秦国，被秦昭襄王软禁起来。

孟尝君打听到秦王身边有个深受宠爱的妃子，就托人向她求救。那个妃子叫人传话说："叫我跟大王说句话并不难，我只要你那件举世无双的银狐皮袍。"很不巧，孟尝君那件皮袍在刚来秦国时献给了秦王，现在锁在秦王的内库里。孟尝君手下有个门客，很会学狗走路，擅长偷盗。当天夜里，这个门客就摸黑进了王宫，找到内库，把狐皮袍偷了出来。孟尝君把狐皮袍子送给秦昭襄王的宠妃。那个妃子得了皮袍，就向秦昭襄王劝说把孟尝君放回去。秦昭襄王同意了，发下过关文书，让孟尝君他们离去。

孟尝君得到文书，他怕秦王反悔，就带领门客急急忙忙地往函谷关跑去。到了关上，正是半夜时分。依照秦国的规矩，每天早晨鸡叫的时候，关上才许放人。孟尝君手下有一个门客很会学鸡叫，惟妙惟肖，让人分不出真假。于是，这个门客捏着鼻子学公鸡一声跟着一声地叫起来，附近的公鸡也全都叫起来了。守关的人听到鸡叫，开了城门，验过过关文书，让孟尝君出了关。秦昭襄王果然后悔，派人赶到函谷关，孟尝君已经走远了。

即使是鸡鸣狗盗之辈也有用途。孟尝君倘若没有这些人的帮助，只怕要被秦王囚禁终身了。唐代陆贽说过："若录长补短，则天下无不用之人；责短舍长，则天下无不弃之士。"唐代韩愈在《送张道士序》中也说："大匠无弃材，寻尺各有施。”用人就是如此。俗话说：“人无弃才。”是个人，就有他的用途。作为领导，关键在于知人善任。只有知人善任，才能人尽其才。知人善任是领导艺术，也是决定事情成败的关键所在。

《贞观政要》记载着唐太宗李世民的用人之术。李世民说：“明主之任人，如巧匠之制木。直者以为辕，曲者以为轮，长者以为栋梁，短者以为拱角，无曲直长短，各有所施。名主之任人也由是也。智者取其谋，愚者取其力，勇者取其威，怯者取其慎，无智愚勇怯兼而用之。故良将无弃才，明主无弃士。”李世民不仅是这样说的，而且也是这样做的。

在一次宴会上，唐太宗对王珐说：“你善于鉴别人才，尤其善于评论。你不妨从房玄龄等人开始，评论一下他们的优缺点，同时和他们互相比较一下，你在哪些方面更优秀。”

王珐回答说：“孜孜不倦地办公，一心为国操劳，凡所知道的事没有不尽心尽力地去做，在这方面我比不上房玄龄；常常留心于向皇上直言进谏，敢说皇上的能力、德行比不上尧舜，这方面我比不上魏征；文武全才，既可以在外带兵打仗做将军，又可以进入朝廷担任宰相，这方面我比不上李靖；详细明了地向皇上报告国家公务，宣布皇上的命令或者转达下属官员的汇报，能坚持做到公平公正，这方面我不如温彦博；处理繁重的事务，解决难题，办事井井有条，这方面我也比不上戴胄。至于批评贪官污吏，表扬清正廉洁，疾恶如仇，这方面比起其他几位来说，我也有一技之长。”

唐太宗非常赞同他的话，而大臣们也认为王珐完全道出了他们的心声，连连点头称是。

从王珐的评论可以看出唐太宗的团队中，每个人各有所长，但更重要的是唐太宗能知人善用，使其能够发挥自己所长，进而让整个国家繁荣强盛。其实在用人大师的眼里没有废人，正如武林高手，不需名贵宝剑，摘花飞叶即可伤人，关键看如何运用。

无伯乐，乃千里马之大不幸；而遇一不能善用人才的领导，却是人才之大不幸。因为，不被善用的人才只能在泥沙遮不住珍珠光彩的信念中埋没一生，在“天生我材必有用”的自嘲中抗争一生。对领导者来说，知人善用，便能人人皆为我所用，而人人皆为我所用，则家和、业兴、国盛。

第十四章　口造业，言造福

——南怀瑾谈言语得当感

一句蠢话，驷马难追

《论语·学而》说：“子曰：君子食无求饱，居无求安，敏于事而慎于言，就有道而正焉，可谓好学也已。”

古人大都很讲究修身，所以有“静以修身，俭以养德”的名言传世。古时候的人无论做到多么大的官，他们还是很注意修身养性，比如欧阳修、王安石等，像曾国藩这样靠后的人也是如此。现代人则不一样，许多现代人不讲究修身养性，他们认为这个没用。他们整天为房子、车子都愁不过来，哪里有时间管自己的心灵和修养！所以，许多现代人反而比古人更迷茫。虽然表面上看来人们的生活水平提高了，可是人们的幸福指数却在急速地下降。这到底是什么原因呢？是人们的心灵久已失修，荒芜一片、杂草丛生，又怎能心灵平和呢？

因而，古时候能有庄子这样的哲人、贤人，吃不好，穿不好，却自得其乐，而且修养极高。现在的人却无论如何也不能出庄子这样的伟大思想家。现在我们再把话题收回来。孔子说：一个君子只要能充饥，不一定要吃饱，只要有个能睡觉的地方，就不要追求住所的舒适，做事敏捷，说话谨慎，向有道德、有学问的人看齐，这就是好学。孔子当然不是要人们都去过苦日子，他要人们注意心灵的修养。“敏于事而慎于言”，就是要好好地反思自己，这一条修养很不容易达到。

1903年12月17日，是人类第一次驾驶飞机离开地面的日子。美国发明家莱特兄弟在完成了这一历史使命之后，到欧洲旅行。

在法国的一个欢迎宴会上，各界名流庆祝莱特兄弟的成功，并希望他俩给大家讲讲话。经过再三推托之后，莱特只得走上讲台。

他的演讲只有一句话：“据我所知，鸟类中会说话的只有鹦鹉，而它是飞不高的。”

这句精彩的话博得全场热烈的掌声。莱特原本可以详尽地介绍自己科学发明的经过，也可以谈论科学家的实干精神，但他只用这一句话道出了人类智慧的伟大之处，给听众留下了十分深刻的印象。

这就是“敏于事而慎于言”的具体表现。有的人爱吹牛，总是先把大话说出来，能不能做得到就是另外一件事了。大脑的反应没有舌头快，这是许多人的通病。俗话说“君子一言，驷马难追”，其实蠢话一句，同样驷马难追。

圣菲利普是16世纪深受爱戴的罗马牧师。

有一次，一位年轻的女孩来到圣菲利普面前，向他倾诉自己的苦恼。其实女孩心地不坏，只是她常常说些无聊的闲话。这些闲话传出去后，往往给别人造成伤害。久而久之，人们都远离了她。因为没有朋友，所以她觉得很孤独。

圣菲利普对女孩说：“你不应该谈论别人的缺点。我知道你为此苦恼，现在我让你为此赎罪。你到市场上买一只母鸡，走出城镇后，沿路拔下鸡毛并四处散布。你要一刻不停地拔，直到拔完为止。你做完之后，就回到这里告诉我。”

女孩觉得这是非常奇怪的赎罪方式，为了消除自己的烦恼，她没有任何异议。她买了鸡，走出城镇，并遵照吩咐拔下鸡毛。然后她回去找圣菲利普，告诉他，自己按照他说的做了。

圣菲利普说：“你已完成了赎罪的第一部分，现在要进行第二部分。你必须回到你散布鸡毛的路上，捡起所有的鸡毛。”

女孩照着去做，可在这时候，风已经把鸡毛吹得到处都是。她只捡回了一小部分鸡毛，无法捡回所有的鸡毛。

女孩回来说：“我没能捡回所有的鸡毛。”

圣菲利普说：“没错，我的孩子，你是无法捡回所有的鸡毛。你那些脱口而出的愚蠢话语不也是如此吗？你不是常常从口中说出一些愚蠢的话吗？你有可能跟在它们后面，在你想收回的时候就收回吗？”

女孩说：“不能。”

“那么，当你想说别人的闲话时，请闭上你的嘴，不要让这些邪恶的羽毛散落路旁。”圣菲利普说。

一句蠢话，驷马难追，如同覆水难收的道理一样。世上最可怕的话就是“早知道”和“如果”，因为后悔药的药方还没有人研制出来。

最好的语言就是无言

《孔子家语》里有这么一段话：“孔子观周，遂入太祖后稷之庙，庙堂右阶之前，有金人焉，三缄其口，而铭其背曰：‘古之慎言人也，戒之哉。无多言，多言多败’。”孔子在参观周王祭先祖的太庙时，看到台阶右侧立着一个铜铸的人，嘴上贴着三道封条，铜人的背面则刻着一行字。这行字的意思是，古代的这个人说话比较谨慎，大家应该引以为戒，不要多说话，说得多了容易失败。这段话的意思恰与“敏于事而慎于言”相合，也是提倡说话要注意，要谨慎，能不说就尽量不说，否则容易闯祸。

提起“刘罗锅”，人们脑海里立刻出现了一个聪明机智、正直勇敢、不失几分幽默的人物形象。“刘罗锅”刘墉靠着他的正直和聪明周旋于危机重重的封建官场，左右逢源，游刃有余。

刘墉也曾遭遇重大的挫折，受到乾隆皇帝的训斥，本该获授的大学士一职旁落他人。究其原因，是刘墉守口不密，说话不周，多说了几句，酿成了祸患。

一次，乾隆谈到一位老臣去留的问题，说若这位老臣要求退休回籍，乾隆也不忍心不答应。刘墉便将这话泄露给了这位老臣，而这位老臣真的面圣请辞。乾隆大为恼火，认为这是刘墉觊觎补授大学士的明证，是“谋官”的明证，因而训斥刘墉一通，将大学士一职改授他人。

可见，言语谨慎对于一个人立身、处世具有很重要的意义。常言道，病从口入，祸从口出。就是说，疾病往往是因为饮食不慎而引起，祸患则是因为言语不慎而招致。处世戒多言，言多必失。莫言闲话是闲话，往往事从闲话来；是非只为多开口，烦恼皆因强出头。

说话不小心会招致祸患，行动不谨慎会招来侮辱，君子处世应当谨慎。

武则天在《臣轨》中说：嘴巴好比一道关卡，舌头好比射箭的弩机，一句不妥当的话说出去，即使用四匹马拉一辆车去追也不可能追回来。嘴巴和舌头犹如一柄双刃剑，一句话说得不恰当，既会伤害他人，也会反过来伤害自己。因为话是自己说的，别人听到了，你就无法阻止别人去传播，由此所带来的影响你根本没办法控制。刘墉由于说话不慎，将到手的大学士丢了，就是最好的明证。

“一个人，说话应谨慎，应当舍弃那些不该说的话，而只说应说的话。

有时说话的人虽然并无恶意，但对听者而言却可能伤及他的自尊心。所以说话应谨慎。

其实，一个人不爱多说话，并不是他内心糊涂得无话可说，而是他明白话说多了鲜有不败的道理。

日常生活中，一个人光说不做，久而久之，只会让人生厌。多说话往往给人以夸夸其谈的印象；少说话，踏踏实实地多做实事，则给人勤奋踏实、值得信任的好印象。一个人只有做行动上的巨人，少言多思，才能取得成就。

当一个人想用言辞来给人们留下深刻印象的时候，他说得越多，他这个人看起来就越是平淡无奇，他所能控制的也就越少。如果他能把话说得简约一些、隐晦一些、神秘一些，多给人留一些遐想，那么即使他是老调重弹，别人也会觉得他的见解独到。那些有权力的人往往说得很少，他们给人的印象却很深刻，而且总是威慑别人。一个人说得越多，说出蠢话的可能性也就越大。

司马迁作为一位伟大的历史学家和思想家，他在《史记》中这样评价汉代名将李广：“《论语》上说过，居于高位的人行为端正，即使他不发命令，下属也会遵照他的意志去做；居于高位的人行为不端，即使下了命令，也不会有人遵照去做。这说的就是李广将军这类人。我见过李广将军，他诚信忠厚，简朴得像个乡下人，不善于谈吐。可是当他逝世的时候，天下无论是认识或不认识他的人，都因为他的死而哀痛不已。这是他忠诚笃实的品质取得了人们对他的信赖的缘故！”

上帝给了我们一张嘴、两只眼睛和两只耳朵，就是让我们少说、多听、多看，能不说的尽量不说，必须说的尽量少说，说话只说关键的，而不是啰啰唆唆，连炫耀带胡说八道。在日常生活中，我们应该“敏于事而慎于言”，多做事情，谨慎说话，用最少的话传达最有效的信息。否则，像刘墉那样一不留神，闯下大祸那就不值得了。

顾左右而言他，化尴尬于无形

“顾左右而言他”是转移话题，这是避免尴尬的一种谈话技巧。这个典故来源于《孟子》一书，使出这一招的并不是孟子，而是与他谈话的对象齐宣王。让我们回到历史的场景，看看究竟在什么状况下“王顾左右而言他”。

有一次，孟子对齐宣王说：“王之臣，有托其妻子与其友，而之楚游者，比其反也，则冻馁其妻子，则如之何？”假定大王的一位大臣，他把自己的妻子儿女托付给一位朋友照顾，自己到楚国去访问，等到他回来的时候，妻子儿女都是受冻挨饿。像这样的朋友该怎么办呢？齐宣王回答得倒干脆：“弃之。”孟子又问：“士师不能治士，则如之何？”如果您的执法官员没有好好地尽职做事，那您怎么办？齐宣王回答说：“已之。”即那就罢免他。孟子有意切入谈话的正题，接着问：“四境之内不治，则如之何？”意思是如果一个国家不安定，那么这个责任由谁承担呢？孟子这一问使齐宣王陷入困境，他不理会孟子提出的问题，随便找个其他的话题，即“王顾左右而言他”。

孟子和齐宣王的谈话，用南怀瑾先生的话说，就像打太极拳，孟子这一拳打得重了，齐宣王被逼无奈，只好转移话题。其实转移话题是一个很实用的谈话策略，人与人之间的语言交际，难免遇到尴尬的时候，比如，涉及国家、组织的秘密，涉及个人收入、个人生活、人际关系等问题。如果直接地用“无可奉告”等字眼来回答，会显得粗俗无礼，而且容易破坏和谐的人际关系。如果不回答，同样会使彼此陷入难堪的境地。这时就需要运用“顾左右而言他”的技巧，转移话题，以转移别人的注意力，化解困境。

1807年7月，拿破仑与俄国皇帝亚历山大一世在提尔亚西特会晤。奥地利国王和王后也参加了这场会晤，他们的主要目的是想请求拿破仑把北德意志马格德堡归还给奥地利。路易莎王后见到拿破仑后，先是赞赏拿破仑的头“像凯撒的一样”，然后她妩媚而直截了当地向拿破仑提出归还马格德堡的恳求。拿破仑虽然没有直接拒绝，但他不想轻易地答应。他没话找话地赞美皇后的服装如何好看，想以此转移话题。路易莎王后回敬了一句：“在这样的时刻，我们要拿时装做话题吗？”她再次提出请求，拿破仑又用一些毫不相干的话来应付她。路易莎王后再三央求拿破仑以宽大为怀，她的态度谦恭而又诚恳，使拿破仑多少有些动摇。这时，恰巧奥地利弗西斯国王走了进来，拿破仑的调子当场冷了下来。

宴会结束时，拿破仑得体地按照礼节向路易莎王后奉上一朵玫瑰花。王后灵机一动，脱口而出说：“我可否认为这是友谊的象征，我的请求已蒙答允？”拿破仑早有戒备，他用一句不着边际的话把王后的话题岔开了。弗西斯国王和路易莎王后最终没有达到目的，黯然而归。

在外交场合中，重要的是坚持自己的原则和立场，不该作出让步的绝不松口，同时又要做到言行得体、不失礼仪，这是一门高超的艺术对于拿破仑来说，王后的面子不能过于直接地驳回，占了别人的地盘更不是什么光彩的事，因此拿破仑转移话题，“顾左右而言他”，让奥地利王后只能无可奈何。

转移话题就是用巧妙的语言将话题转换到其他的地方，从而使自己摆脱窘境。正如人不会十全十美一样，再聪慧的人也会遇到难以直接回答的问题。面对这样的问题，如果不能巧妙地应答，就将陷入尴尬之中，此时最好的办法就是巧转话题。

一次，一个导游带着旅游团到某一历史名城参观。当他向大家介绍这座城市历史悠久、曾经十分辉煌的时候，有游客问道：“请问有什么大人物诞生在这个城市？”导游一下子愣住了，因为他也不知道。众多游客围了过来，都打算了解一下。导游见状灵机一动，非常机敏地说：“先生，这个城市里诞生的都是婴儿啊！”旅游团的成员们顿时哈哈大笑。

身为一个导游，却连古城历史上有哪些名人都不知道，这本来是一件很难堪的事情。如果他直接回答“不知道”，会让导游十分尴尬，后面的解说也会让人怀疑。但这位导游却巧妙地运用了转移话题的语言技巧，暗将问题从“诞生了哪些名人”转移到“诞生的是什么”上。尽管导游的答案似是而非，但大家都清楚这只是个玩笑，于是乐在其中，导游的尴尬也随之化解。

“顾左右而言他”的说话技巧在化解尴尬时，有时还可以表达自己强硬的态度，从而达到维护尊严、表明自己立场的目的。

例如，有个发达国家的外交官问非洲一个国家的大使：“贵国的死亡率必定不低吧？”大使接过话题立即掷出一句：“跟贵国一样，每人死亡一次。”

这位外交官的问题是针对整个国家说的，而大使岔开话题，直接地换用“每个人的死亡”作答，显示出一种针尖对麦芒的强硬态度。

有一次，大诗人普希金在彼得堡参加一个公爵的家庭舞会，当他邀请一位小姐跳舞时，这位小姐极傲慢地说：“我不能和小孩子一起跳舞！”普希金很礼貌地鞠了一躬，笑着说：“对不起！亲爱的小姐，我不知道你怀着孩子。”说完便离开了。那位漂亮的小姐无言以对，脸上绯红。

普希金的反应能力令人佩服，他运用针锋相对的反讽来转移话题。反讽不是气急败坏的叫嚣，也不是黔驴技穷的狂吼，它应该是偶尔露峥嵘，锐利锋芒乍现。利用语言的双解，普希金巧妙地将话题的针对点从自己身上转到那位小姐身上，不露痕迹地就将自己的尴尬转化为漂亮而又傲慢的小姐的脸红。所以，我们在采用“顾左右而言他”的解围法时，应尽量把它运用得不露痕迹，婉转巧妙。

“顾左右而言他”的技巧有很多，如果实在找不到合适的话题，插科打诨、自我解嘲、哈哈一笑，都是未尝不可。

值得注意的是，凡事过犹不及，要掌握一个“度”。“顾左右而言他”的说话技巧确实可以化解尴尬于无形，但是要针对适当的语言环境和交往对象，不可滥用。否则只能适得其反，让人产生反感！

危行言逊才是不倒翁

“诸葛一生唯谨慎，吕端大事不糊涂。”以“谨慎”著称，在中国历史上最出名的人物恐怕就是诸葛亮。吕端是宋代的一位宰相，他小事马虎，大事却从不糊涂，是个非常精明的人；而诸葛亮一生的功绩在于谨慎。

南先生一再强调为人处世要危行、言逊，也就是行为举止要谨慎，要如履薄冰。虽然南先生强调谨小慎微，但他却将谨慎与小气区别开来。人谨慎可以，绝对不能器量窄小。

在危行、言逊方面做得极好的历史名臣有中唐名将郭子仪。南怀瑾在“谈典论人”时，写下《能进能退的郭子仪》一文，说郭子仪善用黄老。

中唐时期，郭子仪位高权重，一直被朝中很多人视为眼中钉。唐代宗大历二年十月，正当郭子仪领兵在灵州前线与吐蕃军拼杀的时候，鱼朝恩却偷偷派人掘了他父亲的坟墓。当郭子仪从泾阳班师回朝时，朝中君臣都捏了一把汗，料他回来不肯和鱼朝恩善罢甘休，会闹得上下不安。郭子仪入朝的那一天，代宗主动提了这件事。郭子仪却躬身自责，说：“臣长期带兵打仗，治军不严，未能制止军士盗坟的行为。现在，家父的坟被盗，说明臣的不忠不孝已得罪天地。”君臣们听了，都由衷地佩服郭子仪坦荡的胸怀。

郭子仪心里明白，自己功劳越大，麻烦就越大，就是当朝皇帝代宗也会对自己有所顾忌。所以他处处谨慎小心，以求自保。每次代宗给他加官晋爵，他都恳辞再三，实在推辞不掉，才勉强地接受。广德二年，代宗要授他“尚书令。他死也不肯，说：“臣实在不敢当！当年太宗皇帝即位前，曾担任过这个职务，后来几位先皇为了表示对太宗皇帝的尊敬，从来没有把这个官衔授给臣子，皇上怎能因为偏爱老臣而乱了祖上的规矩呢？况且，臣才疏德浅，已累受皇恩，怎敢再受此重封呢？”代宗没法，只得另行重赏。

郭子仪爵封汾阳王，王府建在首都长安的亲仁里。汾阳王府落成后，每天都是府门大开，任凭人们自由进进出出，而郭子仪不允许其府中的人对此进行干涉。有一天，郭子仪帐下的一名军官要调到外地任职，来王府辞行。他知道郭子仪府中百无禁忌，就一直走进了内宅。他恰巧看见郭子仪的夫人和他的爱女正在梳妆打扮，而王爷郭子仪正在一边侍奉她们。她们一会儿要王爷递毛巾，一会儿要他去端水，使唤王爷就好像奴仆一样。这位将官当时不敢讥笑郭子仪，回家后，他禁不住讲给他的家人听。于是一传十，十传百，没几天，整个京城的人都把这件事当成笑话来谈论。郭子仪听了倒没有什么，他的几个儿子听了却觉得太丢王爷的面子，他们决定对父亲提出建议。

他们相约一齐来找父亲，要他下令，像别的王府一样关起大门，不让闲杂人等出入。郭子仪听了哈哈一笑，几个儿子哭着跪下来求他。一个儿子说："父王，您功业显赫，普天下的人都尊敬您，可是您自己却不尊重自己，不管什么人，您都让他们随意进入内宅。孩儿们认为，即使商朝的贤相伊尹、汉朝的大臣霍光也无法做到您这样。"

郭子仪听了这些话，收敛了笑容，对他的儿子们语重心长地说："我敞开府门，任人进出，不是为了追求浮名虚誉，而是为了自保，是为了保全我们全家的性命。"

儿子们感到十分惊讶，忙问其中的道理。郭子仪叹了一口气，说道："你们光看到郭家显赫的声势，而没有看到这声势有丧失的危险。我爵封汾阳王，往前走，再没有更大的富贵可求了。月盈而蚀，盛极而衰，这是必然的道理。所以，人们常说要激流勇退。可是眼下朝廷还要用我，怎肯让我归隐；再说，即使归隐，也找不到一块能容纳我郭府1000余口人的隐居地呀！可以说，我现在是进不得也退不了。在这种情况下，如果我们紧闭大门，不与外面来往，只要有一个人与我郭家结下仇怨，诬陷我们对朝廷怀有二心，就必然会有专门落井下石、忌妒贤能的小人从中添油加醋，制造冤案，那时我们郭家的九族老小都要死无葬身之地了。"

郭子仪之所以让府门敞开，是因为他深知官场的险恶，光明正大可以为自己澄清许多事情。他的政治眼光和德行修养，都是经过复杂的政治斗争之后修炼而来。最后郭子仪享年85岁，子孙皆为显贵。

南怀瑾先生感叹说，历代功臣，能够像郭子仪一样做到功盖天下而主不疑，位极人臣而众不嫉，穷奢极欲而人不非，实在太难了。回过头再看郭子仪的为人处世，他的确深谙孔子所说的“危行、言逊”之法。只可惜的是，孔子一生的言论成为后世的经典，儒家提出的中庸之道至今在世界上广为传播，然则孔子本人却不善处世，处处碰壁。可见，有时话虽如此说，人却未必能尽数做到。世人只有尽量谨言慎行，低调做人，才能明哲保身。

纵横捭阖，岂如润物无声

南怀瑾先生说孟子善于辞令是有道理的。孟子最后没有被任何国君委以治国的重任，这与他的口才没关系，而是道不同的缘故。孟子在向诸侯国的君主阐述自己的主张时，并不是以我为主，不用语言进行狂轰滥炸，而是如南怀瑾先生所说，他是用诱导的办法，循循善诱，润物无声。

最明显的一个例子就是，在齐宣王述说自己的缺点即好乐、好色、好货、好勇时，孟子没有进行反驳，而是采取诱导的教育方法。如齐宣王说自己有好勇的毛病，孟子就说好勇没关系，只要能扩大这个好勇的境界，齐国就有希望。这就是孟子的教化，可见他并不是一个迂腐的人。

孟子在对齐宣王的教化过程中，使用了欲抑先扬的说服方法，先肯定齐宣王喜好这些东西没什么不好，但是不可以只是好小利、小勇，而要学会惠及自己的臣民，这才是正道。

孟子的话其实带有批评的语气的，但他不是从一开始就与对方对立起来，而是表示与齐宣王站在同一立场上，从而使齐宣王消除戒心，最后接受了批评，承认他的建议的正确性。

美国著名的学者戴尔·卡耐基说：“矫正对方错误的第一个方法——批评前先赞美对方。”如果在提出批评前先抓住对方的长处给以由衷的赞扬，化解对方的对立情绪，然后在融洽的气氛中进行批评，就能达到理想的效果。这种方法尤其适用于个性倔犟的人。“双色糕法”和“三明治法”均属于这一类批评方法。“双色糕法”，即先肯定后否定。“三明治法”是两头肯定、中间否定的方法，它们都符合人们的心理规律，可以取得良好的效果。

说服别人接受自己的想法和建议总是很难的事，孟子在谈话中运用的诱导的办法，为我们在日常交往中劝说别人提供了一个参考。

孟子在说服过程中，还使用另一个技巧，即先巧设陷阱，问一些看似无关痛痒，却大有深意的问题，让对方在没有防备的情况下作出回答，让对方在不知不觉中一步步地坠入圈套。这时候他就牵住了对方的“牛鼻子”，对方不得不跟着他走。

一次，孟子问梁惠王：“杀人以梃与刃，有以异乎？”用梃或刃来杀人，其本质都是杀人，所以梁惠王很自然地回答：“无以异也。”孟子就又问：“以刃与政有以异乎？”梁惠王回答说：“无以异也。”最后孟子抛出撒手锏：“庖有肥肉，厩有肥马，民有饥色，野有饿殍，此率兽而食人也。兽相食，且人恶之；为民父母行政，不免于率兽而食人，恶在其为民父母也！”最后，他指责梁惠王没有施行仁政，因为他自己锦衣玉食，却使百姓“野有饿殍”。

面对这最后一击，梁惠王已无力反驳，只好承认，这就是孟子说话的高明之处。

有个家喻户晓的日本小和尚，他聪明绝顶，他的名字叫一休。有一次，将军足利义满把自己最喜爱的一只龙目茶碗暂时寄放在安国寺，没想到被一休不小心打碎了。就在这时，足利义满派人来取龙目茶碗。

众人都不知所措。

一休道：“不必担心，我去见大将军，让我来应付他！”

于是一休从容地来到将军府，对将军说：“有生命的东西到最后一定会死，对不对？”

足利义满回答：“是。”

一休又说道：“世界上一切有形的东西，最后都会破碎消失，是不是？”

足利义满回答：“是。”

一休接着说：“这种破碎消失，谁也无法阻止是不是？”

足利义满还是回答：“是。”

一休和尚听了足利义满的回答，露出一副很无辜的神情接着说：“义满大人，您最心爱的龙目茶碗破碎了，我们无法阻止，请您原谅。”

足利义满已经连着回答了几个“是”字，所以他也知道此事不宜再严加追究了，一休便渡过了这一难关。

一个人的思维是有惯性的，当他朝某一个方向思考问题时，他就会倾向于一直考虑下去。这就是为什么有些人一旦沉醉于某些消极的想法之后，就一直难以自拔的道理。在人际交往中，我们应懂得并运用这一原理，与人讨论某一问题，不要一开始就将双方的分歧亮出来，而应先讨论一些双方具有共识的东西，让对方不断地肯定我们。渐渐地，再开始提出双方存在的分歧，这时对方也会习惯性地认同我们的说法，一旦对方发现也为时已晚，只好继续说下去。

说话是一门大学问，掌握其中的技巧，可以很轻易地建立融洽的人际关系。现代人都说好口才价值百万，如果你拥有了好口才，那么你就拥有了一笔无形的财富。因此，我们要多多练习，不可偷懒，闲来无事时可以捧起《孟子》，在先贤哲言睿语中领悟说话的艺术，也不失为一件乐事！

幽默给生活涂上一抹亮色

我们经常在电视上看到各种相声小品、娱乐节目，我们的身边也不乏一些“搞笑”的人，但是，在这些节目和人中，能够真正称得上幽默的并不多。有人说：“浮躁难以幽默，装腔作势难以幽默，钻牛角尖难以幽默，迟钝笨拙难以幽默。只有从容、平等待人、超脱、游刃有余、聪明透彻才能幽默。”真正的幽默来源于智慧。正如林语堂先生所说：“幽默没有旁的，只是智慧之刀的一晃。”

虽然有人说中国是一个缺乏幽默的国家，然而中国却不缺乏幽默的人。孔子是众所周知的学术大师，同时也是一个很有幽默细胞的人。

“子曰：‘饭疏食饮水，曲肱而枕之，乐亦在其中矣。’”孔子说，只要有粗菜淡饭可以充饥，喝喝白开水，弯起胳膊来当枕头，靠在上面睡一觉，这样的人生也是快乐的。这是一种苦中作乐的幽默。对于孔子而言，幽默是一种很好的应付人生坎坷的方法。

孔子在政治上始终不得志。有一次，子贡说："这儿有一块宝玉，在盒子里装着出卖，是不是待高价卖出呢？"孔子听后迫不及待地说："卖，当然卖！我就正等着高价卖出呢！"说完后，众人都开怀大笑。

显然，孔子的话是一句玩笑话，这种话给他们郁郁不得志的生活增添了一抹亮色。正是有了这种幽默，孔子才能有一个豁达的人生，在不得志之后还能全身心地投入教育事业。

俄国文学家契诃夫说过："不懂得开玩笑的人，是没有希望的人。"孔子很懂得开玩笑，所以，他虽然不得志。但内心并不郁郁。他的学说得不到政治家的认可，他便开坛讲学，以另一种方式传达自己的观点。

西方人有一句意义深远的妙语："当人生给你酸涩的柠檬时，你就把它榨成一杯甜美的柠檬水。"中国也有一句相似的歇后语："含着黄连吹口哨——苦中作乐。"孔子的幽默使他战胜了人生的不如意，排除了内心中的苦闷，抓住了生活中富于趣味的一面。

林语堂先生是一个很幽默的人。

有一次，林先生参加一个学校的毕业典礼，在他说话之前，有好多长长的讲演。轮到林语堂说话时，已经十一点半了，于是林先生站起来说："绅士的讲演，应当像女人的裙子，越短越好。"大家听了先是发愣，随后哄堂大笑。

幽默就是这样，它可以使你开心，使你脱离尘世的种种烦恼；它可以使你增加活力，使你的生活多一点情趣；它可以使你令人难忘，同时给人以友爱与宽容；它可以使你更加乐观、豁达……

幽默是一种生活的艺术。人生在世，能够快快乐乐、开开心心地过一生，相信这是每个人心中的一个梦。然而，人生路上总会有些不如意，总会有些无奈。正如尼采所说："人生就是一场苦难。"而幽默是化解苦难的灵丹妙药，它可以淡化人的消极情绪，使人脱离沮丧和痛苦的窘境，让心态在沉重的压力下得到放松和休息。

谁都无法心想事成、无忧无虑地过一辈子。事情和境遇无法改变，掌控在我们自己手中的只有心态。因而林语堂先生说："我倒觉得越是在血与火的人生中，越是需要幽默与宽容。人生离不开幽默，幽默是死水般的生活里的一抹亮色。"

第十五章 君子之交，如水的幸福

——南怀瑾谈交友相知感

没有分享的人生是一种惩罚

孟子屡次劝说齐宣王要与民同乐，因为“独乐乐”实在比不上“众乐乐”，分享是人生的一种幸福。如果没有分享，孤寂人生，谁来聆听你心中的清音？岁月匆匆，谁来领略你眼中的精彩？在人生的舞台上，当《拉德斯基进行曲》与人们热烈的掌声相和着响彻维也纳金色大厅的瞬间，快乐也弥漫了世界。分享可以让快乐、幸福成倍地增加，也可以让寂寞、痛苦随之减半。“但愿人长久，千里共婵娟。”相思岂是一个人的事，在千里之外，有人与你共同分享相思的苦酒，苦酒也变甜，分享后便是快乐。总之，生活需要分享，无论是快乐或者痛苦。

艳阳高照，绿草如茵，清净的高尔夫球场内，只有一位犹太教的长老在挥杆打球。这是犹太教的一个安息日，按犹太教的规定，信徒在安息日必须休息，什么事都不能做。这位长老难忍心中之痒，就偷偷地到高尔夫球场打球，他想着打9个洞就好了。

然而，当长老在打第2洞时，却被天使发现了，于是天使告诉上帝某某长老不守教义，居然在安息日出门打高尔夫球。上帝听了，说会好好惩罚这个长老。

从第3个洞开始，长老打出超完美的成绩，几乎都是一杆进洞。长老异常兴奋，到打第7个洞时，天使又跑去找上帝：“您不是要惩罚长老吗？为何还不见有惩罚？”上帝神秘地说：“我已经在惩罚他了。”

直到打完第9个洞，长老都是一杆进洞。因为打得太神乎其技了，长老实在舍不得就此罢手，于是他决定再打9个洞。天使又去找上帝，很着急地说：“到底惩罚在哪里呢？”

上帝只是笑而不答。打完18个洞，长老的成绩比任何一位世界级高尔夫球手都优秀，他乐坏了。天使很生气地问上帝：“这就是你对长老的惩罚吗？”

上帝说：“正是！试想，他有这么惊人的成绩以及兴奋的心情，却不能在任何人面前夸耀自己，这不是最好的惩罚吗？”

正如这位犹太长老所经历的，没有人分享的人生，注定是一种惩罚，因为没有人会喜欢寂寞的生活，即使是功成名就。正如有首歌所唱的：“有谁孤单却不企盼一个梦想的伴，相依相偎相知，爱得又美又暖；没人分享，再多的成就都不圆满，没人安慰，苦过了还是酸……”

其实分享并不意味着失去，独占也不意味着拥有，懂得分享的人生，可以让我们收获更多。

有个年轻人刚搬到某处公寓二楼，他在阳台上种植了一大排紫藤花，如藤蔓的细枝叶逐渐生长，慢慢地垂悬于一二楼之间。

夏天的时候，紫藤花形成了一幅美丽的绿色叶幔。

年轻人几度想将紫藤花枝叶拉起用木架固定，如此可以帮他挡住灼热的阳光，以降低屋内闷热的暑气，却总认为如此做未免太小气，因此作罢。

一年春天的时候，悬垂的绿色叶幔开满了紫色的小花，吸引了许多不知从何而来的美丽蝴蝶，翩翩飞舞的蝴蝶与争妍小花为单调而略显寂寞的公寓增添了许多生气。

年轻人站在阳台，眼光追逐着一只美丽的彩蝶，忽然惊奇地发现有几株葡萄藤即将攀上他的阳台。往下看，一个女孩对着他微笑。

楼下人家为了感谢年轻人种植的紫藤花装点出的美丽和挡住夏天的太阳，所以种植葡萄作为回馈。

一架紫藤清香，换来一树葡萄美味，这正是分享使快乐成倍的道理。

位于以色列国的世界上最大的淡水湖加利利海海里面有各式各样的水生植物和鱼类；位于约旦和巴勒斯坦交界处的死海，海里面却没有任何生物。为什么有这样的差别？因为加利利海承接水源之后，将水分给了下游，而死海是世界上最低的湖泊，它纳入上游的水之后，却没有出口，因此水中累积大量的盐分，没有生物能存活。

一个懂得分享的人，生命就像加利利海广阔的水面一样，丰沛而且充满活力。只有懂得与别人分享，我们才能够在智慧和情感的分享中不断地提升与发展。

分享是一种博爱的心境，学会分享，就学会了生活。

分享是一种生活的信念，明白了分享，也明白了人生存在的意义。

交友，从识人开始

“孟子见梁襄王，出，语人曰：‘望之不似人君，就之而不见所畏焉。’”孟老夫子不仅是一位不懈地推行仁义的思想家，还是一位识人高手，他给梁惠王的儿子襄王下的评语“不像人君”，一语切中要害。

俗话说“知人知面不知心”，自古识人难。南怀瑾先生也承认这一点，因此他讲到鉴识人品的时候，认为仅从一个人的言谈举止看他内在的品德修养，是一件很难的事。

识人虽然难，还是要去体味，毕竟识人是与人交往的基础。只有在对一个人的性格品质有所了解的情况下，才能决定与其相处的模式以及关系的远近。道不同不相为谋，而谋之有道，道相同者则引为知己，这些都需要从识人开始。

在一个阳光明媚的清晨，柏拉图和老师苏格拉底一起在一片幽静的树林里散步。

柏拉图对老师说：“东格拉底这人很不好！”

苏格拉底问：“为什么这么说？”

柏拉图说：“他经常挑剔您的学说，并且不喜欢您的扁鼻子。”

苏格拉底笑了笑，缓缓地说：“可我倒觉得他这人很不错。”

柏拉图很迷惑地问：“您怎么会这样认为呢？”

苏格拉底说：“他对他的母亲很孝顺，照顾得非常周到；他对他的老师十分尊敬，从来没有对老师有不恭敬的行为；他对朋友很真诚，常常当面指出别人的缺点，帮忙改正；他对孩子很友善，经常和孩子们在一起做游戏；他对穷人非常富有同情心，我曾经亲眼看见他搜出身上最后一个铜板，放进了乞丐的帽子里……”

“但是，他对您却不那么尊敬！”柏拉图说。

“孩子，问题就在这里，”苏格拉底抚摸着柏拉图的肩头，慈爱地说，“一个人如果站在自己的立场上来看待别人，常常会把人看错。所以，我看人，从来不看他对我如何，而看他对待别人如何。”

苏格拉底的话非常有道理，要想客观地认识一个人，不能总是站在自己的立场上，因为这会把自己的利益放在其中考虑，很有可能失之偏颇。

识人不同于相人。识人是认真地观察一个人的行为与言论以鉴识其品德与才能，而相人则是观察一个人的相貌与体征以判定其一生的吉凶祸福。两者小同而大异。

清朝名臣曾国藩指派李鸿章训练淮军。李鸿章举荐三个人，希望曾国藩能授以官职。当李鸿章带着三人来见曾国藩的时候，曾国藩刚好饭后出外散步。李鸿章命三人在室外等候，自己则进入室内。

曾国藩散步回来，李鸿章请曾国藩传见三人。曾国藩摆摆头，说不用再召见了，并对李说：“站在右边的是个忠厚可靠的人，可委派后勤补给工作；站在中间的是个阳奉阴违之人，只能给他无足轻重的工作；站在左边的人是个上上之才，应予重用。”

李鸿章惊问道：“您是如何看出来的？”

曾国藩笑答：“刚才我散步回来，走过三人身旁时，右边那人垂首不敢仰视，可见他恭谨厚重，故可委派补给工作；中间那人表面上毕恭毕敬，但我一走过，他立刻左顾右盼，可见他不够本分，故不可用；左边那人始终挺直站立，双目正视，不亢不卑，乃大将之才。”

曾国藩说的这位“大将之才”就是后来担任台湾巡抚的刘铭传。

曾国藩这种认真观察一个人的行为举止，以鉴识其品德与才能的方法就是识人，而非相人。“听其言而观其行”，这是孔子告诉我们的简易有效的识人方法。

南怀瑾先生说，一个人之所以成功，自有他的气度，有优良的品质。从一个人的言谈举止即可看出他的气质如何，这需要一双慧眼和睿智的思想。

确实如此，鉴识人，见其气度，即使从其言谈举止有了认识，也是不够的，还必须更深入地了解他的个性。南怀瑾先生讲到这里时，引用了荀悦

《申鉴》中的一段讨论到气度的话，并进行了精彩的解释，可算是对人正反性格的一个全面而精辟的概括。

“人之性，有山峙渊停者，患在不通。”一个稳如山岳、太持重的人，做起事来往往不能通达权宜。“严刚贬绝者，患在伤士。”处世太严谨刚烈、除恶务尽的人，往往会因小的疏漏而毁了人才。“广大阔荡者，患在无检。”过分宽大的人，遇事又往往不知检点，流于怠惰简慢、马马虎虎。“和顺恭慎者，患在少断。”对人客客气气，内心又特别小心谨慎的人，在紧急状况下，在关键时候，则没有当机立断的魄力。“端悫清洁者，患在狭隘。”做人方方正正、丝毫不苟的人，又有拘泥死抠、施展不开的缺点。“辩通有辞者，患在多言。”有口才的人，则常犯话多的毛病，言多必失。“安舒沉重者，患在后世。”安于现实的人，一定不会乱来，但他往往是跟不上时代的落伍者。“好古守经者，患在不变。”尊重传统、守礼守常的，又往往会食古不化，死守着古老的教条，于是就难有进步。“勇毅果敢者，患在险害。”所谓有冲劲、有干劲的人，也有其相反的一面，即很容易造成危险的祸害。

人无完人，识人要识其本质，还要注意其优点和缺点。如果做到“见贤思齐，见不贤而内自省也”，那就可从容地与之交往，一举两得。

人都具有交往的天性，都希望在人际交往中规避陷阱、游刃有余，而且都想在人生中交到益友、邂逅知己，这一切当从识人开始。

友谊过甜会有咸涩的味道

朋友之间平淡如水，不尚虚华，我们称这样的交情为“君子之交”。

人们常说“朋友是用心经营的”。很多人认为，心中有朋友，平常就要多联系，这样友谊才能长久。其实，真正的友谊不在乎时间和空间的距离，它不需要世俗的虚华，它是深藏在心灵深处的，即使岁月流逝，时间的风沙也不会磨损曾经鲜艳的容颜。真正的友谊是冰封于雪山之巅的菱花，任世俗流转，它亦千年不变；真正的友谊是心里藏着思念的蛛线，即使不曾见面、也会在彼此的内心留下随风一荡的漪涟。真正的朋友，在乎的是心与心的默契，他们之间不需要刻意去联系，他们之间也不必刻意去维系，他们的关系永远是平淡如水、隽永如水。

南怀瑾认为，人与人之间很难相处，无论是夫妻、父母、兄弟还是朋友，总是“意有所至而爱有所亡”。朋友之间便是如此，希望友谊更加深厚，这个想法是好的。深陷这种想法之中，便有意地缩短彼此之间的距离，过多过密地交往起来。结果是事实反而与期望相反，曾经蜜里调油的友谊很快泛起了咸涩的味道，彼此关系不仅没有越来越好，反而开始疏远甚至破裂。

蕨菜和离它不远的一朵无名小花是好朋友。每天天一亮，蕨菜和无名小花都扯着嗓子互致问候。日子久了，它们都把对方当成自己最知心的朋友。同时，它们发现，由于相距较远，每天扯着嗓子说话很不方便，便决定互相向对方靠拢，它们认为彼此间的距离越近，就越容易交流，感情也越深。

于是，蕨菜拼命地扩散自己的枝叶，它蓬勃地生长，舒展的枝叶像一柄大伞一样；无名小花则尽量向蕨菜的方向倾斜自己的茎枝，它们的距离也越来越近了。出乎意料的是：由于蕨菜的枝叶像一柄张开的大伞，它不仅遮住了无名小花的阳光，也挡住了它的雨露。失去阳光和雨露滋润的无名小花日渐枯萎，它在伤心之余，不再与蕨菜共叙友情，相反，还认为是蕨菜动机不良，故意谋害自己，便在心里痛恨起蕨菜来。蕨菜呢，由于枝叶过于茂盛，一次狂风暴雨之后，它的枝叶被折断得所剩无几，身子光秃秃的。看着遍体鳞伤的自己，蕨菜把这一切后果都归于无名小花身上、如果没有无名小花，它也绝不会恣意让自己的枝叶疯长的。于是，一对好朋友便反目成仇了。

友谊是一种很奇怪的东西，彼此间空间的距离拉进了，心里的距离却变得远了。什么使朋友反目成仇？是希望友谊越来越甜的愿望！友谊太甜，就会有咸涩的味道。所以，若想保持友谊的口感，便不必刻意去维系、去拉近彼此的距离，因为这样反而限制了友谊的生长。古人崇尚的是淡如水的交友之道，因为淡，所以不腻；因为不腻，所以长久。

人们渴望真正的友谊，羡慕俞伯牙、钟子期的知音关系，总有那些“士为知己者死”、“人生得一知己足矣”的感慨。然而，真正的友谊真的如此难以求的吗？不是的！在现实生活中，人们常常因为彼此间共同的喜好而产生友谊；因为不同个性引起碰撞的火花而产生友谊；因为一次无意间的援助而产生友谊；因为蓦然间对自己如花的笑靥而产生友谊。何以这些友谊之花迅速地开放，又迅速地凋零？难道是因为它不够好吗？不是，是因为人们的要求太高。友谊产生之初总是甜美的，那种甜美让人们沉醉而忘记了适可而止。结果，因为啜饮得太多，反而感觉到了咸涩。于是，人们对最初的美好产生了怀疑，于是，友谊失去了记忆中的纯粹，变得普通起来。

每个人都是不同的个体，人们来自不同的社会层面，有不同的性格特点、生活习惯、做事方式与理想追求。友谊的差异所带来的矛盾是必然的结果，更是现实与内心期望之间的落差过大的结果。人们常有这种感慨，刚接触一些人的时候，对他们的第一印象特别好，但久了却发现并不是那样。这是因为随着接触的增多，我们的焦距已经不再对准曾经触动心弦的最美好的一面，开始转向那些被忽视的角落；或者，那些曾经使我们心动的东西在我们眼里已经成为明日黄花，看久了就厌了，再也没有了吸引人的美丽。

真正的友谊是天长地久的。如何使友谊在我们心里永远动人，永远如清泉一般沁人心脾？平淡如水的交往就好了！对友谊不刻意、不强求，顺其自然，最后留下来的一定是最值得铭记的。

拿什么来维持友情

子曰："晏平仲善与人交，久而敬之。"南怀瑾先生说孔子非常佩服晏子交朋友的态度，他不轻易与人交朋友，但如果交了一个朋友，就会善始善终。南怀瑾先生进而点明，我们每个人都有朋友，但善始善终的很少，新朋友在增加，老朋友却在流失，正所谓："相识满天下，知心能几人？"

晏子让友情地久天长的要诀是"久而敬之"，交情越久，他对人越恭敬有礼，别人对他也越敬重。这四个字说来简单，做起来却不容易。一般来说，关系亲密的朋友，言谈举止都是更加随便，就好比人们在心情不好时总爱对亲密的人发脾气一样。一时的口不择言，有时会变成永远的伤疤。很多人在维持朋友方面总是觉得力不从心，不知道应该怎样相处；或者处好的朋友，时间长了又淡忘了，等到某天相见，连名字都记不上来了。想想这样的状态怎么可以交到朋友啊？

诚心可以交到真朋友，但是不维持，真朋友也会失去。维持友情别无他法，就是"久而敬之"。"久"我们都可以理解，就是长久，交朋友要长久。表现在生活细节中，就是彼此常联系，哪怕是一条祝福的短信，或者是一张漂亮的明信片，一封温馨的电子邮件，都会给彼此的友情增加色彩。有人会埋怨没有时间，其实完全不是这个样子的。当你等车时，当你无聊时……其实这点儿小小的要求不会花太多时间的。你在睡前发出的一封邮件，就可能让对方温暖；你在等车时发出的一条短信，就可能让朋友开心。感情总是一点点积累来的，细节保持得久了，就成了习惯。好朋友并不需要天天黏在一起，而是需要心里常惦记。晏子能够将友情"久之"，那我们为什么不能记住朋友的生日，在每次生日的时候送上我们的祝福呢？

久而敬之，光久不敬，也是枉然。很多时候，"敬"的原则也不好把握，但是并不是不能掌握。当朋友想独处的时候，我们就不应该强求对方去干他不愿意的事情。某种程度上说，对一个人尊重的表现，就是迁就对方，按照对方想要的标准来做。对待朋友就应该在不违反原则的条件下这么做。当你与好友的爱好或者观点发生冲突的时候，应该去试着理解对方，或者保持沉默，不能坚持己见，推销自己的那套东西。法国思想家伏尔泰说："我不同意你说的话，但我誓死捍卫你说话的权利。"这就是尊敬。

和谐深沉的交往，需要深厚的感情为纽带，这种感情不是矫揉造作的，而是真诚的自然流露。中国素称礼仪之邦，用礼仪来维护和表达感情是人之常情。待挚友仍需敬，并不是僵守不必要的烦琐的客套，而是强调好友之间相互尊重，不能跨越对方的禁区。

每个人都希望拥有自己的一片私密天空，朋友之间过于随便，就容易侵入这片禁区，从而引起隔阂、冲突。待友不敬，有时或许只是一件小事，却可能已埋下了破坏性的种子。维持朋友亲密关系的最好办法是往来有礼、有节，互不干涉，久而敬之才能天长地久。

对待朋友，无论关系如何亲密，都不可恶语中伤，语言的伤害可造成永远无法弥补的伤痕。将自己放在与朋友相等的地位，设身处地为朋友着想，相敬如宾，才能让友情之树常青。久而敬之，本质是长久，核心是尊敬。朋友间把握好这个，友谊就会地久天长。

借石攻玉交良友

南怀瑾先生解释"君子以文会友，以友辅仁"说：交朋友要交志同道合的朋友；交朋友的目的是为了彼此辅助达到行仁的目的。其实他老人家的这段话，从另外一个侧面揭示了朋友和人脉的重要性。

日常生活中，君子交朋友应该互相达到仁的目的；小人之间也交朋友，但是他们往往是为了相互利用。如果抛开道义不管，我们单从小人的发迹、上蹿下跳等角度去观察，小人之间的人脉也许更广阔。

"他山之石，可以攻玉"这八个字出自《诗经·小雅·鹤鸣》。南怀瑾先生的"经史合参"之法，就深得"他山之石，可以攻玉"的妙用，这"史"难道不是"经"的他山之石吗？我们在交朋友的时候，要切记不能"一根筋"要看到别人的优点，客观地对待别人的缺点。这样我们在生活中往往能够独辟蹊径，变得游刃有余。晚清时的黄兰阶可谓深谙此道，他借着左宗棠的名号当幌子，让总督给他升了官，实在是棋高一着的妙点子。

晚清年间，左宗棠任军机大臣。当时，他的一个好友的儿子黄兰阶，在福建候补知县多年也没候到实缺。黄兰阶见别人都有大官写推荐信，想到父亲生前与左宗棠很要好，就跑到北京去找左宗棠。左宗棠见了故人之子，十分客气，但当黄兰阶提出想让他写推荐信给福建总督时，立刻就变了脸，几句话就将黄兰阶打发走了。

黄兰阶又气又恨，就闲踱到琉璃厂看书画散心。忽然，他想起了以前的一个朋友，只是打过照面，连泛泛之交都算不上，这人在附近卖字画。这人学写左宗棠字体十分逼真，只是生性乖戾、唯利是图，让人很难接近。他心中一动，想出一条妙计。他想让店主写把扇子，这个小店老板希望从黄兰阶身上多套点钱出来，于是对黄是百般刁难。黄不但没有生气，还假惺惺地多给了点钱，两个人称兄道弟，互相吹捧，不亦乐乎。后来这个人在扇子上落了款，黄兰阶则得意洋洋地回了福州。

这天，是参见总督的日子，黄兰阶手摇纸扇，径直走到总督堂上。总督见了很奇怪，问："外面很热吗？都立秋了，老兄还拿扇子摇个不停。"

黄兰阶把扇子一晃："不瞒大帅说，外边天气并不太热，只是我这把扇子是我此次进京时左宗棠大人亲送的，所以舍不得放手。"

总督吃了一惊，心想："我以为这姓黄的没有后台，所以候补几年也没任命他实缺，不想他却有这么个大后台。左宗棠天天跟皇上见面，他若恨我，只消在皇上面前说个一句半句，我可就吃不住了。"总督要过黄兰阶的扇子仔细地查看，确系左宗棠笔迹，一点儿不差。他将扇子还予黄兰阶，闷闷不乐地回到后堂，找到师爷商议此事。第二天他就给黄兰阶挂牌任了知县。

黄兰阶不几年就升到了四品道台。总督一次进京，见了左宗棠，讨好地说："宗棠大人故友之子黄兰阶，如今在敝省当了道台。"

左宗棠笑道："是嘛！那次他来找我，我就对他说：'只要有本事，自有识货人。'老兄就很识人才嘛！"

黄兰阶能够官拜道台，是以左宗棠这是显贵当幌子，让总督给他升了官，实在是棋高一着。他对那个乖戾贪财、卖字画的朋友充分利用，他不但没有跟他断绝关系，在关键时刻还让那以假乱真的字起了重要的作用。我们暂且撇开清政府官场的腐败和黄兰阶欺世盗名的卑劣做法不谈，单从借力的角度来看，黄兰阶正是看准了清政府官场的特点而想出了求官的对策。

在现实生活中，如果能活用“借石攻玉”法，善于利用他人的优势弥补自己的不足，就可以把别人的优势变成自己的优势，把别人的力量变成自己的力量，从而成就自己的事业。

他山之石，可以攻玉。作为一名现代社会中的人，在拓展自己的人脉时，要做到取长补短广交友。不应过分计较对方身上的缺点，不应计较对方的身份、辈分、阅历等，而是应多看看别人的优点和专长，在需要时，把别人的优点和专长拿来为己所用，既能弥补自身能力的不足，又为自己事业的发展铺平道路。

适当的距离才是美

人们常会有这样的体会，当较远距离看一朵花时，会感觉很美，当靠近了再看，便会发现其中一些瑕疵，觉得不再美了。这不由想起一句耐人寻味的话说：“距离产生美。”然而，赵本山在小品里又讲：“距离有了，美没了。”怎样才能维持自己眼中的美呢？关键在于距离适中。

“子曰：唯女子与小人为难养也！近之则不孙，远之则怨。”孔子认为有的女子与所有的小人是最难办的，对他们太爱护、太亲近了，他们就恃宠而骄，让你无所适从，动辄得咎；对他们疏远一些，他们又怨恨你。南先生说，其实，世界上的男人够得上资格而免于“小人”罪名的，实在是少之又少。因此，圣贤这一句话，实际上包括了生活中大多平凡男女，它指出了人际交往中一个不容忽视的问题，即距离问题——“近之则不孙，远之则怨”。

如何保持人际交往中的美好印象，如何让人际关系永远处于美的阶段？有一个办法：保持适当的距离，既不过接近，又不过于疏远。很多时候，就情感而言，一定的距离能带来极大的美感。

柴可夫斯基和梅克夫人是一对相互爱慕而又从来未见过面的恋人。梅克夫人是一位酷爱音乐、有一群儿女的富孀，她在柴可夫斯基最孤独、最失落的时候，不仅给了他经济上的援助，而且在心灵上给了他极大的鼓励和安慰。她使柴可夫斯基在音乐殿堂里一步步地走向顶峰。柴可夫斯基最著名的《第四交响曲》和《悲怆交响曲》都是为这位夫人所作。

他们不想见面的原因并非他们两人相距遥远，相反，他们的居住地仅一片草地之隔。他们之所以永不见面，是因为他们怕心中的那种朦胧的美和爱，在一见面后被某种太现实、太物质的东西所代替。

不过，不可避免的相见也发生过。那是一个夏天，柴可夫斯基和梅克夫人本来已安排了他们的日程：一个外出，另一个决定留在家里。但是这一次，他们终于在计算上出了差错，两个人同时都出来了，他们的马车沿着大街渐渐地靠近。当两驾马车相互错过的时候，柴可夫斯基无意中抬起头，看到了梅克夫人的眼睛。他们彼此凝视了好几秒钟，柴可夫斯基一言不发地欠了欠身子，梅克夫人也同样表示了一下，就命令马车夫继续赶路了。柴可夫斯基一回到家就写了一封信给梅克夫人："原谅我的粗心大意吧！维拉蕾托夫娜！我爱你胜过其他任何一个人，我珍惜你胜过世界上所有的东西。"

这是他们在一生中最亲密的一次接触。

真正的情谊是心灵的默契和情感上的升华。有时候，要使情感保持美艳动人，便要彼此拉开一定的距离，在交往中和对方保持合适的距离。爱情如此，其他的人际交往亦是。

维持人际关系的最好办法是往来有节，表达适当的关怀，但并不过度地干涉，保持一种恰当的距离。

豪猪生长在非洲，身上的毛硬而尖。冬天到了，天气寒冷的时候，它们就聚在一起，互相依靠，借彼此的身体取暖。但是当它们靠近时，身上的毛尖会刺痛对方使它们立刻分开，分开后因为寒冷它们又聚在一起，聚在一起因为痛又分开，这样反复数次，最后它们终于找到了彼此间的最佳距离——在最轻的疼痛下得到最大的温暖。

其实，人与人之间的关系和豪猪之间的关系是一样的，维系其中平衡的是适当的距离。豪猪的距离过于亲近就会被刺伤，过于疏远又感受不到温暖。人们只有把握好相处的距离，才能让工作和生活趋于美好。

第十六章 换个姿态，照样是做人的天才

——南怀瑾谈做人被尊重感

做人当学“孟之反”

子曰：“孟之反不伐，奔而殿，将入门，策其马曰：‘非敢后也，马不进也！’”南怀瑾先生的解释是，在战场上打了败仗，孟之反叫败下来的人先撤退，自己一人断后；快要进到自己城门时，他才赶紧用鞭子，抽自己骑的马的屁股，超到队伍前面去，然后告诉大家说：“不是我胆子大，敢在你们背后挡住敌人，实在这匹马跑不动啊！”南怀瑾先生很推崇孟之反的这种态度，他说孟之反很有道德，很高明。

这种高明实际上就是给别人留足面子。孟之反不抢功，因为抢功的话，后面那群人的脸面就没地方搁，本来就已经是败军之将，然后再依靠别人的保护，从自尊心上来说，一般人都接受不了。因此孟之反的做法很高明。

其实人与人之间关系复杂，再亲密的关系也得考虑到对方的情绪，尤其是朋友之间，更应该注意。

人都爱面子，你给他面子就是给他一份厚礼。有朝一日你求他办事，他自然要“给回面子”，即使他感到为难或感到不是很愿意。这便是操作人情账户的全部精义所在。

人们要永远记住一个道理：一种行为必然引起相对的反应行为，只要你有心，只要你处处留意给人面子，你将会获得他人回报的天大的面子。

古代有位大侠名叫郭解。有一次，洛阳某人因与他人结怨，多次央求地方上有名望的人士出来调停，对方就是不给面子。后来他找到郭解，请他来调解这段恩怨。

郭解接受了这个请求，亲自上门拜访委托人的对手，做了大量的说服工作，好不容易使对方同意和解。照常理，郭解此时不负人托，完成这一化解恩怨的任务就可以走人了，可郭解还有高人一着的棋。

在把一切讲清楚后，他对对方说：“这件事，听说过去有许多当地有名望的人调解过，但因不能得到双方的共同认可而没能达成协议。这次我很幸运，你也很给我面子，让我了结了这件事。我在感谢你的同时，也为自己担心，因为我毕竟是个外乡人，在本地人出面不能解决问题的情况下，由我这个外地人来完成和解，未免使本地那些有名望的人感到丢面子。”请你再帮我一次，从表面上要做到让人以为我出面也解决不了问题。等我明天离开此地，本地的绅士、侠客还会上门，你把面子给他们，算作他们完成此一美举吧！拜托了。”

人们总是尽其全力来保持颜面，为了面子问题，可以做出有悖常理的事。在知道人们是如何注重面子之后，应尽量避免在公众场合使你的朋友难堪，可以的话，倒不妨趁势送朋友一份面子厚礼。郭解调解成功，按照常理，第一，他帮过的这个人一定对郭解深感佩服。此人能请得动那么多名士，可见绝非寻常人等。仅此一举可赢得此人的友谊，是为一得。第二，人嘴一般不牢靠，郭解的好名声很快就会传遍乡里，他在此地绝对会声名日隆，是为二得。当然，大侠不会这么想，他想的是尊重朋友，要给朋友留面子，而为别人留了面子，实际上也就给自己长了脸，为自己留了后路。不管怎样，郭解这样做就是人格的力量。

有人说朋友之间谈面子问题太虚伪，这其实是不了解人性而进入了认识的误区。他们认为，好朋友彼此熟悉了解，亲密信赖，如兄如弟，财物不分，有福共享，讲究客套太拘束，也太见外了。其实，他们没有意识到，朋友关系的存续是以相互尊重为前提的，容不得半点强求、干涉和控制。彼此之间情趣相投、脾气对味则合、则交，反之，则离、则绝。朋友之间再熟悉、再亲密，也不能随便过头，不讲客套，否则，默契和平衡将被打破，友好关系将不复存在。因此，对好朋友也要客气有礼，可以不强调自己的“面子”，但不可以不给朋友面子。因为看似面子问题，实际上是尊敬与否的问题。

南怀瑾先生夸赞孟之反，说他善于立身自处，道理就在于此。关键时刻还是应该给别人留点儿面子。

别人的位置

苏秦的口才很好，曾经通过劝说让齐宣王放弃了刚刚攻打得到的10个城池。齐宣王在攻打城池之前曾请教过孟子，孟子建议他别攻打，结果他没有听从。实际上苏秦讲的道理跟孟子也大体一样。为什么齐宣王没有接纳孟子的意见呢？南怀瑾先生说，这就是圣贤与辩士的区别。圣贤强调道德，齐宣王认为是读书人的迂腐。苏秦却晓之以“利”，动之以情，说服了齐宣王。

我们可以对比一下，圣人和辩士都是怎么跟齐宣王说的。

齐宣王想攻打燕国的时候，燕国国力已经不强了。齐宣王拿不定主意，于是就请教正在齐国游说的孟子。他问孟子说：“我想吞并燕国，但是有人劝我不要这么干，有人却劝我应该这么做，你说我到底该怎么办？”

孟子是圣贤啊，说话是从大的地方出发，他讲得最多的就是道德，他想得最多的是老百姓。于是他回答说：“如果吞并燕国，燕国老百姓很高兴的话，那您就应该吞并它。这方面做得好的古人是有的，周朝武王就是这样的人。”这里的言外之意就很明显了，不过，孟子又说，“但是如果吞并燕国，当地百姓并不高兴，那就不应该吞并它。这方面古人也有先例，周朝文王就是好例子。”

孟子从老百姓层面讲了道理之后，又想动之以情，因此又说：“您不记得当初齐军攻打燕国，燕人送饭递水表示欢迎了吗？因为那时候燕国百姓想摆脱苦日子啊！而现在如果齐国吞并燕国，势必受害的人还是燕国百姓，您给燕人带来亡国的灾难，那他们就会像当年一样必然会转而盼望其他的国来解救他们！”

齐宣王一听这话，也不管有理没有理，他认为孟子这个读书人太迂腐了，孟子啰啰唆唆讲的都是虚的东西，于是起兵攻打了燕国。

齐宣王夺取了燕国的10座城池后，燕易王派苏秦来游说齐宣王，希望他放弃10座城池。于是苏秦到了齐国，去见齐王。他一见到齐王就下拜称贺，可是刚贺完就站起来向齐王表示哀悼。齐王说："你在做什么？为什么祝贺完紧接着就哀悼呢？"苏秦于是说："我听说饥饿的人再饿也不吃乌嘴，因为乌嘴这东西吃了容易划破肚子，肚子越饱死得越快。每个人即使感到饥饿的时候，都有这样的顾虑。如今燕国虽然弱小，但是他们却有一个强国的岳丈秦国。大王虽然获得了10座城池，国家人口领土都增加了，却长久地与强大的秦国建立了仇恨。您现在的情况是'螳螂捕蝉，黄雀在后'啊，秦国随时都会对您不利。"这番话的目标就是想让齐王放弃城池，实际上跟孟子的不战主张是一样的，但是由于他从齐王的切身利益出发，就起作用了。因此，齐王急忙问："那该怎么办呢？"苏秦又用他的常用的口吻来说："我听说古代那些了不起的人都能够化险为夷，转败为胜。大王不如听从我的意见，把10座城池归还给燕国，燕国一定是万分高兴。秦王知道是因为自己的缘故，齐国才把10座城池归还给了燕国，也一定高兴。这样一举两得，难道不是好事情？"于是齐王痛快就答应了，把10座城池还给了燕国。

我们看结果其实是一样的，按照孟子所做，燕国10座城池还是齐国的。苏秦不一定比孟子高明，但是苏秦更了解人性的弱点，他从齐宣王的利益出发，自然比从道德层面说教要有用得多。

当我们说服别人的时候，抓住对方切身利益的得失，会使对方的心弦受到颤动，促使对方深入思考，从而放弃自己消极的、错误的行动。

一个人最关心的往往是与自己有关的利益，因为人们毕竟生活在一个很现实的社会里，人要生存，就离不开各种与己有关的利益。所以，当我们想要劝说某人时，应当告诉他这样做对他有什么好处，不这样做则会带来什么样的不利后果，相信他不会不为所动。打蛇要打七寸，说话也要讲到点子上。

很多人说话喋喋不休，但是却收不到预期的效果，而有的人说话很少，却能起到作用，就是因为他们所说的能否打动人。实际上孟子的理论水平很高，假若孟子能像苏秦那样说话，说不定战国的历史就得改写。

人之上以人为人，人之下以己为人

春秋战国时期，很多小国为了自保和壮大，在如何治国和如何与邻国交往方面颇下心机。齐宣王就曾经为了与邻国交往之事问过孟子："交邻国有道乎？"即与邻国交往有什么好的策略吗？孟子回答说："惟仁者能以大事小，是故汤事葛，文王事昆夷。惟智者为能以小事大，故大王事獯鬻，勾践事吴。以大事小者，乐天者也；以小事大者，畏天者也。乐天者，保天下；畏天者，保其国。"

南怀瑾先生解释说，这里孟子提出了两个原则：一种是"以大事小"，这是仁者的风范，是顺应"天地万物"的乐天心理，不愿意去欺负弱小，这样可以使天下太平。另一种是"以小事大"，这是明智之举，顺从比自己强大的国家，则可以保护国家臣民的安全。南先生进一步解释，这里的"天"既包含"天人合一"的哲学，还包括人事在内。人与人之间的和谐相处也要注意这一原则。就是说，在人之上要以人为人，在人之下要以己为人。

作为个人，在居上位时一定要谦虚，切不可仗势欺人，人生总是盛极而衰的，一个人不可能永远风光无限，繁华过后总会凋零。对于真正悟透人生的仁者来说，谦卑才是应有的心态，而以恭敬心去尊重和对待每一个人，则是他们的特征。

在林肯的故居里，挂着他的两张画像，一张有胡子，一张没有胡子。在画像旁边贴着一张纸，上面歪歪扭扭地写着：

亲爱的先生：

我是一个11岁的小女孩，非常希望您能当选美国总统，因此请您不要见怪我给您这样一位伟人写这封信。

如果您有一个和我一样的女儿，就请您代我向她问好。要是您不能给我回信，就请她给我写吧！我有四个哥哥，他们中有两人已决定投您的票。如果您能把胡子留起来，我就能让另外两个哥哥也选您。您的脸太瘦了，如果留起胡子就会更好看。

所有女人都喜欢胡子，那时她们也会让她们的丈夫投您的票。这样，您一定会当选总统。

格雷西

1860年10月15日

在收到格雷西的信后，林肯立即回了一封信。

我亲爱的小妹妹：

收到你15日的来信，非常高兴。我很难过，因为我没有女儿。我有三个儿子，一个17岁，一个9岁，一个7岁。我的家庭就是由他们和他们的妈妈组成的。关于胡子，我从来没有留过，如果我从现在起留胡子，你认为人们会不会觉得有点可笑？

忠实地祝愿你

亚·林肯

第二年的2月，当选的林肯在前往白宫就职途中，特地在小女孩的家乡小城韦斯特菲尔德车站停了下来。他对欢迎的人群说："这里有我的一个小朋友，我的胡子就是为她留的。如果她在这儿，我要和她谈谈。她叫格雷西。"这时，小格雷西跑到林肯面前，林肯把她抱了起来，亲吻她的面颊。小格雷西高兴地抚摸他又浓又密的胡子。林肯对她笑着说："你看，我让它为你长出来了。"

原来林肯的胡子是为一个小小的女孩子而留，而这个女孩子他一开始并不认识。有人说，林肯是为了拉两张选票所以才留起胡子的。其实对于一场大选，两张选票能起的作用很微小。即便换位思考，如果你接到类似的信，多数人还是会一笑了之，觉得一个11岁的孩子不值得重视。可是林肯不但重视一个小女孩的来信，还认真地写了回信并真的蓄起了胡子。在人之上要以人为人，林肯做到了这点，这也许就是他被人们拥护和爱戴的原因。

隋炀帝是中国历史上有名的暴君，他骄奢淫逸，却民不聊生。各地农民起义风起云涌，隋朝的许多官员也纷纷倒戈，转向农民起义军。因此，隋炀帝对朝中大臣们处处防范，疑心很重，尤其对外藩重臣更是顾虑重重。

当时唐国公李渊曾多次担任朝廷要职和地方官，每到一处，都悉心结纳当地的英雄豪杰，多方树立恩德，因而声望很高，许多人都前来归附。同时，大家都替他担心，怕他遭到隋炀帝的猜忌。正在这时，隋炀帝下诏让李渊到他的行宫去晋见。李渊因病未能前往，隋炀帝很不高兴，猜疑之心顿起。当时，李渊的外甥女王氏是隋炀帝的妃子，隋炀帝向她问起李渊未来晋见的原因，王氏如实回答。隋炀帝又问道："会死吗？"王氏把这个消息传给了李渊。李渊更加谨慎起来，他知道自己迟早会为隋炀帝所不容，但过早起事又恐怕自己力量不足，只好继续隐忍，等待时机。于是，他故意广纳贿赂，败坏自己的名声，整天沉湎于声色犬马之中，而且大肆张扬。隋炀帝听到李渊的所作所为后，就放松了对他的警惕。隋炀帝的这一放松却成就了日后的大唐帝国。李渊通过隐忍，达到了保全自己的目的。这正所谓"尺蠖之曲，以求伸也，龙蛇之蛰，以求存也"。

通常有不少人难忍一时之气，与人发生正面冲突，"伤敌一千，自损八百"，最后两败俱伤。仔细想来，这又何苦呢？牺牲是一时的，保全却是一世的。牺牲是爆发，保全是维持；牺牲是激情，保全是平淡。保全也是一种牺牲，牺牲狂热，牺牲内心深处的原始冲动，是用最小的牺牲来求得更多的平和与幸福。

人生就是如此玄妙，无论是处人之上还是居人之下，都存在为人处世的大智慧，需要好好地琢磨，认真地对待。

说"不"也是一种尊重

《论语》里面有这样一段：或曰："以德报怨，何如？"子曰："何以报德？以直报怨，以德报德。"

我们的一生就是与人相处的一生，往来应拒的事情会常常有。在平常的交往中，则以朋友为最，所以你的很多事情都会受朋友影响，你也一直在影响着你的朋友。因此，我们得非常小心，才不至于误人子弟，才不至于惹上麻烦而毁掉一段友谊。朋友之间常常有事相托相求，这是正常的。但也有人相托相求的事情常常超出原则范围和客观条件，比如，超过你的主观承受能力，违背你的主观意愿等。南怀瑾先生认为孔子的“以直抱怨”很难在现实中做到。

孔子对微生借醋就颇有微词。有个人跟微生借醋，微生没有，于是跟邻居借来给他。孔子认为，有则借之，无则辞之，他认为微生此举有曲意示恩之嫌，因此说微生不够高直。“以直报怨”，说白了就是要学会拒绝。

对一般朋友而言，假使对方的要求不合自己的心意便不假思索地加以拒绝，那是很容易做到的。但是当好朋友向你提出过分的要求而你又无法满足对方时，你就会感到左右为难，处在一个进退维谷的尴尬境地。此时你可针对不同情况，采取巧妙的“拒绝”方法。

对好朋友提出的请求、条件、愿望如果无法满足，你千万不能闪烁其词、拐弯抹角，而是要给予对方一个直截了当、简洁干脆的拒绝来表明你的态度，同时向他解释清楚你所处的境地和要办成这件事所无法克服的困难，不要使对方心存幻想。

有这样一对从小一起长大的“铁杆”哥们——小王和小刘。小王大学毕业后在某区人事局供职，小刘则被分配到一家企业工作。

一天，小刘携带礼品来到小王家，开门见山地说：“老朋友，我想跳槽换个工作。现在我那家工厂产品没销路，效益差，收入低。请你无论如何帮这个忙。”

他俩是患难知己，帮忙也在情理之中，但小王只是一般干部，实在是力不从心，于是便对小刘如实说道：“我虽在人事局工作，但人微言轻。加之现在的人事决定权都下放到企业，你这个忙恐怕很难帮得上。你还是想想其他办法吧！”

小刘转而寻求其他的门路，终于如愿以偿。虽然小王拒绝了小刘，但小刘深知小王的苦衷，很能理解小王，至今他们还保持着良好的友谊。

在这里，小王知道自己“能力”有限，便直截、爽快地回绝了小刘。这既免去了一旦答应无法兑现的苦恼，也使朋友有机会另找门路。“拒绝”他人，理由一定要充分可信，不要让对方产生“关键时刻不帮忙”的想法。要是你自不量力，口头允诺下来，但最终无法办到，反而会给对方产生“帮忙不卖力”的误解而使好朋友之间产生隔阂。

朋友的请求一旦超越了自己的能力，一定要拒绝，否则会伤害彼此的友谊。

另外，对一些有违自己意愿的事情不拒绝，以后就会有更多的这类事件发生，影响与朋友之间的交往。

拒绝朋友，不要觉得面子上会使对方过不去。如果一味地犹豫和推诿，那只能使朋友觉得还是有希望的，反而会造成麻烦。做不到的事情干脆拒绝，当然也要讲究拒绝的策略，不能因为朋友提出的要求是不符合原则的就教训指责，只要礼貌地拒绝就行了。

富兰克林·罗斯福在海军部门工作时，有一位在杂志社的朋友向他打听潜艇基地的秘密。

他微笑地问友人：“你能保证保守秘密吗？”

朋友以为大功告成，就慷慨地承诺：“能。”

不料罗斯福仅仅告诉他三个字：“我也能。”

罗斯福通过巧妙的引导，与朋友达成共识，从而拒绝了朋友的请求。

拒绝朋友之托应该讲究方式方法，不要态度生硬，有时候只要转个弯子就行。南怀瑾先生说可以耐心地言明利害关系，据实说明情况，使朋友了解你的难处；也可以迂回婉转处置，巧借其他方法帮助完成朋友委托之事。好朋友的交情不是一朝一夕所能建立的，它需要双方长期的理解、宽容、互助来共同维系，共同珍惜它、爱护它。

只有尊重他人，才能保护自己

智利作家尼高美德斯·古斯曼说过：“尊严是人类灵魂中不可糟蹋的东西。”俄国作家陀思妥耶夫斯基也说过：“如果你想受人尊敬，那么首要的一点就是你得尊重别人。只有尊重别人，才能赢得别人的尊重。”

南怀瑾先生说，有一种人知识非常渊博，知识渊博了，便恃才自傲，自视甚高，不懂得尊重别人，甚至对自己也不够自重，非常放荡、任性，“名士风流大不拘”。

这种人在现实社会中有很多，他们不认为这是缺点，反而常常引以为傲，觉得自己很有个性，却在不知不觉间得罪人而不自知，或者他们根本不在意得罪人，结果往往遭到报复。

三国时期，祢衡很有文才，在社会上是非常有名气的，但是，他恃才傲物，从来都不把别人放在眼里。他经常放言：除了孔融和杨修，“余子碌碌，莫足数也”。他容不得别人，别人自然也容不得他。所以，他“以傲杀身”，被黄祖杀了。

有一次，祢衡经过孔融的推荐，去见曹操。见礼之后，曹操并没有立即让祢衡坐下。祢衡仰天长叹：“天地这么大，怎么就没有一个人！”

曹操说：“我手下有几十个人，都是当今的英雄，怎么能说没人呢？”

祢衡说：“请讲！”

曹操说：“荀彧、荀攸、郭嘉、程昱机深智远，就是汉高祖时候的萧何、陈平也比不了；张辽、许褚、李典、乐进勇猛无敌，就是古代猛将岑彭、马武也赶不上；还有从事吕虔、满宠，先锋于禁、徐晃；又有夏侯惇这样的奇才，曹子孝这样的人间福将。怎么能说没人呢？”

祢衡笑着说：“你错了！这些人我都认识，荀彧可以让他去吊丧问疾，荀攸可以让他去看守坟墓，程昱可以让他去关门闭户，郭嘉可以让他读词念赋，张辽可以让他击鼓鸣金，许褚可以让他牧羊放马，乐进可以让他朗读诏书，李典可以让他传送书信，吕虔可以让他磨刀铸剑，满宠可以让他喝酒吃糟，于禁可以让他背土垒墙，徐晃可以让他屠猪杀狗，夏侯惇称为‘完体将军’，曹子孝叫做‘要钱太守’。其余的都是衣架、饭囊、酒桶、肉袋罢了！”

曹操听了很生气，说：“你有什么能耐？竟敢如此口出狂言？”

祢衡说：“天文地理，无所不通，三教九流，无所不晓；上可以让皇帝成为尧、舜，下可以跟孔子、颜回媲美。怎能与凡夫俗子相提并论？”

这时，张辽站在旁边，拔出剑要杀祢衡。曹操阻止了张辽，悄声对他说：“这人名气很大，远近闻名。要是把他杀了，天下人必定说我容不得人。他自以为很了不起，所以我要他任教吏，以便侮辱他。”

一天，祢衡去面见曹操，曹操特意告诉看门人："只要祢衡到了，就立刻让他进来。"

祢衡衣衫不整，还拿了一根大手杖，坐在营门外，破口大骂，使曹操侮辱祢衡的目的没能达到。

有人又对曹操说："祢衡这小子实在太狂，要杀他还不容易！"

曹操说："不过，他在外总算是有一点儿名气。我把他送给刘表，看看结果又会怎么样吧！"就这样，曹操没有动祢衡一根毫毛，让人把他送到刘表那儿去了。

到了荆州，刘表对祢衡不但很客气，而且"文章言议，非衡不定"。但是，祢衡傲慢之习不改，多次奚落、怠慢刘表。后来，刘表无奈，只好又派人把祢衡送给了江夏太守黄祖。

到了江夏，黄祖也能"礼贤下士"，待祢衡很好。祢衡常常帮助黄祖起草文稿。有一次，黄祖曾经握住他的手说："大名士，大手笔！你真能体察我的心意，把我心里想说的话全写出来啦！"但是，后来在一条船上，祢衡又当众辱骂黄祖，说黄祖"就像庙宇里的神灵，尽管受大家的祭祀，可是一点儿也不灵验"。黄祖下不了台，恼怒之下，把祢衡杀了。祢衡死时还不到30岁。

曹操知道后说："迂腐的儒士摇唇鼓舌，自己招来杀身之祸。"

傲得自以为是天王老子，对别人毫不尊重，随意地羞辱别人的人，不是勇敢，而是愚蠢。祢衡就是一个很蠢的人，他似乎很为自己的狂妄自大引以为荣，以蔑视侮辱他人的方式来树立自己的名声，却不知这是自掘坟墓。

只有尊重他人才能保护自己，侮辱别人必会招致别人的报复。正所谓"人敬我一尺，我敬人一丈。""以牙还牙，以眼还眼。"这是大多数人的共同心理。一个人无论地位和才干平凡还是卓越，只有懂得尊重别人，才能够赢得别人的尊重。每个人都是独立的个体，都应该做天地间大写的人。每个人都很在意自己的尊严，给别人以尊重胜过给别人以黄金。尊重能换来情感，情感却不是黄金能买到的。黄金能使人弯下自己的腰，尊重却能使人付出自己的心。

一个懂得尊重别人的人，才是真正能获得别人心灵的人！

换位思考，推己及人

南怀瑾先生认为，在与人交往的过程中，应该体会他人的情绪和想法、理解他人的立场和感受，并站在他人的角度来思考和处理问题。用自己的心推及别人，自己希望怎样生活，就想到别人也会希望怎样生活；自己不愿意别人怎样对待自己，就不要那样对待别人；自己所不愿承受的，不要强加在别人的头上。

战国时期，楚、梁两国交界，两国在边境上各设界亭，亭卒们在各自的空余土地里种了瓜菜。梁国的亭卒勤劳，锄草浇水，瓜秧长势喜人；而楚国的亭卒懒惰，不务农事，瓜秧瘦弱，与梁亭瓜田的长势有天壤之别。楚国的亭卒心生忌妒，于是，一晚乘着夜色、偷跑过境把梁亭的瓜秧全给扯断了。

第二天，梁亭的人发现自己的瓜秧全被人扯断了，气愤难平，报告给边县的县令宋就，请示说也要过去把楚亭的瓜秧扭断。宋就说："这样做当然很解气，可是，我们明明不愿他们扯断我们的瓜秧，那么为什么再反过去扯断别人的瓜秧呢？别人不对，我们再跟着学，那就太狭隘了。从今天起，每天晚上去给他们的瓜秧浇水，让他们的瓜秧长得好。而且，你们这样做，一定不能让他们知道。"梁亭的人觉得县令的话很有道理，于是就照办了。

渐渐地，楚亭的人发现自己的瓜秧长势一天好过一天，仔细地观察，发现每天早上瓜田都被人浇过了，而且是梁亭的人在黑夜里悄悄地为他们浇的。楚国的边县县令听到亭卒们的报告后，感到十分惭愧和敬佩，于是把这件事报告给了楚王。

楚王听说这件事后，感于梁国人修睦边邻的诚心，特意备了重礼送给梁王，以示自责，也用来表示酬谢，结果这一对敌国成了友好的邻邦。

人往往有自私的一面，有的人甚至见不得别人的好，总想去破坏，常以不公平地行事对待其他人，结果，这种褊狭的行为使自己最终“自食其果”。因为自己怎样对待别人，别人也会用同样的方式对待自己，最后“报应”便降临到自己身上。

如果一个人能摒弃这种私心，用己心推及别人，站在别人的立场上考虑问题，身边就会有更多的朋友，他的交际圈就会越来越广，事业和人生也会越来越顺利。设身处地站在他人的角度和立场想问题，这是一个人成大事和获取成功的关键。

三国时期，曹操和袁绍在官渡打仗。当时曹军远不如袁军强大，但袁绍刚愎自用，不纳忠言，一再坐失战机；曹操则富有谋略，善于用兵。结果，战事以曹操的胜利而告终。

打败袁绍后，曹军将士在袁军的帐篷里搜到了一些信件，全是曹操手下的一些文臣武将与袁绍暗相勾结、示好献媚的信。有人建议把这些写信的人全都抓起来杀掉。

可是曹操不同意这样做。他说：“当初袁绍的力量十分强大，连我自己都感到难以自保，又怎么能责怪这些人呢？假如我站在他们的位置，当时也会这么做的。”

于是曹操下令把信件全部烧掉，对写信的人一概不予追究。那些原本惶恐不安的人一下子把心放到了肚子里，从此对曹操更加忠心耿耿，卖力相助了。

曹操这种为人处世的态度，使他更多地赢得了人心，投奔他并甘心为他效力的人越来越多。这样，曹操的力量便越来越强大，手下谋臣将士如云，他借此很快打败了那些割据一方的诸侯，统一了中国北方。

英国有一句谚语说得好：“要想知道别人的鞋子合不合脚，就穿上别人的鞋子走一走。”人是感性的，对待事物，处理事情往往以看到的情况，依照自己的价值观和思维模式来判断，因此对待别人与要求自己就有了双重的标准，由此产生的冲突可想而知。然而，若能设身处地站在他人的角度和立场考虑问题，为别人设身处地地想一想，便会减少很多不满和抱怨，使自己的工作和生活气氛变得轻松愉快，使自己与别人之间的关系变得平和而美好。

尊师重道与自知之明

《论语·子张》中说："叔孙武叔语大夫于朝曰：子贡贤于仲尼。子服景伯以告子贡，子贡曰：譬之宫墙，赐之墙也及肩，窥见室家之好；夫子之墙数仞，不得其门而入，不见宗庙之美，百官之富。得其门者或寡矣。夫子之云，不亦宜乎？"

南怀瑾先生解释说，叔孙武叔是鲁国的大夫。他和子贡的对话是在孔子逝世以后，当时颜回和子路等大弟子也已经死了。子贡本来就是一个多才多艺的人，他凭借多年来他和老师周游列国的经历，当时已经是名满天下的人物了。

叔孙武叔在朝廷中对一班大夫说："比较起来，我看子贡比他的老师孔子要贤明得多。"叔孙武叔并不是要表达青出于蓝而胜于蓝的敬仰和尊敬，他是诋毁孔子，怀疑孔子的人品和学问道德。

子服景伯也是鲁国的大夫，他和子贡是同学，他在当时是很有权力的人。子服景伯听了这个话，就回来告诉子贡，说叔孙武叔如何批评老师。子贡就说："譬如门墙，我们筑的墙只有肩膀这么高，人家站在外面一望，就看见了里面的一切；老师的墙太高，人们也许一辈子也不得其门而入。正因为他的地位太高，许多人反而摸不到它的实际高度，所以才会认为我比我们的老师还要能干。这真是一个笑话。"我们在这里看到子贡对孔子很敬佩，很有自知之明，他没有因为别人的恭维而自鸣得意，反而竭力维护老师的尊严。做学生的人生应该有这样的精神，为人师者如果遇到子贡这样一个既能干又懂得维护老师尊严的学生也是三生有幸。正如孔子自己感慨的一样："得天下英才而教之，真是人生的一大乐事。"

如今尊师重道似乎已经衰落了，许多人忘记了自己的很多成就都是老师教育的结果，有些学生甚至因和老师意见不合而怒目相视。不知道我们的大教育家孔子如果看到今天这样的世界会有什么感慨。当然，当代尊重老师的人和事也有很多，作为名人尊重老师的也不少。

乔治·马歇尔是美国的一代名将，在第二次世界大战中，他作为美国陆军参谋长，对建立国际反法西斯统一战线作出了重要贡献。

鉴于其卓越功勋，1943年，美国国会同意授予马歇尔美国历史上从未有过的最高军衔——陆军元帅。马歇尔坚决反对，他的公开理由是如果称他马歇尔元帅，英文后两组字母发音相同，听起来很别扭。其实真正的原因是这将使他的军衔高于当时已病倒的潘兴陆军四星上将。马歇尔认为潘兴才是美国当代最伟大的军人，自己又多次受到潘兴将军的提拔和力荐。马歇尔不愿使自己崇敬的老将军的地位和感情受到伤害。

在第一次世界大战中，马歇尔随美军赴欧参战。当时的美国远征军司令潘兴非常欣赏马歇尔的才能，大战末期将他提拔为自己的副官，视为得意门生。后来潘兴虽然退役，仍然多次力荐马歇尔晋升。在潘兴的有力影响下，1939年，马歇尔领临时四星上将军衔，出任美国陆军参谋长。有一段小插曲足以说明马歇尔对潘兴的深厚感情。1938年春，马歇尔前往医院探望潘兴。潘兴若有所思地说："乔治，总有一天你也会像我一样当上四星将军的。"马歇尔满怀感激地回答："美国只有您有资格获四星上将军衔，绝不可能再有另一个人！"听到马歇尔的肺腑之言，潘兴顿时热泪盈眶，说："谢谢你，乔治！"

马歇尔拒绝当元帅，为了表示对他的敬意，美军从此不再设元帅军衔。1944年底，马歇尔晋升五星上将——美军的最高军衔。

在现实生活中，我们往往会发现这样的现象：一些取得成就的人，往往会上演一幕幕小人得志的丑剧，将最初的谦恭忘得一干二净。这样的人其实并不具备自知之明的美德。伟大的人的谦恭是由内而外、自始至终的，越在名利的顶峰处越显示出的虚心，越发显得弥足珍贵。就像子贡一样，在他功成名就的时候还没有忘记老师的教诲，吃水不忘挖井人。这就是一种尊师重道的表现，也是拥有自知之明的人才会作出的选择。

天地一指，万物一马

《庄子·内篇·齐物论第二》有言："天地一指也，万物一马也。"这是庄子的名言，后来的人因这两句话悟道的很多。南怀瑾先生认为，庄子是把天地间的万物看成一个完整的整体，就好像马的头、马的脚、马的毛等综合起来，才叫一匹马。少了马的任何一样，都不是完整的马。

南怀瑾先生说，世间的人与物来源于同一个本体，虽然个体不同，但都是生命的一分子，就像“马”身上的一根毫毛一样，都是平等的。因此，生命之间需要相互理解、相互尊重。其实，生命也是一种佛法。佛之所以高深，就在于它可以摒弃一切偏见，认为人无高、低、贵、贱之分，倡导平等。而正是由于平等，所以佛法圆融了世间的万物。在佛的世界里，一切众生皆为平等，而这种平等又给予众生最大的自尊。

在日本古代，耕田的农民被视为贱民，连出家当和尚的资格都没有。无三禅师虽然出身于贱民，但是他一心皈依佛门，于是假冒士族之姓，了却了自己的心愿。

后来，无三禅师被众人拥戴为住持。举行就任仪式的那天，有个人突然从大殿中跳出来，指着法坛上的无三禅师，大声嘲弄道：“出身贱民的和尚也能当住持，究竟是怎么回事啊？”

就任仪式庄严隆重，谁也没有想到会发生这样的事情，众僧都被眼前发生的事弄得不知所措。在这种情况下，谁都不能来阻止这个人说话，只好屏息噤声，注视着事态的发展。

仪式被迫中断，场上静得连一根针掉在地上都能听见，众人都为无三禅师捏了一把汗。

面对突如其来的发难，无三禅师从容地笑着回答：“泥中莲花。”

绝对的佛禅妙语！在场的人全都喝彩叫好，那个刁难的人也无言以对，不得不佩服无三禅师的高深佛法。

就任仪式继续进行，这突然的刁难并没有对仪式有什么影响。由于禅师的佛禅妙语，更增加了他的威信，众人更加拥护他了。

人无差异，无贫富贵贱之分。每个人都有追求真理的权利，面对他人的刁难，一句“泥中莲花”方显真人本色。

其实，庄子的平等思想与佛教的平等是一致的。在佛教创立的初期，就体现出了佛教的平等思想，佛陀当初在证悟真理时，第一句宣言就说：“一切众生皆有佛性！”众生千差万别，在智愚美丑、贫富贵贱上有所不同，但论及众生的本体自性，并无二致。这就好比三兽渡河，足有深浅，但水无深浅；三鸟飞空，迹有远近，但空无远近。

2500年前的印度，佛陀喊出“四河入海，无复河名；四姓出家，同为释氏”的主张。正因为佛教拥有“人我共尊”的平等特性、心物一体的平等主张，因此在僧信两众携手合作之下，佛法得以迅速地风行印度，乃至流传世界，与当地文化相互融和、相互尊重。在历史上，唯有佛教在流传的过程中未曾发生过战争流血的冲突。可见“人我共尊”是平等互惠的基石，也是和平进步的良方。

有人说：“世界上没有完全平等的事情。”诚然，事实上的平等很难达成，但我们可以从心理上建立平等的观念。例如，母亲喂幼儿吃饭时，自己也张开嘴巴作势诱导，所以母子之间水乳交融；父亲以身当马，让小孩骑在上面玩要，因此父子之间心意相通。世间大小尊卑岂有一定的标准？我们唯有摈弃成见、彼此共尊、人我同等、相互接纳，才能和平相处、共享安乐。

要想建立人与人之间的平等观念，必须要视人如已，要爱人如已。见到别人苦难，要设身处地地为对方设想，如此立场互易，才能建立人我平等的相处。

我们见到一个身体残缺的人，有我优你劣的心态，怎能达到平等的尊重？设想残疾的是我，立场互易以后，自然心境就会不同。

生命中的不平等是那么的平常，而真正的平等又是多么来之不易。不是我们忽视了生命的平等，而是太多时候我们夸大了自已的优点，刻意认为自己比别人优秀，并且总是固执地去寻找别人的缺点给自己以安慰。这也许就是生命无法回避的悲哀。

南先生说，人与物是同一个本体，虽然形式不同，但都是一个完整的生命。尊重生命的平等，和我们一样，任何一个渺小的生命都有活在世界上的权利与生命的尊严，它应该得到应有的理解、尊重和关爱。对一个生命的尊重也是生命中固有的一部分。

第十七章　小家庭的小幸福：上有老可养，下有小可教

——南怀瑾谈家庭温馨感

家不是讲理的地方

南怀瑾先生在讲到饮食男女时说，我们这个世界之所以闹了那么多事，中华民族五千年的历史，你打过来，我打过去，这里拆房子，那里盖房子，就是两个人闯的祸，一个男人，一个女人。人如果到了无男无女，无饮食需要，不知可以减少多少烦恼。南怀瑾先生的这番话看似调侃，实则大有深意。因为男人和女人组成家庭，家庭组成国家。如果国家有问题，那其实是最基本的家庭出问题了。

但是家庭的问题在哪里呢？我们常说清官难断家务事。家庭的事情的确不好评判。评判家庭里发生的事情不能太较真，借用别人一句话，那就是，“家从来都不是讲理的地方”。这个道理虽然很简单，可是多数人都做不到。

很多人刚谈恋爱的时候，可以容忍对方的很多缺点，但是一结婚就不行了。可是当他俩吵架的时候，如果有客人来了，他们就立刻停下来，笑脸相迎，因为宾客来了。所以相敬如宾能够使夫妻关系长久。具体什么叫相敬如宾呢？其实一言以蔽之：就是家是讲情的地方，不是说理的地方。夫妻之间若要论理，则家无宁日。

有这样一对老夫妻，当他们得知女儿要结婚时，心里非常高兴，夫妇俩送给女儿一个锦囊，里面有封信，把他们自己多年婚姻生活的体验告诉孩子，说：这就算祝福你们的新婚礼物”。

他们在信中说：“家不是个讲道理的地方。”他们告诉女儿：“这句话乍听没有道理，但却是真理，是多少夫妇用多少岁月、尝了多少辛酸，在纠缠不清、难解难分的爱恨、是非的混乱中梳理出来的一个结论。当夫妇开始据理力争时，婚姻便开始蒙上阴霾。表面上是讲道理，其实两人都不自觉地抱着满脑子自以为是的道理，相互敌视、互相伤害，讲理讲到最后，只落得个两败俱伤、分道扬镳的结局。”

“家”的确不是讲理的地方，家是讲“爱”的地方，家最需要的是宽容和理解。

有人说，世上有三种人可以不讲理：一是疯子；二是病人；三是情人。情人为什么可以不讲理呢？因为两人之间有感情、有依赖和信任等，不是可以用道理能说清楚的事情。既然用道理无法说清楚，讲道理自然就行不通了。

谈恋爱的时候，男人大多能容忍女人的不讲理。有时候，女友的蛮横、赌气、吵吵闹闹反而是爱情中的小插曲，能把爱情点缀得更甜蜜。可是，女友一旦成为妻子，男人的好脾气一下子就消失了，因为他们已转换成丈夫，变成一家之主了。但女人的角色转换过程比较慢，她们大都还在做梦，隔三差五还想跟丈夫赌赌气，耍耍小脾气，还想让丈夫哄着她们，让着她们。不幸的是，她们的丈夫早已不是那个恋爱时处处让着她们的男孩子了，他们会生气，会开始要求老婆“做事说话请讲道理”。而这个“讲道理”免不了要伤害夫妻间的感情。

有人说，男女两性的感情历程不同，男人是从百花齐放的春天很快进入炎热的夏季，而炽热的情火燃烧之后就迅速地进入成熟的秋天，不久，寒冷的冬季就来临了。女人不一样，她们长久地在春日里徘徊，很久很久才进入燃烧的夏季，接着，她们并不马上步入秋日的成熟，而是缓缓地再度转回春季，继续徜徉在温暖的春光里。所以，有很多女人，包括一些十分优秀的女人，在自己的爱人面前表现得感情却都很脆弱，禁不住打击。

萍是一位中年职业妇女，在公司里当主管，平时待人谦和，处理公事有条有理，对待亲朋好友很周到。可是她在家里，尤其是在丈夫面前，却常发脾气，有时还会莫名其妙地和丈夫怄气。

刚开始，丈夫很不谅解，对她说：“你是个明理的人，怎么偏偏跟我在一起时会这么不讲理呢？”萍想了一想，回答说：“我只能跟你发脾气，跟别人发脾气，谁理我呀？”虽然这个回答蛮不讲理，但从妻子的口里说出来却很自然。

这时候，做丈夫的能够跟妻子争辩吗？争辩又有什么用呢？那样做只是浪费体力、破坏感情而已。懂得爱你的妻子，懂得在你妻子“不讲理”的时候宽容一些，是一个丈夫走向婚姻圣坛的第一课。

莲说了一件她自己婚姻中的故事：

那是个秋日微凉的黄昏，我刚跟丈夫怄过气，披散着一头湿淋淋的乱发，站在阳台上，任风阵阵地吹着。

丈夫突然拿着吹风机走过来，向我说："好了！坏女孩！快进来把头发吹干。"当我一头湿气渐渐散尽时，丈夫有感而发地说："或许几十年后的某个黄昏，当你一个人独坐的时候，会忽然想起眼前的这一刻，而我那时已经先你而去了。"

听了这话，我刹那间体会到丈夫心中那份疼惜我的心情。

佛语说："十年修得同船渡，百年修得共枕眠。"而千年之后又能相守几时?

在莲的回忆里，丈夫在争吵之后帮她吹头发时说的话，深深地打动了她，让爱耍脾气的莲领略到夫妻的感情有多珍贵。宽容与体贴是增进夫妻感情的良药。男人们应该多注意另一半的优点，并找合适的时间告诉她，她便能很快地满足了。

家庭成员尤其是夫妻之间不能太较真，不能太讲理，其实夫妻之间需要的是宽容，需要的是爱。家庭是社会的最基本单位，一个能处理好家庭问题的人，在做其他事情的时候也一样能成功，因为他具备了几种优秀品质：责任、包容、关爱、理解。

有缘人共度，共度有缘人

南怀瑾先生在阐述夫妻关系的时候，讲到杭州城隍山城隍庙门口的一副对联，上联是：夫妇本是前缘，善缘、恶缘，无缘不合；下联是：儿女原是宿债，欠债、还债，有债方来。可以说这两联对夫妻儿女的关系分析是很透彻的，其实夫妻之间不一定是好姻缘，有的吵闹一辈子，痛苦一辈子。

但是缘分归缘分，感情还需要经营。人都说某某怎么样是修来的缘分，其实经营就是修缘分。有缘分的人应该一起度过。但是正如南怀瑾先生所言，有缘不一定是善缘，我们应该珍惜今生，度人度已，如若心诚，把一份恶缘化为一份善缘也未尝不可。理想的家庭都得家人齐心协力去维系，尤其是夫妻之间更是如此。

一个女人是非常好的人，从结婚之日起就努力地操持一个家。她会在清晨五点钟就起床，为一家老小做早饭；每天下午，她总是弯着腰刷锅洗碗，让家里的每一只锅碗都没有一点儿污垢；晚上，她蹲着认真地擦地板，把家里的地板收拾得比别人家的床还要干净。

一个男人也是非常好的人，他不抽烟、不喝酒，工作认真踏实，每天准时上下班。他是个负责任的父亲，经常督促孩子们做功课。

按理说，这样的好女人和好男人组成一个家庭应该是世界上最幸福的了。

可是，他们却常常暗自抱怨自己的家不幸福，常常感慨“另一半”不理解自己。男人悄悄地叹气，女人偷偷地哭泣。

这个女人心想：也许是地板擦得不够干净，饭菜做得不够好吃。于是，她更加努力地擦地板，更加用心地做饭。可是，他们两个人还是不快乐。

直到有一天，女人正忙着擦地板，丈夫说：“老婆，来陪我听一听音乐。”女人想说“我还有事没做完呢”，可是话到嘴边突然停住了——她一下子悟到了世上所有“好女人”和“好男人”婚姻悲剧的根源。她忽然明白，丈夫要的是她本人，他只希望在婚姻中得到妻子的陪伴和分享。

刷锅、擦地板难道要比陪伴自己的丈夫更重要吗？于是，她停下手上的家务事，坐到丈夫身边，陪他听音乐。令女人吃惊的是，他们这才开始真正地彼此需要，以前他们都只是用自己的方式爱对方，事实上，那也许并不是对方真正需要的。

家的幸福更多的来自于家人所给予的爱的温暖，能够在沙发旁看到一幅其乐融融的画面，那是高质量家庭的最好证明。不停地操劳只能维持家的外观及形式，最主要的是要注重家庭特有的，充满了爱、温暖与明朗的气氛。

建立和巩固家庭的是爱，是心灵的相通和无私的精神。简单的激情是自私的，是不会长久的。相反，爱会随着时间的流逝日久弥深，越来越香醇。

夫妻之间的爱是每个家庭的基础。如果两人的爱是真切的、忠诚的，这个家庭就会是安全的、圣洁的。如果爱偏离了轨道，这个家庭就会面临悲惨和毁灭。

在不快乐的家庭里，存在着夫妻都没有察觉到的裂痕。如果他们了解几条简单的事实，灾难就可以避免。其实，很多家庭的对立都来源于粗鲁的态度和方式。

如果想要让爱经得起风雨的考验，我们就必须投入自己的耐心、爱心和自制。而最主要的则是“心灵相通”，这种心灵相通是好感和幽默的结合体。

那些能够使家庭快乐的东西，同样也可以把快乐带到其他的地方。因为家庭成员间的关系非常亲密，同时也是人生最重要的关系。

我们有权利追求快乐，但是，我们没有权利把这种快乐建立在他人不快乐的基础之上。

因此，在家庭中我们必须牺牲自己自私的快乐，来换取真正有价值的快乐。

幸福家庭的秘密深藏于每个家庭成员的心中，他们彼此心灵相通。对孩子来说，家庭是休憩的场所，是培养丰富的人性的土壤，是孩子梦之温床；对夫妻来说，家庭是双方共同经营的葡萄园，两人一同培植葡萄，一起收获。

当真正的困难来临的时候，我们通常能够勇敢地面对，反倒被那些小烦恼弄得我们心神不宁。小烦恼虽小，却像小虫子到处飞，到处咬，阻挡我们前行的道路，占用我们的时间，使我们大部分时间都在对付它们。如果我们能够在大量的小困难面前保持心境平和，我们就一定能承受更大的考验。

事实上生命是否丰富多彩，在更大程度上取决于小事情而不是大事情。抱有这种观点的人才是聪明的。因为，只有这些细小的事物才能描绘出生活的细节。

伏尔泰曾经说：“对于亚当而言，天堂是他的家；然而对于亚当的后裔而言，家是他们的天堂。”世界上没有什么地方比自己的家更舒适，它不仅是一处住所，不仅是工作之余休息的地方，更是心灵唯一的绿洲和安憩之地。能够用爱去经营维持家庭，是了不起的本事。

爱情的夏天和婚姻的冬天

“稽首慈云大士前，不升净土不升天，愿为一滴杨枝水，洒到人间并蒂莲。”这首诗歌是清朝女诗人冯小青所写，诗的意思是，在大师面前发誓，我死了之后不成佛不成仙，只愿意做观音菩萨手中杨枝上的一滴水，播洒到人间变成一朵并蒂莲。南怀瑾先生说她的境界很高，她不为自己的痛苦所困，而是想到世界上其他女性的痛苦，希望人间每一个家庭美满和快乐。

冯小青是个才女，人长得很漂亮，年纪轻轻却遭遇不幸，结了婚才知丈夫早已有了太太，结果使自己的婚姻成为爱情的坟墓。在现实社会中，很多人由于无法适应婚姻与爱情的温差，使得双方的感情越走越远。

一对曾经让人羡慕不已的恋人，在结婚一年后吵吵闹闹地要求离婚。朋友、家人都十分惊讶，力图去劝说他们：“相恋5年，多少次花前月下，为什么反目成仇呢？”

妻子委屈地说：“他曾说爱我一辈子，可是现在他宁肯欣赏那些街上的漂亮女孩，回到家，也懒得看我一眼，还挑三拣四。”其实这位妻子很漂亮，在街上有极高的回头率。

丈夫生气地说：“你不也一样，在街上、班上都能和颜悦色、温柔体贴地对待每个人，回到家里却是冷着个脸，絮絮叨叨，总是强词夺理，越来越像个泼妇！”

调解员说：“你们都希望对方永远爱自己，可是却受不了生活中的平凡琐事，自己反省一下，是不是这样的情形？你们有很深的感情基础，感情没有破裂，为什么要离婚？生活应该多制造一些爱的氛围，平凡的生活也有其独特的魅力，你们试着去寻找吧！”

婚姻永远是由无数个琐碎的细节叠加而成的，所以说琐碎的生活成就了爱情的永远。在琐碎中发现乐趣，在琐碎中互相谅解，这是成功夫妻的宝典。

一位社会学博士生，在写毕业论文时糊涂了，因为他在归纳两份相同性质的材料时，发现结论相互矛盾。一份是杂志社提供的4800份调查表，问的是：什么在维持婚姻中起着决定作用（爱情、孩子、性、收入、其他）？90%的人答的是爱情。可是从法院民事庭提供的资料看，根本不是那么回事：在4800个协议离婚案中，真正因感情彻底破裂而离婚的不到10%，大多是被小事分开的。由此看来，真正维持婚姻的不是爱情。

其中有个案例是一对老年夫妇，男的是教师，女的是医生。他们离婚的直接原因是：男的嗜烟，女的不习惯；女的是素食主义者，男的受不了。

还有一对夫妻大学时曾是同学，上学时有3年的恋爱历程，后来分在同一个城市，他们结婚5年后离异。离婚的直接原因是：男的老家是农村的，父母身体不好，姐妹又多，大事小事都要靠他，同学朋友都进入了小康行列，他们一家还过着紧日子，女的心里不顺，经常吵架，结果就分手了。

还有一对"速分"的。这一对结婚才半年，男的是警察，睡觉时喜欢开窗，女的不喜欢；女的是护士，喜欢每天洗一次澡，男的做不到。两人为此经常闹矛盾，结果协议离婚。

这位博士本来以为自己选择了一个轻松的题目，拿到这些实实在在的资料后，他才发现"爱情与婚姻的辩证关系"是多么难做的一个课题。

他去请教指导老师。指导老师说：这方面的问题你最好去请教那些金婚老人，他们才是专家。

于是，他走进大学附近的公园，去结识来此晨练的老人。可是他们的经验之谈令他非常失望，除了宽容、忍让、赏识之类的老调外，在他们身上也没找出爱情与婚姻的辩证关系。不过在比较中他有一个小小的发现：有些人在婚姻上的失败，并不是找错了对象，而是从一开始就没弄明白，在选择爱情的同时，其实也就选择了一种生活方式。

正是这种生活方式的小事，决定着婚姻的和谐。有些人没有看到这一点，最后使本来还爱着的两个人走向了分手的道路。不要被爱情的火烫伤了手，很多时候我们要理智。两个人相爱的时候，温度很高，双方把自己最好的一面展现给对方。但是结婚后所有的生活细节全来了，于是突然发现对方有很多做法自己不能适应，就开始“斗法”，最后，什么浪漫，什么美妙都没有了。爱情真的需要经营，真正的金婚银婚，都是走过了一个漫长的磨合之路。我们不要因为暂时的“冷”，放弃一个本来可以很美好的家庭。

处于恋爱或者婚姻中的人们要理智地对待生活中的平淡与高潮，精心经营，让感情之路走得更远。

婚姻中的“刺猬法则”

南怀瑾先生认为因缘有三项内涵：善缘、恶缘、无记缘。所谓无记缘，就是不善不恶的缘。譬如我们有许多接触过的人，不是我们有意去找他们，而是偶然一次接触，过去了也就忘了，这种缘属于无记缘。这么多因缘，我们应该怎么办？南怀瑾先生在讲到禅的时候说“万事随缘过”。

人世间最刻骨铭心的缘分，莫过于夫妻缘分了。我们常常发现很多夫妻，好日子还没有过长就出现了各种问题：生活习性的，态度观念的……但是夫妻走到这一步最常见的，还是双方有一方对对方管得比较严格，使对方的生活失去了自由空间。其实这就是不懂随缘的结果。每个人都有自己的生活空间，在感情生活中随缘就是不强求，用现在的话说就是要给对方以自由。

莉莎和男朋友分手了，处在情绪低落中，从他告诉她停止见面的一刻起，莉莎就觉得自己整个被毁了。她吃不下，睡不着，工作时注意力集中不起来。人也一下消瘦了许多，有些人甚至认不出莉莎来。一个月过后，莉莎还是不能接受和男朋友分手这一事实。

一天，她坐在教堂前院子的椅子上，漫无边际地胡思乱想着。不知什么时候，身边来了一位老先生，他从衣袋里拿出一个小纸口袋开始喂鸽子。成群的鸽子围着他，啄食着他撒出来的面包屑。他转身向莉莎打招呼，问她喜不喜欢鸽子。莉莎耸耸肩说：“不是特别喜欢。”他微笑着告诉莉莎：“当我是个小男孩的时候，我们村里有一个饲养鸽子的男人，他为自己拥有鸽子感到骄傲。但我实在不懂，如果他真爱鸽子，为什么把它们关进笼子，使它们不能展翅飞翔，所以我问了他。他说：‘如果不把鸽子关进笼子，它们可能会飞走，离开我。’但是我还是想不通，你怎么可能一边爱鸽子，一边却把它们关在笼子里，阻止它们要飞的愿望呢？”

莉莎有一种强烈的感觉，老先生是试图通过讲故事给她讲一个道理。虽然他并不知道莉莎当时的状态，但他讲的故事和莉莎的情况太接近了。莉莎曾经强迫男朋友回到自己身边，她总认为只要他回到自己身边，就一切都会好起来的。但那也许不是爱，只是害怕寂寞罢了。

老先生转过身去继续喂鸽子。莉莎默默地想了一会儿，然后伤心地对他说：“有时候要放弃自己心爱的人是很难的。”他点了点头，说：“如果你不能给你所爱的人自由，那么你就并不是真正地爱他。”

长相厮守的意义不是用柔软的爱捆住对方，而是让他带着爱自由飞翔。要知道，爱需要自由的空间。缘分不能强求，强求则会导致缘分的毁灭。

生活中一些事情常常是物极必反的，你越是想得到他的爱，越要他时时刻刻不与你分离，他越会远离你，背弃爱情。你多大幅度地想拉他向左，他则多大幅度地向右荡去。

所以我们应该让爱人有自己的天地，去做他爱做的事情，譬如集邮，或是其他的爱好。在你看起来，他的嗜好也许傻里傻气，但是你千万不可因为你不能领会这些事情就厌恶它，你应该适当地迁就他。

爱人有特殊的嗜好，我们必须让他独自去做他喜爱的事，使他觉得拥有真正属于自己的东西。毫无疑问，爱人时常需要从捆在他脖子上的爱的锁链里挣脱出来。如果我们能够帮助并支持爱人，去培养一些有趣的嗜好，并且给爱人合理的机会享受完全的自由，那么我们就是在做一些使爱人快乐的事了。

我们应当自信，真正的爱是可以超越时间、空间的。因此，作为婚姻的双方，在魅力的法则上，请留给彼此一个距离，这距离不仅包含空间的尺度，同样包含心灵的尺度。

留下你自己独特的性格，不要与他如影随形；留下你自己内心的隐私，不要让他感到你是曝光后苍白的底片；留下你一份意味深长与朦胧的神秘，不要强求他的目光永远专注于你，一切都应是自然的。在彼此之间留下一段距离，让彼此能够自由地呼吸。

这难道不是爱的真谛吗？爱，但是保持距离。人的心理诉求确实是很复杂的。南怀瑾先生说爱是自私的，可以说有一定的道理。当你说爱是为了对方的时候，这个举动难道不是为了自己而作出的吗？因为为了对方会让你开心，于是你才去爱别人，可见这种爱是源于自己的心理诉求的。但是爱情又是无私的。当我们为对方做事情的时候，也确实没有求回报，只要为对方做事就很开心。人总是要有一定的心理空间的，爱情的距离不能太近了。当侵犯了那个底线时，即使是再好的恋人也可能反目。因此说爱必须给对方以自由，这是两人长久相爱的前提。

世间诸事都逃不脱因缘二字，有很多事情强求反而什么都得不到，而对本来属于自己的却视而不见。人的可悲就在于此。夫妻之爱是缘，这种缘尤其需要珍惜。珍惜缘分就是随缘，爱情或婚姻中太多的羁绊会破坏这种缘分。

子欲养而亲不待的悔痛

古诗有云："树欲静而风不止，子欲养而亲不待。"树原本想静下来，可是风却在不停地刮；子女想奉养父母，可双亲却已经不在人世。

时间如流水，青少年时期每个人都有很多事情要忙，忙学习，忙游戏，忙作业……成人了，还要忙工作，忙事业。当我们认为真正拥有了可以孝顺父母的能力时，可能已经太晚了，因为这时候的父母已经吃不动、穿不了了，有的父母甚至已经远离了尘世。在这个世界上，什么事情都可以等待，只有孝顺是不能等待的，否则只会留下无穷无尽的悔痛。

一日，孔子领着弟子外游，忽然听到路上有哭声，声音非常悲切。孔子说道："快赶车，前面有贤人。"到了哭声之处后发现是皋鱼，披着粗布衣服，抱着镰镐，在道旁哭。孔子下车对他说："你又没有什么丧事，为什么哭得这么悲伤呢？"皋鱼说："我有三个过失啊！我少时好学，曾游学各国，而把父母放在次位，归时双亲已故，这是第一个错误；为了我的理想，再加上侍奉君主，没有很好地侍奉亲人，这是第二个错误；和朋友交情深厚，稍微疏远了亲人，这是第三个错误。树想静下来，可是风却不停；孩子想好好赡养父母，可是父母却不在了！过去而不能追回的是时间，走了而不能再见的是亲人。我请求从此放下一切，什么也不要做了。”孔子告诉弟子：“你们都知道了，要以此为戒啊！”于是，他的门人十之有三回家赡养父母去了。

子欲养而亲不待，即使悔不当初又能如何？南先生在论及《论语》中的孝道时曾提及西方的“十字架”文化，即在上帝的监督下爱父母、爱子女、爱他人。当子女做了父母，真正懂了为人父母的难处，想要回报父母时，恐怕多半已不能如愿了，因为父母已离去了。所以尽孝要早。

卡耐基在为成年人上的一堂人生课上，给他们出过一道家庭作业：“在下周以前去找你所爱的人，告诉他们你爱他们，而那些人必须是你从没对其说过这句话的人，或者是很久没听到你说这句话的人。”

下一堂课程开始前，卡耐基问他的学生们是否愿意把他们对别人说爱而发生的事和大家一同分享。

一个中年男子从椅子上站起身说：“卡耐基先生，上礼拜你布置给我们这个家庭作业时，我对你非常不满，因为我并没感觉有什么人需要我对他说这些话。但当我开车回家时，一个念头一闪而过，自从6年前我的父亲和我争吵过后，我们就开始彼此躲避，除了在圣诞节或其他不得不见的家庭聚会之外，我们避而不见，即使见面也从不交谈。所以，回到家时，我告诉我自己，我要告诉父亲我爱他。

“在我作了这个决定后，忽然感到胸口上的重量一下子减轻了。第二天，我一大早就起床了，整天都在想这件事。我很早就赶到办公室，两小时内做的事比从前一天做的还要多。9点钟时，我打电话给爸爸，问他我下班后是否可以回家去，因为我有些事想要告诉他。父亲以暴躁的声音回答：‘又是什么事？’我跟他保证，不会花很长的时间，他同意了。下午5点半，我到了父母家，按门铃，祈祷爸爸会出来开门，如果是妈妈来开门，我恐怕会丧失告白的勇气。但幸运的是，爸爸打开了门。我没有浪费一点儿时间，踏进门就说：‘爸，我只是来告诉你，我爱你。’

“父亲听了我的话，不禁哭了，伸手拥抱我说：‘我也爱你，儿子，原谅我竟一直没能对你这么说。’这一刻如此珍贵，我甚至期盼时间停止。但这不是我要说的重点。重点是两天后，从没告诉过我有心脏病的爸爸突然病发，在医院里结束了他的一生。这一刻来得如此突然，让我毫无防备。如果当时我迟疑着没有告诉爸爸我对他的爱，可能永远都没有机会了！所以我想对所有儿女说的是：爱你的父母，不要迟疑，从这一刻开始！”

爱，需要用行动来表达，对父母的爱也是如此。像关心自己的子女一样关心自己的父母，你便不会总为自己推迟行孝的举动而寻找借口。爱你的父母，就像爱你的孩子，只有这种付出才是真正的孝。

你曾感受到时间的流逝吗？你曾感受到周遭的人和事物随着时间不断地改变吗？你曾想过最亲近的人有一天将离你而去吗？世人在年少时大多不能完全理解父母的爱，等自己也为人父母，理解父母的苦心时，父母已经等了很久了。所以，孝敬父母要趁早，现在就去做，不要等父母都不在了而空留遗憾。

父母之年，不可不知

《论语·里仁》中说：“父母之年，不可不知也，一则以喜，一则以惧。”

孔子说父母亲的生日不可不知道，一则为父母添寿而感到喜悦，同时也为父母年龄的增长而暗自恐惧。为什么要恐惧呢？因为人的一生是有限的几十个春秋，多了一个春秋也就等于向垂暮的晚年迈进了一步。这是南怀瑾先生对孔了的解读。

很久之前，有这样一个令人沮丧的故事。

一次，桑托到邮政总局给朋友拍电报。在他身边坐着一位老太太，她把头低低地俯在电报纸上。她在上面写了些字，随后把电报纸拿到眼前，眯缝着眼睛看。看过之后，把纸揉成了一团，又拿了一张新的重新填写，写完了又揉成一团，然后又伏在桌子上，想要再填写一张。桑托要帮助这位老太太填写，可是她怎么也不肯。她又拿了一张电文纸，打算再重新填写。后来她叹了口气说：“我就住在这儿附近，可是，往五层楼上爬很吃力，不戴眼镜又写不了……您若是不急着走的话，请替我写一下。”桑托拿过电报纸。老太太一字一句地说出华盛顿的地址，然后沉默片刻，叹息着说：“请写上：亲爱的妈妈，祝贺您的生日。到我们这儿来吧。吻您。薇拉·娜 嘉·谢尔盖。”桑托看了看老大娘，问她：“您的妈妈还健在？”老太太很不高兴地冷笑一下说：“妈妈——就是我。”“啊？”“明天是我的生日，女儿她很可能忘了给我拍贺电，因此，我就决定……免得邻居们责怪她。她是我的好女儿，大家都很尊重她，她在贝尔实验室当工程师。”桑托想象得出来，她的女儿一定是整天很疲劳、很操心的人，在实验室和在家里都有好多事情要做。可能女儿过去有时候忘记了给妈妈拍贺电，老人就会抱怨：“你看，孩子们不需要我们了，把我们忘记了……”

“女儿不会忘记向您祝贺的。不过偶然情况总是免不了……”

老太太抬起一双忧伤的眼睛望着桑托，低声说：“她已经忘记12年了。”

桑托对老人家还能说什么呢？用什么语言来安慰她？是不是要责怪她的女儿呢？虽说这是有理由的。可是，老太太已经平静下来，她对他说：“对不起，请您帮我买一张带玫瑰花的贺电专用电报纸，我的女儿干什么都喜欢漂亮的……”

多么让人悲伤的事情！辛劳了一辈子的老人到老了还是没有享受到她心中的幸福生活。父母从来不会忘记儿女的生日，可惜的是有几个做儿女的能记得自己父母的生日呢？现在不少人能记得朋友的生日，或者是恋人的、伴侣的生日，在他们的生日那天还不忘买礼物表示一下，可惜的是唯独忘记对自己有养育之恩的父母，更不要说买什么礼品来祝贺父母添寿了！“树欲静而风不止，子欲养而亲不待。”趁着父母都还健在的时候及时表达你们的爱吧！哪怕是一个简单的电话，或者一声亲切的问候，千万不要让自己将来悔恨终生。

把母亲放在手心里

南怀瑾先生在《易经杂说》中说世界上最伟大的是母爱，每一个宗教到最后都是崇拜女性的，天主教的圣母、佛教的观世音都是女性。的确，天底下最无私的爱就是母爱。有这样一个催人泪下的故事：

有一个性情孤僻的小姑娘，父亲很早就去世了，收入微薄的母亲艰难地把她养大。小女孩却因为贫困、受到歧视和侮辱而怨恨自己的母亲。

冬季的一天，母亲由于工作出色而被允许休假一周。为了缓和母女之间的关系，母亲决定带女儿去阿尔卑斯山滑雪。但不幸降临了，她们在雪地里迷了路，他们的呼救声又引来了一连串的雪崩。

突然，母亲看见了救援的直升机，但由于母女俩穿的都是与雪的颜色相近的银灰色羽绒服，救援人员并没有发现她们。母亲含着泪看了看冻昏在雪地上的女儿，脱下外套裹紧孩子，毅然地向前走去……

当小女孩醒来时，发现自己正躺在医院的床上，而母亲却不幸去世了。医生告诉这个小女孩，真正救她的是她的母亲。母亲用岩石片割断了自己的动脉，然后在血迹中爬出了十几米的距离，以使直升机能发现她们，也正是雪地上那道鲜红的长长的血迹引起了救援人员的注意。

母亲是最像神的人，她们对孩子的爱，语言不足以道尽。

一个捡垃圾的妇女被歹徒抢劫，她拼命护住了自己的钱袋，但手指却被歹徒掰断了。人们都猜钱袋里一定有很多钱，打开一看才发现，那袋子里总共只有8块零5毛钱。为8块零5毛钱，一个断了手指，一个沦为罪犯！小城一时哗然。

有人想探个究竟，为什么妇女忍受剧痛却不愿放弃那么一点儿钱。他尾随走出医院的妇女去找答案。但令人惊讶的是，妇女用这8块零5毛钱在水果摊上买了一个梨子、一个苹果、一个橘子、一个香蕉、一节甘蔗、一枚草莓……直到将8块零5毛钱花得一分不剩。

随后，妇女提了一袋子水果，来到郊外公墓的一个僻静处，那里有一座新墓。妇女将袋子倚着墓碑，喃喃自语："儿啊，妈对不起你！妈没能治好你的病。还记得吗？你临去的时候，妈问你最大的心愿是什么，你说你从来没吃过完好的水果，要是能吃一个好水果该多好呀！妈愧对你呀，竟连你最后的愿望都不能满足。可是，孩子，到昨天，妈妈终于将为你治病借下的债都还清了。妈今天又挣了8块零5毛钱，孩子，妈买了很多水果，你看，有橘子、有梨、有苹果，还有香蕉……都是好的。这是妈花钱给你买的完好的水果，一点儿都没烂，妈一个一个仔细地挑过，你吃吧！孩子，你尝尝吧……"

最无私的是母爱，她们为了孩子能够活下去，付出了一个人能够付出的全部。她们为了孩子的一个诺言，可以自己勒紧裤腰带去满足孩子的愿望。这种几乎处于本能的爱，不能不让人感动。每个人都应该知道，父母对自己的爱是天底下最纯洁、最伟大的爱。这个世界谁都可能背叛自己，但是父母不会！谁都可能抛弃我们，但是父母不会！谁都可能把我们遗忘，但是父母不会！

母亲总是在孩子最需要的时候牺牲自己，用她们所能做到的一切来鼓励孩子，让孩子在幸福中成长。

有一篇文章流传很久，叫做《母亲一生撒的八个谎》。

小时家穷，饭不够吃，母亲就把碗里的饭分给小男孩吃。母亲说，快吃吧，我不饿——母亲撒的第一个谎。

长身体了，母亲常用休息时间去县郊农村河沟里捞鱼，给孩子们做新鲜好吃的鱼汤。孩子们吃鱼，母亲就在一旁舔鱼骨头上的肉渍。男孩心疼，就把自己碗里的鱼夹给母亲。母亲不吃，又把鱼夹回男孩碗里。母亲说，快吃吧，我不爱吃鱼——母亲撒的第二个谎。

上初中了，为了交够孩子们的学费，当缝纫工的母亲就去外面领些火柴盒晚上在家糊。有个冬天，男孩半夜醒来，看到母亲还在油灯下糊火柴盒。男孩催母亲早睡，母亲说，快睡吧，我不困——母亲撒的第三个谎。

高考那年，烈日下，母亲请假站在考点门口为男孩助阵。每当考试结束，母亲都会准备好一杯浓茶。望着母亲干裂的嘴唇和满头的汗珠，男孩将茶递给母亲。母亲说，快喝吧，我不渴——母亲撒的第四个谎。

父亲病逝后，母亲靠着微薄收入供孩子们念书，日子过得苦不堪言。胡同路口电线杆下修表的李叔叔过来打个帮手，送些钱粮。左邻右舍都劝母亲再嫁，不要苦了自己。然而母亲始终不嫁，别人再劝，母亲说，我不爱——母亲撒的第五个谎。

孩子们工作后，下了岗的母亲就在农贸市场摆小摊儿维持生活。孩子们常常寄钱回来给母亲，母亲坚决不要。母亲说，我有钱——母亲撒的第六个谎。

后来，男孩考取美国一所名牌大学念博士，毕业后留在美国一家科研机构工作，待遇丰厚。男孩想把母亲接来。母亲说，我不习惯——母亲撒的第七个谎。

晚年，母亲重病，男孩乘飞机赶回来时，手术后的母亲已是奄奄一息。望着被病魔折磨的母亲，男孩潸然泪下。母亲却说，别哭，我不疼——母亲撒的最后一个谎。

年轻时，我们叛逆，我们不懂得父母的苦心，我们甚至感到讨厌。可是，当有一日这些亲切的叮咛不在耳边响起，我们的内心是否会充满悔恨，抑或是被无言的悲伤所取代？我们太小，忘记了那温暖的记忆；我们太小，忽略了那苍苍的白发。当有一天，一低头，看看这个人，我的妈妈已青春不再。大爱无声，她用一生塑造了一个作品。南怀瑾先生说世上的宗教到最后都是崇拜女性的，原因无他，就是因为母爱最无私，它用那种大情怀包容了世间所有的子女。它更像是千百条河流蜿蜒曲折，汇为浩瀚的大洋，将一切都包容了进来。在母爱面前，一切都微不足道。

父母也会好心办错事

子女和父母之间起码相差20多岁，代沟不可谓不深。常听到这样的抱怨："父母一点儿都不理解我。""父母偏心。""父母一天到晚唠叨个没完。""我在父母眼里只是学习的工具，他们一点儿都不关心我。""父母老管我，一点儿自由都没有。""父母蛮不讲理，什么事都是他们对，我错……"

由此可见，"天下无不是的父母"这句话是不对的。金无足赤，人无完人，圣贤孔子尚且会犯错误，更何况作为普通人的父母呢？南怀瑾先生说，天下也有不是的父母，父母不一定完全对，作为一个孝子，对于可能犯错的父母，要尽力地劝阻，盲目地顺从不是孝。

有一次，曾参和父亲给瓜地除草，一不小心把几棵瓜苗铲断了。他的父亲性情很暴躁，看见后十分生气，拿起一根棒子狠狠地抽了他一下，口中还骂道："你这个废物，这点活儿都干不好！"曾参只感到肩膀上火辣辣的疼，但为了不让父亲后悔难过，就故意表现出一点儿都不疼的样子。父亲看见曾参无所谓的表情，心里想："看他的样子说明我打得不太疼。还好，否则真的打伤了他，我可就要难过、伤心了！"

孔子听说了这件事，并没有称赞曾参的忍耐和孝顺，而是说："当儿女的人，一定要有智慧，当父亲用小棒子打你，只是轻轻地打，他是在提醒你、教训你犯错，当儿女的应当接受这种处罚。可是，如果父亲拿了一根很重的棒子来打你的时候，就不应该接受了。"学生们听完孔子说的话，都很好奇地问："这是为什么呢？"孔子告诉他们有两个理由："你们想想看，天下哪有不爱子女的父亲，如果父亲生气了，处罚儿女，这是一时的愤怒，他们并不是有心要打伤孩子，如果孩子被打伤了，他们就会很难过，这是第一个理由。第二个理由，儿女也应该为父母的名声着想，如果一个孩子在父亲生气时被打伤或打死了，别人就会责怪这个当父亲的人。"

“打在儿身，痛在娘心。”天下的父母对子女都是一片好心，但他们有时候也会办错事，曾参的父亲就是如此。曾参一味忍耐的做法也不算是真正的孝顺。如果父母做得太过，子女不应该一味地承受。这样说，并不是鼓励子女不顾一切地反抗。父母错了，子女可以心平气和地指出，不可任性而为；即使反对，也应该讲究方法，把握一定的度，行为不可过激。

燕文跟母亲吵架了，她一气之下，冲出了家门，走进茫茫的夜色中。漫无目的地走了一段路后，她发现走得匆忙，竟然一分钱都没带，连打电话的钱都没有！

夜色渐深，燕文饥肠辘辘的感觉越来越强。忽然，一个小小的馄饨摊映入眼帘，一位老婆婆在摊前忙碌着。馄饨的香气扑鼻而来，燕文咽了一下口水，又看了一眼锅中翻滚的馄饨，慢慢地转身离去。老婆婆早已注意到徘徊不定的燕文，她热情地问道：“小姑娘，吃碗馄饨吧！”燕文转过身尴尬地摇了摇头，说：“我忘记带钱了。”老婆婆笑了笑，说：“没关系，我请你吃！”

片刻之后，老婆婆端来一碗馄饨和一碟小菜。燕文吃了几口，忍不住掉下了眼泪。“小姑娘，怎么了？”老婆婆关切地询问。“哦，没事，我只是感激！”燕文拭去脸上的泪花，“您跟我不曾认识，只不过偶然在路上看到我，就对我这么好，煮馄饨给我吃！但是……我妈，我跟她吵架了，她竟然把我赶出来，还说不让我再回去了……您是陌生人都对我这么好，我妈竟然对我这么绝情！”

老婆婆听了，语重心长地劝她：“你怎么会这样想呢！我只不过煮了一碗馄饨给你吃，你就这么感激我，而你妈给你做了10多年的饭菜，从小到大照顾你，你怎么不感激她，为什么还要跟她吵架呢？”燕文听了这话，默默无语：“是啊！一个陌生人为我煮了一碗馄饨，我尚且如此感激；而母亲辛苦地把我养大，我为什么心中没有感激之情？为什么还要与母亲争执？”

燕文慢慢地吃着馄饨，脑海中显现出小时候的一些画面。馄饨吃完了，她谢别了老人，朝家走去。当走到自家胡同口时，她看到妈妈疲惫而又熟悉的身影正焦急地左右张望……看到燕文回来了，妈妈长舒了一口气，说道：“燕文啊！你让妈急死了！赶紧回家吧！饭菜都凉了！妈以后不再跟你吵架了，好吧？”此时，燕文的泪珠再次滑落。

父母和子女对事情的看法常会有很大的偏差，父母也会犯错，有些父母会把自己的观点强加在子女身上，会要求子女完全服从自己，会亲自设计子女的人生，会对子女生活的各个方面进行干预。然而，不论父母怎么做，他们的出发点都是为了子女好。所以，即使他们错了，作为子女也应该给予理解，不应一味地抱怨，甚至怨恨。

教子当行“不言之教”

在教育的观念上，老子与孔子的思想不谋而合。老子认为“处无为之事，行不言之教”，是为上智。他们在自己的一生当中，以不束缚、不歪曲、不干涉的无为态度来为人处事，以自己具体的行动来影响教化民众，清静无为、以德化民、不施酷法、不用苛政、正己化人，使人民不知不觉地处于淳厚的风气之中。

鉴于此，南怀瑾先生说，古人提倡的“行不言之教”，是说万事以言教不如身教，光说不做，往往是徒费唇舌而已。推崇道家、善学老子之教的司马迁，也在其自序中，引用孔子之意说：“我欲载之空言，不如见之于行事之深切着明也。”

但是，不言之教虽为人生智慧的最高境界，却很难做到。唐朝著名的诗人白居易，曾以一首七言绝句讽喻老子：“言者不如知者默，此语吾闻于老君；若道老君是知者，缘何自着五千文。”对于白居易抛出来的问题，南怀瑾先生风趣地说，白居易的这首诗是打趣老子，最为诙谐，一语中的。那么，老子既然推崇“不言之教”，为何又洋洋洒洒地写了《道德经》呢？

于此，南怀瑾先生讲了一个有趣的故事，能够帮助我们找到答案。

老子原本为周朝的国家图书馆馆长，后见周王朝日趋衰败，不可救药，便抽身离去。他骑着一匹青牛，只身前往西域。要到西域去，必须经过一个关口，即函谷关，两面两座高耸入云的山峰对峙，中间有一条深险波折的羊肠小道。守关的长官叫尹喜，是一个学识渊博、颇有见地之人。这日，他到城头瞭望，见辽阔碧空中一团紫气自东冉冉而来，尹喜料定今日必会有圣人到来。果然，没过多久，他在关上远望，看见一个人骑着青牛缓缓而来，风度非凡，细看原来是名重一时的伟大思想家老子。

尹喜亲自打开城楼上的大厅，请老子坐下，端茶倒水，忙个不停。老子不卑不亢地坐下，朝窗外一望，只见黄土高原延伸到天际，苍苍茫茫，没有尽头。函谷关地势险要，路上人来车往，一目了然。尹喜恭敬地对老子说：“我仰慕您的道德学问，想拜您老为师。”老子道：“我已老了，腹中空空，没有什么学问，怎么好意思开口教人呢？”尹喜见他推脱，便半开玩笑半正经地说：“您满腹经纶，如果不留下些东西来，恐怕很难走出这个函谷关的。”

老子知道无法推脱，便接过尹喜递上的笔，一口气在竹简上洋洋洒洒地写下了5000个字，这就是后世称为《老子》的一部书。因为这部书上篇开卷谈“道”，下篇首章谈“德”，所以又称《道德经》。老子之所以自著《道德经》，一方面由于关令的“胁迫”，另一方面也是知音难觅。尹喜拿起老子写好的书稿，认真拜读，最后决定放弃官职，与老子一同出走西域。后来人们还看到他们二人一起在流沙里行走。

南怀瑾先生说，虽然这只是传说，但也可以看出老子著书立说并非为了沽名钓誉，白乐天自是错解了圣人。南怀瑾先生借古人之言而说明的道理，无非就是“以无为化有为，以无声化有声”。其实，生活中的很多事情都有相似之处，世间的道理也大多相同。生活中的事情太多随性，刻意地追求也许反而将内心的方向引入了歧途。所以，南先生主张，很多事情没有必要作细细的追究，只要按照自己内心的方向去做，事情往往就在不经意间成功。

正如古时候的一位宰相，他的妻子非常重视儿子的前途发展，每天不辞劳苦地劝告儿子要努力读书，要有礼貌、要讲信用、要忠于国君。可宰相却是早上离开家去上朝，晚上回来则博览群书，处理政务。爱儿心切的夫人终于忍不住说：“你别只顾你的公务和书本，你也该好好地教育指点自己的儿子啊！”宰相眼不离书地说：“我时时刻刻都在教育儿子啊！”言传不如身教，身体力行，更能将自己所要讲述的道理形象深刻地表达出来，那些繁杂的事情又何必一字一句地点明呢？

第十八章 弹指一挥间，生死任自然

——南怀瑾谈生命释然感

人生难过的三重门

孔子曾经指出，每个人一生都会有三重难过的关隘，一不小心，便容易迷失其中。“少之时，血气未定，戒之在色；及其壮也，血气方刚，戒之在斗；及其老也，血气既衰，戒之在得。”三戒如同人生三个关隘，闯过去，便是踏平坎坷成大道；闯不过，便是拿到了一张不合格的人生答卷，轻则半生虚度，重则一生荒废，甚至坠入万劫不复的深渊。

南怀瑾先生对孔子的“君子三戒”进行了深入的解读，点明人生的不同阶段需要注意不同的警戒。少年戒之在色，男女之间如果有过分的贪欲，很容易毁伤身体。壮年戒之在斗，这个斗不只是指打架，而是指一切意气之争，如事业上的竞争，处处想打击别人，以求自己成事立业，这种心理是中年人的通病。老年人戒之在得，年龄不到可能无法体会。曾经有许多人年轻时仗义疏财，到了老年反而斤斤计较，钱放不下，事业更放不下，在对待很多事情上都如此介怀，久而久之影响人的身心健康。

青年时代，最具吸引力的是异性，最令人神往的是爱情，最难以节制的是情欲。饮食男女，原本无可厚非，但一旦过分便会贻误终生。到了壮年，名誉、地位、权力、财富都匍匐在脚下，但又不是可以无限开采的资源，进退、得失、上下、去留，现实残酷地摆在每个人的面前。于是，争中有斗、斗中有争、争斗之中用尽了心计，阴的、阳的，明的、暗的，文的、武的，君子的、小人的，三十六计、七十二招，无所不用其极。斗争中的人生又何谈恬淡的乐趣?

及至老年，一切已成定局，再发展已无能为力。这时，一个“得”字害人匪浅。在乎已得，对待事业就会无所用心，意志衰退，贪图享受，得过且过；对待官职，就会恋恋不舍，把玩不已，不肯让位；在乎未得，就会孤注一掷，猛捞一把，贪得无厌。南怀瑾先生说，面对这样的人生现象，我们不得不深思。可是，怎样才能从这三重关隘里走出来呢?

有一座泥像立在路边，历经风吹雨打。它很想找个地方避避风雨，然而它无法动弹，也无法呼喊，它太羡慕人类了，它觉得做一个人，可以无忧无虑、自由自在地到处奔跑。它决定抓住一切机会，向人类呼救。

有一天，智者圣约翰路过此地，泥像用它的神情向圣约翰发出呼救。“智者，请让我变成人吧！”圣约翰看了看泥像，微微笑了笑，然后衣袖一挥，泥像立刻变成了一个活生生的青年。“你要想变成人可以，但是你必须先跟我试走一下人生之路，假如你受不了人生的痛苦，我马上可以把你还原。”智者圣约翰说。

于是，青年跟智者圣约翰来到一个悬崖边。“现在，请你从此岩走向彼岩吧！”圣约翰长袖一拂，已经将青年推上了铁索桥。青年战战兢兢，踩着一个个大小不同的链环的边缘前行，然而一不小心，一下子跌进了一个链环之中，顿时，两腿悬空，胸部被链环卡得紧紧的，几乎透不过气来。

“啊！好痛苦呀！快救命呀！”青年挥动双臂大声呼救。“请君自救吧。在这条路上，能够救你的，只有你自己。”圣约翰在前方微笑着说。青年扭动身躯，奋力挣扎，好不容易才从这痛苦之环中挣扎出来。“你是什么链环，为何卡得我如此痛苦？”青年愤然道。“我是名利之环。”脚下铁链答道。

青年继续朝前走。忽然，隐约间一个绝色美女朝青年嫣然一笑，然后飘然而去，不见踪影。青年稍一走神，脚下又一滑，又跌入一个环中，被链环死死卡住。可是四周一片寂静，没有一个人回应，没有一个人来救他。这时，圣约翰再次在前方出现，他微笑着缓缓道：“在这条路上，没有人可以救你，只有你自己自救。”青年拼尽力气，总算从这个环中挣扎了出来，然而他已累得精疲力竭，便坐在两个链环间小憩。“刚才这是个什么痛苦之环呢？”青年想。“我是美色链环。”脚下的链环答道。

经过一阵轻松的休息后，青年顿觉神清气爽，心中充满幸福愉快的感觉，他为自己终于从链环中挣扎出来而庆幸。青年继续向前走，然而没想到他又接连掉进了欲望链环、忌妒链环……待他从这一个个痛苦之中挣扎出来，已经完全疲惫不堪了。他抬头望望，前面还有漫长的一段路，他再也没有勇气走下去。

“智者！我不想再走了，你还是带我回原来的地方吧！”青年呼唤着。智者圣约翰出现了，他长袖一挥，青年便回到了路边。“人生虽然有许多痛苦，但也有战胜痛苦之后的欢乐和轻松，你难道真愿意放弃人生么？”“人生之路痛苦太多，欢乐和愉快太短暂、太少了，我决定放弃做人，还原为泥像。”

青年毫不犹豫地说。智者圣约翰长袖一挥，青年又还原为一尊泥像。

“我从此再也不受人世的痛苦了。”泥像想。然而不久，泥像被一场大雨冲成了一堆烂泥。

每一种事物，似乎都有属于他自己的宿命，但是在经受命运考验的时候，能够救助自己的人只有自己。要想跨越人生的三重关隘，也只能靠自己。人的一生需要迈过的门槛很多，稍不留神我们就会栽在其中一道坎上，如泥像掉入其中的一环。不过对于绝大多数人，或许最重要的则是迈过金钱、权力与美色三道坎，就像南怀瑾先生所说的“人生三戒”一样。

所以，无论你处于什么阶段，“君子三戒”的内容都应当牢记在心，“时时勤拂拭，勿使惹尘埃”。以“礼”约束，用理性的缰绳去约束情感和欲望的野马，达到中庸平和，便能顺利地走过人生的三重门。

参透生死，随遇而安

《庄子·内篇·养生主第三》曾讲了这样一个故事。

老聃死，秦失吊之，三号而出。弟子曰：“非夫子之友邪？”

曰：“然。”

“然则吊焉若此可乎？”

曰：“然。始也吾以为其人也，而今非也。向吾入而吊焉，有老者哭之，如哭其子；少者哭之，如哭其母。彼其所以会之，必有不蕲言而言，不蕲哭而哭者。是遁天倍情，忘其所受，古者谓之遁天之刑。适来，夫子时也；适去，夫子顺也。安时而处顺，哀乐不能入也，古者谓是帝之县解。”

指穷于为薪，火传也，不知其尽也。

秦失说，一个人活在这个世界上，是顺着生命的自然之势来的；年龄大了，到了要死的时候，也是顺着自然之势去的。南怀瑾先生由此讲到老子的观点“物壮则老”，一个东西壮大成到极点，自然要衰老，“老则不道”，老了，这个生命要结束，而另一个新的生命要开始了。所以，真正的生命不在现象上，我们要看通生死，“安时而处顺，哀乐不能入也”。这才是最高的修养。生死的问题看空了，随时随地心安理得、顺其自然，自己就不会被后天的感情所扰乱了。

看透生死，节哀顺变，一切随遇而安，就不会在人生的旅途中为生死而饱受困扰，然而，很多人都很难做到这一点。

一个婴儿刚出生就夭折了，一个老人寿终正寝了，一个中年人暴亡了。他们的灵魂在去天国的途中相遇，彼此诉说自己的不幸。婴儿对老人说：“上帝太不公平，你活了这么久，而我却等于没活过。我失去了整整一辈子。”老人回答：“你几乎不算得到了生命，所以也就谈不上失去。谁受生命的赐予最多，死时失去的也最多。长寿非福也。”中年人叫了起来：“有谁比我惨！你们一个无所谓活不活，一个已经活够数，我却死在正当年，把生命曾经赐予的和将要赐予的都失去了。”

他们正谈论着，不觉到达天国门前，一个声音在头顶响起：“众生啊，那已经逝去的和未曾到来的都不属于你们。你们有什么可失去的呢？”三个灵魂齐声喊道：“主啊，难道我们中间没有一个最不幸的人吗？”上帝答道：“最不幸的人不止一个，你们全是，因为你们全都自以为所失最多。谁受这个念头折磨，谁的确就是最不幸的人。”

生命的本质不在于现象，生是规律，死是必然，任何事物都无法逃脱生死交替的轮回。

有一则古老的传说，说到一位富有的巴格达商人派仆人去市场。在市场上，人群中有人推挤了仆人一下，他回头一看，原来是一个身披黑长袍的老人，他知道那是“死亡”。仆人赶忙跑回去，一面发抖，一面向主人述说方才的遭遇以及“死亡”怎样用奇特的眼神看着他，并露出威胁的表情。仆人乞求主人借他一匹马，好让他骑到撒玛拉，免得“死亡”找到他。主人同意了，于是仆人立刻上马疾驰而去。商人稍晚到市场，看见“死亡”就站在附近。商人说：“你为什么作出威胁的神情，恐吓我的仆人？”“那不是威胁的神情，”“死亡”说，“我只是很稀奇会在巴格达看见他，我们明明约好今晚在撒玛拉碰面的！”

虽然，生命的开始与结束只在于时间的早晚，但过程与态度却同样重要。

一个旅行者在草原上被一只狂怒的野兽追赶。旅行者为了逃生，下到一口无水的井中。然而，他看见井底有一条龙，张着血盆大口想吞噬他。这个不幸的人不敢爬出井口，否则会被狂怒的野兽吃掉；他也不敢跳入井底，否则会被巨龙吞噬。他抓住井缝里生长出的野灌木枝条，死死地抓住不放。他的手越来越无力，他感到不久就会向危险投降，危险正在井口和井底两头等着他。他仍然死死地抓住灌木。忽然，两只老鼠绕着他抓住的灌木主枝画了一个均匀的圆圈，然后从各方啃噬。灌木随时都会断裂垮掉，他也随时会落入龙的巨口。旅行者目睹着这一切，深知必死无疑，而在他死死抓住灌木的时候，却看见灌木的树叶上挂着几滴蜜汁，他便把舌头伸过去，舔舐着或许是最后的快乐。

在进退维谷的人生境遇中，以全部的力量抗争险恶的势力弥足珍贵。倘若面对无法抗衡的力量的威胁，直到生命的最后一刻，仍能够镇定自若地去享受和体味生命最后的快乐，则更显现出一种真正超然的人生本色。

对于命运的任何一种抗争都不可能是一劳永逸的，因为畏惧艰难险阻而放弃行动，只能说明生命的懦弱。当艰险真正降临的时候，除了本能的求生欲望之外，还能清醒地认识现实的境遇，在漫长的压抑和恐惧的煎熬中，抓住生命的树枝，使全部抗争的可能性都得到充分的证明，这才是生命意义的积极写照。

灭却心头火，看透世间颠倒

中国维摩禅祖师傅大士，南北朝时期人，人称弥勒佛的化身，与达摩祖师见过面。他写了一首颠倒的偈子：“空手把锄头，步行骑水牛，人从桥上过，桥流水不流。”南怀瑾先生用一首通俗的打油诗来解读这句偈子：“半夜起来贼咬狗，捡个狗来打石头，从来不说颠倒话，阳沟踏在脚里头。”在佛眼里，人世间的一切都是颠倒的。

世界上最有价值的东西是什么？黄金？珠宝？美玉？还是其他什么东西呢？其实，这些东西都很值钱，但是这样就能够说它们最有价值吗？显然不是。南怀瑾先生说：“世界上最值钱的东西也最不值钱，最值钱的东西没有价钱，智慧是绝对的无价之宝；但是智慧也一毛钱都不值，这就是佛常说的众生颠倒。”

佛曾经说，一切众生从无始来，种种颠倒。南怀瑾先生开玩笑说，人本来就颠倒了。你看！上帝造人就造颠倒了。两只眼睛都长在前面，后面什么都看不见，所以走路会被车子撞倒，假如眼睛一只长在前面，一只长在后面，就不会有那么多车祸了。眉毛长在手指头上的话，早晨起来当牙刷用，多方便。嘴巴假如长在头顶上，吃饭往头上一倒，免得浪费时间。口袋里的钞票脏得要命，却很多人都想要，而且数了又数，然后还要放在保险箱里。你说众生颠倒不颠倒？黄金、钻石能做什么用？却珍惜得不得了，贵得要命，甚至还惹来杀身之祸。你说颠倒不颠倒？

人世间没有一样不颠倒，众生颠倒，知见不正，样样颠倒。不颠倒，就成佛了。佛是什么？中国禅宗祖师说佛是无事的凡人。没有事的平凡人，哪个人能够做得到？举世之人都是无事生非，都在颠倒之中。

三个愁容满面的信徒请教无德禅师，如何才能使自己活得快乐。

无德禅师：“你们活着是为了什么？”

信徒甲：“我不愿意死，所以我活着。”

信徒乙：“我盼望老年时儿孙满堂，会比今天好，所以我活着。”

信徒丙：“我的一家老小靠我养活，我不能死，所以我活着。”

无德禅师：“你们当然都不会快乐。你们活着，只是由于恐惧死亡，由于等待年老，由于不得已的责任，却不是由于理想、责任。人没有理想和责任，怎么可能快乐呢？”

三位信徒齐声道：“禅师，具体地说，我们到底要怎么生活才能快乐？”

无德禅师：“你们认为有什么才会快乐呢？”

信徒甲：“我认为，有金钱就会快乐。”

信徒乙：“我认为，有爱情就会快乐。”

信徒丙："我认为，有名誉就会快乐。"

无德禅师听后，不以为然地告诫信徒："你们这样永远不会快乐。当你们有了金钱、爱情、名誉以后，烦恼忧虑仍然会跟在你们后面。"

三位信徒无可奈何，齐声问道："那怎么办呢？"

无德禅师："改变你们的观念。有了金钱要布施才快乐，有了爱情要奉献才快乐，有了名誉要用来服务大众，你们才会快乐。"

故事中的三个信徒不快乐，原因在于他们的追求，他们追求的东西无非名、利、欲，又怎么能够活得快乐呢？这恰恰是众生智慧颠倒的根源。如何才不颠倒呢？明代大诗僧苍雪大师有首诗："南台静坐一炉香，终日凝然万虑亡，不是息心除妄想，只缘无事可思量。"只有去除各种各样的妄想，摆脱名、利、欲的束缚，才能消除心中的万虑，能不颠倒。

卢梭说："10岁时被点心所俘虏，20岁被恋人所俘虏，30岁被快乐所俘虏，40岁被野心所俘虏，50岁被贪婪所俘虏。人，到什么时候才能只追求睿智呢？"纷纷扰扰的世界，总有无尽的诱惑，如果一味地追求名利，沉迷于花花世界之中，心中所求太多，那就只能使自己疲惫不堪，寝食难安。

这又何苦呢？人生不满百，再好的东西都是生不带来，死不带去，何不灭却心灵各种欲望之火，让心灵在无物无我之中看透世间诸多颠倒呢？身在红尘中，心在红尘外，畅游青山绿水，沐浴徐徐清风，人生何等惬意！

思考死的意义，能得生的彻悟

丽姬原本是一个民女，皇宫选宫女，她被选中，最后还成了皇后，享尽荣华富贵。她在回想当初被选中的情景，那时她在家里哭得一塌糊涂，情形悲惨，现在看来反倒觉得当初自己是多么的荒唐、愚蠢、无知。庄子就曾借丽姬的典故来比喻人对待生死的态度，人们惧怕死亡就像丽姬当初惧怕进宫一样，因为不知道死亡之后会发生什么，又何必面对死亡而哭泣？

古人常言："死生亦大矣。"生死的问题是人生最根本的问题，哲学家也常常对死亡进行深刻的思考。南先生说庄子讲了一句很妙的话："不亡以待尽。”这句话未免有些消极，它的意思是人们活在世界上是为了等死。当一个婴儿出世，我们说生了，但在庄子的观念中，那不是出生，而是死亡的开始。两岁时，一岁的“我”过去了；十岁时，九岁的“我”过去了……人天天都在生死中新陈代谢，思想也在死了又生，如同流水一样。所以庄子说，看着生命活着，没有死，它只是在等待最后一天到来而已。

南先生笑谈道，从哲学观点来看，人生的确是如庄子所说的那样，人生几乎没有什么意义。不过，南先生依然认为生与死是人生旅途中的一个大转折，生死齐一，齐一生死，有着看透生死的勇气，就等于把人生中的生死问题彻底解决了。他告诉人们，并不是对生死抱无所谓的态度，而应正确看待生死自然的问题，放宽心境。

相传六祖慧能禅师弥留之际，众弟子痛哭，依依不舍，大家都将他视为再生父母。六祖气若游丝地说：“你们不用伤心难过，我另有去处。”

“另有去处”这四个字，发人深省。慧能把死当做换了一段新的旅程，这想法不但豁达、开朗，而且把生命在时间空间的价值继续延伸，远远胜过某些人，因为这些人虽然活着，却只有华美装饰的躯壳，而无真我的风采！

禅宗有关超越生死的观点，值得那些直至今天仍然看不透人生、想不通生活或贪生怕死的人参考借鉴。禅宗重来去自在，生死也有如来去。有生必有死，有得必有失，生死是人生必经的旅程，可以同慧能一样，把死看做走向“另一个去处”。参透这一玄机，我们就不必天天再为生老病死而恐惧不安，也不会对于家庭、亲朋甚至世间的虚华富贵舍不得，就可以活得开心一些、快乐一些。

南先生说，上天给了我们了不起的生命，就是让我们学会面对生命中的一切，包括生与死的重大问题。如果不给我们生命，那就连死的机会都没有，现在总算给我们一个死的机会，多可贵呀！这就是看透生死的勇气。

人来到世上是偶然的，走向死亡却是必然的。人生除了生与死能引起几声欢呼、几阵哭泣外，健康活在世上的人很少会想到死亡。在生活中常常见到一些人，他们成则轻狂骄妄、得意忘形，败则一蹶不振、沮丧绝望，对得失锱铢必较，对成败患得患失，对诱惑欲壑难填，无论大事小事，整天烦恼、忧愁、痛苦、懊丧，甚至去猜忌、争斗、相互陷害。这种人不识人生之轻重，不辨生命之真谛，真可谓一叶障目，不见泰山！

南先生对生死之意进一步解释道，世界就是一个有缺憾的世界，人生要有缺憾，做人都要留一点儿缺憾。他举了邵康节的例子。

邵康节是宋代的大哲学家，和理学家程颢、程颐是表兄弟，和苏东坡也有往来。邵康节弥留之际，程氏兄弟来看他时，他已经不能说话了。这时候苏东坡也来看邵康节，但是程氏兄弟与苏东坡素来不睦，不允许苏东坡进来。邵康节看在眼里，心中了然，举起手来向程氏兄弟摆出一个缺口的样子。程式兄弟不懂他的意思，邵康节缓过一口气来说："把眼前的路留宽一点，让后来的人走。"原来他的意思是告诉程氏兄弟，世界本来就是有缺口的，何必非得让人不好走路！

是啊，生命本来就是既短暂又难以圆满的，计较那些沿路发生的小事，因为一些争斗而烦恼、嫉妒、痛苦，完全是自己给自己找麻烦。为什么不快乐地活着，非要在跟别人过不去当中硬挺，这真是鼠目寸光。

人们感慨生命的苦短，不是学曹孟德"譬如朝露，去日苦多"的叹息，也不像苏东坡"人生如梦"的无奈，更不是看破红尘的消极颓唐；而是想到生命易逝，今天能健康、自在、安乐地活着，又有什么理由不去珍重生命呢?

所以，从今天开始，时常思考一下死亡的意义，想一想每天都有人死去，而自己仍健康地活着，一定会为生命的可贵和生活的可爱而感动。这时再去处理事情，再难做的也会变得轻松，再郁结的心也会变得豁达。人们只有看透生死，才可顺其自然、重生乐生，才能洒脱地面对结束，一路行走一路高歌。

惊鸿一瞥，生如夏花

《庄子·内篇·大宗师第六》中说："夫大块载我以形，劳我以生，佚我以老，息我以死。"这是庄子参透生死问题后所讲的道。天地造化赋予人一个生命的形体，让人劳碌度过一生，到了生命的最后才让人休息，而死亡就是最后的安顿，这就是对人一生的描述。善待自己生的人，也一定会善待自己的死。

“善吾生者，乃所以善吾死也。”这是一个重要的结论。南怀瑾先生认为，生命是虚无而又短暂的，它在于一呼一吸之间，如流水般消逝，永远不复回。

一个人只有真正认清生命的意义、生命的方向，善于好好地生活，才能懂得善待死亡。

在非洲的戈壁滩上，有一种小花，花呈4瓣，每瓣自成一色：红、白、黄、蓝。通常，它要花费5年的时间来完成根茎的穿插工作，然后一点点地积蓄养分，在第6年春，才在地面吐绿绽翠，开出一朵小小的四色鲜花，尤其让人们惋惜的是，这种极难长成的小花的花期并不长，仅仅两天工夫，它便随母株一起香销玉殒。

小花只是大自然万千家族中极为弱小的一员，可是，它们却以其独特的生命方式向世人昭告：生命一次，美丽一次。

生命之旅，无论短如小花，还是长如人生，都应当珍惜这仅有一次的生存权利，让生命更精彩。我们理应在有限的时间里绽放生命的花朵。南先生说，生死是人生的一个大学问，一个人真正地善其生，能够主宰自己的生命，才能够善其死。

她是一个年轻的护士，大部分时间都是在病房里度过，病人床头的花开花谢让她深刻地感受到生命的脆弱。有时候，她甚至觉得病人床头大朵绽放的花仿佛浑然不知死亡的存在，冰冷的花蕊就像一只只嘲弄的眼睛。因此，她一点儿也不喜欢花。

一天，病房里一个新来的男孩送给她一盆花，她竟然没有拒绝。也许是为了他的稚气、孩子一般的笑容，也许是怕伤害对方的心。从他搬进来的第一天起，她就知道他再没有机会离开这个病房了。

那次，他趁她不注意的时候偷偷地溜到外面去玩，回来的时候正好碰见了她。他像一个做错事的孩子站在她面前，低着头一声不吭。到了傍晚，她的桌上多了一盆三色堇，紫、黄、红，斑斓交错，像蝴蝶展翅，又像一张顽皮的鬼脸，旁边还附上一张小条子：“想知道你不高兴的样子像什么吗？”她忍俊不禁。第二天她就收到了他送的一盆太阳花，小小圆圆的红花，每一朵都是一个灿烂的微笑："想知道你笑的样子像什么吗？"

后来，他带她到附近的小花店闲逛，她这才惊奇地知道，世上居然有这么多种花，玫瑰深红，康乃馨粉黄，马蹄莲幼弱婉转，郁金香艳异咄咄，栀子香得动人之魂，而七里香更是摄人心魄……她也惊奇于他谈起花时燃烧的眼睛，仿佛在那里面燃烧着生命的光芒。

他问："你爱花吗？"

"花是无情的，不懂得生命的可贵。"她说。

他微笑着告诉她："懂得花的人，才会明白花的可敬。"

一个烈日炎炎的中午，她远远地看见他在住院部的花园里呆站着，她刚要喊一声，他听到了脚步，急切回身，食指掩唇："嘘——"

那是一株矮矮的灌木，缀满红色灯笼的小花，此时每一朵花囊都在爆裂，无数花籽四周飞溅，仿佛一场密集的流星雨。他们默默地站着，见证了一种生命最辉煌的历程。

第二天，他送给她一个花盆，盆里只有满满的黑土。他微笑着说："我把昨天捡回来的花籽种在盆里了，一个月后就会开花。"

三天后，深夜，他床头的急救铃声突然响起。她第一时间冲到病人的身边，在家属的眼泪中，她知道一切都已经太晚了。在生命的最后时刻，他始终保持奇异的清醒，对身边的每一个人露出了一个灿烂的笑容，那笑容像刚刚展翅便遭遇风雪的花朵，渐渐地冻凝成化石。

她并没有哭，每天给那盆光秃秃的土浇水。后来，她到外地出差一个星期，回来后，发现那盆花不见了。同屋的女伴看见里面什么都没有种，就把它扔到窗外了。

又过了一段时间，她打开桌前久闭的窗，整个人惊呆了——

窗户下，一个摔成两半的花盆里长出了一株瘦瘦的嫩苗，青翠欲滴，还有一个羞涩的含苞，好像一盏燃起的生命之灯。这时，她忽然懂得了生命的真谛。

易朽的是生命，似那转瞬即谢的花朵，然而永存的，是对生的激情。每一朵勇敢开放的花，都是一个面对死亡的灿烂微笑。死是生的结束，也是另一个生的开始。

人生如白驹过隙，生命如惊鸿一瞥。一个人看透了生死的意义，看清了生命的价值，生如夏花，善其生者自然能善其死。

自然：生命的一种方式

“天也，非人也。天之生是使独也，人之貌有与也。以是知其天也，非人也。”这是《庄子·内篇·养生主第三》中的两句话。

右师在解释自己的残疾时说：“这是天然的。”这里的“天”不是指什么神，是指自然的意思。即不管是什么原因造成这个样子，它都是天命，天给我生命，要让我用一只脚活着，我就用一只脚活着。因此，南怀瑾先生强调，每个人都有天然的生命，每个人的身体形貌都是独立的，各有独自的精神。

“人之貌有与也”，这句话告诉我们一个深刻的道理，人的相貌是相对的，外形不能妨碍我们的精神、生命和独立的人格，每个人要有自己生命的价值。人活着要顺其自然，不要受任何外界环境的影响。右师又说：“我懂了这个道理，因此我答复你：这是天命！一切都不是人为的，是自然的。”

有时候，过于倚重外物与环境会让你充满烦恼，得不到快乐的往往不是别人，正是你自己。

一个人被烦恼缠身，于是四处寻找解脱烦恼的秘诀。有一天，这个人来到一个山脚下，看见在一片绿草丛中有一位牧童骑在牛背上吹着横笛，逍遥自在。他走上前去问道：“你看起来很快活，能教给我解脱烦恼的方法吗？”牧童说：“骑在牛背上，笛子一吹，什么烦恼也没有了。”他试了试，却无济于事。于是，他又开始继续寻找。

不久，他来到一个山洞里，看见有一个老人独坐在洞中，面带满足的微笑。他深深鞠了一个躬，向老人说明来意。老人问道：“这么说你是来寻求解脱的？”他说：“是的！恳请不吝赐教。”老人笑着问：“有谁捆住你了吗？”他说：“没有。”老人又问：“既然没有人捆住你，何谈解脱呢？”他蓦然醒悟。

我们又何尝不是像这个人一样四处寻找解脱的途径？殊不知，并没有谁捆住我们的手脚，真正难以摆脱的是困于我们心中的那个瓶颈。打破心中的瓶颈，清除掉心中的垃圾，你就可以在属于自己的天空中自由翱翔。人之所以不快乐，就是因为活得不够单纯。其实，不要去刻意追求什么，不要向生命去索取什么，不要为了什么去给自己设置障碍，只要简单而自然，这本身就是一种幸福。

周国平先生讲过这样一个故事。故事很简单，但如果深入思考，我们就会发现生活表象下面的人生的真谛。

一个农民从洪水中救起了他的妻子，他的孩子却被淹死了。事后，人们议论纷纷，有人说他做得对，因为孩子可以再生一个，妻子却不能死而复活；有人说他做错了，因为妻子可以另娶一个，孩子却没法死而复活。

哲学家听说了这个故事，也感到疑惑不解，他就去问农民。农民告诉他，他救人时什么也没去想。洪水袭来，妻子在他身边，他抓起妻子就往山坡游；待返回时，孩子已被洪水冲走了。自然是一种最睿智的生活方式。这个农民如果进行一番抉择的话，事情的结果会是怎样呢？洪水袭来，妻子和孩子被卷进旋涡，片刻之间就会失去性命，而这个农民还在进行抉择：是妻子重要，还是孩子重要？

人心随着年龄、阅历的增长而越来越复杂，但生活其实十分简单。保持自然的生活方式，不因外在的影响而痛苦地抉择，便会懂得生命简单的快乐。在人生中的许多时候，我们并没有机会和时间进行抉择。人生的抉择是最困难的，也是最简单的，困难在于你总是把抉择当做抉择；简单在于你别去考虑抉择问题，只要遵循生命自然的方式。

滚滚红尘，自得悠闲自在

南怀瑾先生讲《孟子》，曾以牛喻人之修行，字字珠玑，发人深省，将人的心性修养之道说得淋漓尽致，特此拿来共享。

南怀瑾先生说道，在宋元以后，禅宗里出了一位普明和尚，把心性的修养比做牧牛，从一头野牛修到物我双忘，分作了10个步骤。第一是“未牧”，好比恣意咆哮、随意践踏禾苗的野牛。第二是“初调”，已经穿上了鼻子随着人意牵着走。第三是“受制”，不再乱走，牛绳子可以放松一点。第四是“回首”，癫狂的心境比较柔顺了，但是还要牵着鼻子走。第五是“驯服”，可以自然收放，不必牵了。第六是“无碍”，可以安稳不动，不必让人费心。第七是“任运”，牧童可以睡大觉了。第八是“相忘”，牧人和牛两无心。第九是“独照”，到了无牛的境界，人的一切妄心已除。最后“双泯”，则人也不见，牛——心也不见。

这里所讲的修养10步，就是把一颗狂野之心修成正果的过程。《西游记》中的牛魔王，他是孙悟空的拜把兄弟，两人正代表了一个人心的两面：孙悟空是努力改过、潜心向善之心，而牛魔王则是不易驯服的狂野之心。我们每个人的心中都有个牛魔工，都需要按照南怀瑾先生介绍的10个步骤来进行驯服，最后到物我两忘之境，便算修成了正果。

禅宗有很多修行故事，正应了牧牛这一修心的过程。

有一次，无德禅师向和他修行的学僧们问禅心。

一位学僧说道：“以前在我心中，除了‘我’或‘我所’之外，世上再没有什么值得我关心的。但自从参禅以后，我才发觉世上的万事万物都要靠因缘才能成就，除了‘我’以外，还有人，还有佛，我想我握住禅心了。”

接着一位学僧说道：“以前我的眼光仅限于看得见、摸得着、享受得到的具体实物。但自从参禅以后，现在我有了远见，不再心胸狭小而量大如空。我想我找到禅心了。”

第三位学僧说道：“以前如果说我一天能行15公里路，我绝不去走25公里。但自从参禅以后，才感受到，自己是以有限的生命去证悟永恒的法身，恨不得不眠不食，日行50公里。我想我已知道什么叫禅心了。”

第四位学僧说道：“我由于资历低、学识浅，在处世方面总显得笨拙，因而有时会很自卑。自从参禅以后，我才发觉自己可以担当弘法利生的重责大任，因此，不再自觉笨拙，也不感觉自卑。我想这就是禅心了。”

最后一位学僧说道：“我身材1.65米，平时总抱着‘天塌下来总有别人会顶住’的心态。但自从参禅以后，才感受到禅宗的信念，现在总觉自己有三四米的身材。我想我已体悟到什么叫禅心了。”

无德禅师听后，说道：“你们所说的只是一种‘初心’，而非‘禅心’。真正的禅心在于明心见性。好好地精进修持吧！”

学僧们听后，敛目内省，继续去寻找禅心。

学僧的回答都有道理，为何无德禅师却称为“初心”，而非“禅心”？原因很简单，修禅修的就是物我两忘、心外无物之境，而这些学僧执著于人间的利害得失，这怎能称为禅心呢？何谓禅心？这是心境平和，放下喜悲，空明无物，达到心灵和行动的静默，在静默中物我两忘，进入奇妙的觉悟之境，体悟无法言说的“万色皆空”、“万空皆色”的境界。那种境界就是“千江有水千江月，万里无云万里天”，就是“本来无一物，何处惹尘埃”。而禅师慧忠达到的就是这种修行境界。

印度的三藏法师自诩神通，他来到慧忠禅师面前，与他验证。

慧忠谦恭地问道：“久闻您能够了人心迹，可有此事？”

三藏法师痛快地答道：“只是些小伎俩！”

慧忠于是心有所想，问道：“请看老僧现在心在何处？”

三藏运用神通，查看了一番，答道：“高山仰止，小河流水。”

慧忠微笑，并点头，将心念一转，又问：“请看老僧现在身在何处？”

三藏又作了一番考察，笑着说：“禅师怎么去和山中猴子玩耍了？”

“果然了得！”慧忠面露嘉许之色，称赞过后，随即将心念收起，反观内照，进入禅定的境界，无我相、无人相、无世间相、无动静相，这才笑吟吟地问："请看老僧如今在什么地方？"

三藏神通过处，只见青空无云、水潭无月、人间无踪、明镜无影。他用尽浑身解数，天上地下彻照，全不见慧忠心迹，一时不知所措。

慧忠缓缓出定，含笑对三藏说："阁下有通心之神力，能知他人一切去处，极好！极好！可是却不能探察我的心迹，可知为何？"

三藏摇头不语。

慧忠禅师笑道："因为我没有心迹，既然没有，如何探察？"

如此可见，只有心灵空明，达到"本来无一物，何处惹尘埃"之境，才能物我两忘，使修养化为至境。

修养心灵不是一件容易的事，要用一生去琢磨。

万年归于一念间

《庄子·内篇·齐物论第二》中讲："予尝为女妄言之，女亦以妄听之。奚旁日月，挟宇宙，为其吻合，置其滑涽，以隶相尊。众人役役，圣人愚芚，参万岁而一成纯。万物尽然，而以是相蕴。"

"予尝为女妄言之，女亦以妄听之。"中国后来有一句成语"姑妄言之姑听之"，就是出自这里。这一段讲成道的圣人境界：与天地的精神融合，人和宇宙合二为一，便是抓住了生命的真谛。一般人活在世界上，都是被自己的欲望和身体所奴役，一辈子劳劳碌碌，即佛家所谓的"凡夫"。而"圣人"境界则不同，"愚"而"芚"，"芚"是有生机的，表面上看起来很笨，内在却充满生机。到达这个境界，"参万岁而一成纯"，超越了时间的观念，即使是1万年，在其看来只是一刹那。

由于时间的快慢完全是人的心理感觉，美好的时光总觉短暂，痛苦的时刻度日如年。"成纯"，完全是一个纯清绝顶的"吻合"的境界。"参万岁而一成纯"，参通了时空观念，便达到了佛学禅宗中经常说的"一念万年，万年一念"的境界。"万物尽然，而以是相蕴"，此时便是身心一体、心物合一了，人与物统一，同一个本体，不分彼此，道藏于心物中。所以得道的人不是做物质的奴隶，而是万物听命于他，可以“旁日月，挟宇宙”。

南怀瑾先生说，后世所谓的“神仙之道，长生不老”便是由此而来。神话中常说：“山中方一日，世上几千年。”有这样一个故事：晋代王质砍柴的时候到了石室山中，看到几位童子，有的在下棋，有的在吟唱。王质走近，有个童子把一个形状像枣核一样的东西给王质，他吞下了那东西以后，腹中不饥，便静静地看了一局棋。棋局散了，一个童子对他说：“你为什么还不走呢？”王质起身之时，看到自己斧子的木柄已然完全腐烂了。等他回到家中，与他同时代的人都已经不在人世了。

对于普通人来说，万年归一念，或许有些晦涩难懂，下面这个故事便是这一哲理的进一步解读。生命的长短与时光的流逝有关，莫让你的流年在暗中偷换，有意义的人生总能跳出时光的局限。

佛光禅师门下弟子大智，出外参学20年后归来，在法堂里向佛光禅师述说此次在外参学的种种见闻，佛光禅师总以慰勉的笑容倾听着。最后大智问道：“老师！这20年来，您老一个人还好？”佛光禅师道：“很好！很好！讲学、说法、著作、写经，每天在法海里泛游，世上没有比这更欣悦的生活了。每天，我忙得好快乐。”大智关心地说道：“老师，应该多一些时间休息！”夜深了，佛光禅师对大智说道：“你休息吧！有话我们以后慢慢地谈。”

清晨，在睡梦中，大智隐隐听到佛光禅师禅房传出阵阵诵经的木鱼声。白天，佛光禅师总不厌其烦地对一批批来礼佛的信众开示，讲说佛法；一回禅堂，不是批阅学僧的心得报告，便是拟定信徒的教材，每天总有忙不完的事。好不容易看到佛光禅师与信徒谈话告一段落，大智抢着问佛光禅师道：“老师！分别这20年来，您每天的生活仍然这么忙。怎么不觉得您老了呢？”佛光禅师道：“我没有时间觉得老呀！”

是啊，心中没有老的观念，时光便如白驹过隙，一晃而过。所谓“参万岁而一成纯”正是如此吧！

后　　记

一本著作的完成需要许多人的默默贡献，闪耀的是集体的智慧。其中铭刻着许多艰辛的付出，凝结着许多辛勤的劳动和汗水。

本书在策划和写作过程中，得到了许多同行的关怀与帮助，及许多老师和作者的大力支持，在此向以下参与本书写作的人员致以诚挚的谢意：许长荣、齐艳杰、上官紫微、史慧莉、闫晗、常娟、武敬敏、王艳明、欧俊、黄晓林、李文静、王杰、周珊、张保文、张艳芬、杨英、杨艳丽、于海英、李伟军、何瑞欣、焦亮、廖春红、慈艳丽、黄薇、付玮婷、姜波、张云、白雪、江瑞芹、丁敏翔、闫瑞娟、杨云鹏、王本钢、张丽君、成苗苗、钟双玲、廖鹏、崔贵兵、常苓、徐端、张彩彩、许鸿琴、何艳丽、李娟、梁妤婷等。

本书在写作过程中，借鉴和参考了大量的文献和作品，从中得到了不少启悟，也汲取了其中的智慧菁华，谨向各位专家、学者表示崇高的敬意——因为有了大家的努力，才有了本书的诞生。凡被本书选用的材料，我们都将按出版法有关规定向原作者支付稿酬，但因为有的作者通信地址不详，尚未取得联系。敬请您见到本书后及时函告您的详细信息，我们会尽快办理相关事宜。